LabVIEW 2022 中文版

虚拟仪器与仿真自学速成

雷金红 王创伟 编著

人民邮电出版社

北京

图书在版编目（CIP）数据

LabVIEW 2022中文版虚拟仪器与仿真自学速成 / 雷金红，王创伟编著. — 北京：人民邮电出版社，2024.4
ISBN 978-7-115-58743-5

Ⅰ. ①L… Ⅱ. ①雷… ②王… Ⅲ. ①软件工具—程序设计 Ⅳ. ①TP311.561

中国国家版本馆CIP数据核字(2023)第182128号

内 容 提 要

全书以 LabVIEW 2022 中文版为平台，介绍了虚拟仪器技术与仿真相关知识。全书共 11 章，内容包括 LabVIEW 概述，LabVIEW 2022 中文版入门，前面板与控件，LabVIEW 编程，数值、字符串与变量，循环与结构，数组与簇，波形显示，信号分析与处理，文件管理，数据采集与网络通信。

本书可以作为 LabVIEW 初学者的学习参考书，也可以作为工控相关行业相关人员的参考书。

本书随书配送的电子资源包含全书实例的源文件素材和操作视频文件，以供读者学习参考。

◆ 编　著　雷金红　王创伟
　　责任编辑　李　强
　　责任印制　马振武

◆ 人民邮电出版社出版发行　　北京市丰台区成寿寺路 11 号
　　邮编　100164　　电子邮件　315@ptpress.com.cn
　　网址　https://www.ptpress.com.cn
　　固安县铭成印刷有限公司印刷

◆ 开本：775×1092　1/16
　　印张：20　　　　　　　　　　2024 年 4 月第 1 版
　　字数：511 千字　　　　　　　2024 年 4 月河北第 1 次印刷

定价：99.80 元

读者服务热线：(010)81055493　印装质量热线：(010)81055316
反盗版热线：(010)81055315
广告经营许可证：京东市监广登字 20170147 号

随着计算机技术的迅猛发展，虚拟仪器技术在数据采集、自动测试和仪器控制领域得到了广泛应用，促进和推动测试系统和仪器控制的设计方法与实现技术发生了深刻的变化。"软件即仪器"已成为测试与测量技术发展的重要标志。虚拟仪器技术利用高性能的模块化硬件，结合高效灵活的软件来完成各种测试、测量和自动化应用。软件是虚拟仪器技术中的重要部分。美国国家仪器有限公司（NI）是虚拟仪器技术的主要倡导者和贡献者，其推出的创新软件产品LabVIEW 自 1986 年问世以来，在众多领域得到了广泛应用。

LabVIEW 的编程语言又称 G 语言，它是图形化编程语言，具有图形化编程方式的高性能与灵活性，配置了专为测试测量与自动化控制应用设计的高性能模块及功能，能为数据采集、仪器控制、测量分析与数据显示等各种应用提供必要的开发工具。

LabVIEW 2022 中文版是 NI 新发布的中文版软件，它兼具易用性和功能性，为工程师提供了高效率与高性能的开发平台。

一、本书特色

本书具有以下四大特色。

- 针对性强

本书编者根据自己多年的计算机辅助电子设计领域的工作经验和教学经验，针对初级用户学习 LabVIEW 的难点和疑点由浅入深、全面细致地讲解了 LabVIEW 在虚拟仪器应用领域的各种功能和使用方法。

- 实例专业

本书中所列举的很多实例是经过编者的精心提炼和改编的工程设计项目案例，不仅保证了读者能够学好知识点，更重要的是能帮助读者掌握实际的操作技能。

- 内容全面

本书在有限的篇幅内，讲解了 LabVIEW 的常用功能，内容涵盖了 LabVIEW 基本操作、数据计算、信号处理等知识。读者通过学习本书，可以较为全面地掌握 LabVIEW 相关知识。

- 知行合一

本书结合大量的虚拟仪器设计实例，详细讲解了 LabVIEW 的知识要点，让读者在学习案例的过程中潜移默化地掌握 LabVIEW 软件操作技巧，培养工程设计能力。

二、电子资料使用说明

本书除了利用传统的书面讲解，还随书配送了电子资源，电子资源包含全书实例源文件，扫描本书相关实例旁的二维码即可观看操作视频,供读者学习参考。

在电子资源中有几个重要的目录希望读者关注,"源文件"目录下是本书所有实例操作需要的源文件,"结果文件"目录下是本书所有实例操作的结果文件,"动画"目录下是本书所有实例操作过程的视频文件。

读者可以扫描下方二维码,关注信通社区公众号,输入"58743"获取本书电子资源。

三、本书声明

1. 安装软件的获取

读者使用 LabVIEW 进行工程设计时,需要事先在计算机上安装相应的软件。读者可访问 NI 官方网站下载 LabVIEW 试用版,或到当地经销商处购买正版软件。

2. 关于本书的技术问题或有关本书信息的发布

读者在遇到有关本书的技术问题时,可以加入 QQ 群 654532572 直接留言,我们将尽快回复。

3. 关于本书内容

由于本书篇幅限制,本书并不一一列举所有选项和工具,只介绍常用部分。

四、本书编写人员

本书由信阳航空职业学院航空管理学院的雷金红老师和王创伟老师编著,其中雷金红编写了第 1~6 章,王创伟编写了第 7~11 章。

本书虽经作者几易其稿,但由于时间仓促加之水平有限,书中存在不足之处在所难免,望广大读者批评指正,作者将不胜感激,联系电子邮箱为 714491436@qq.com。

编 者

CONTENTS 目 录

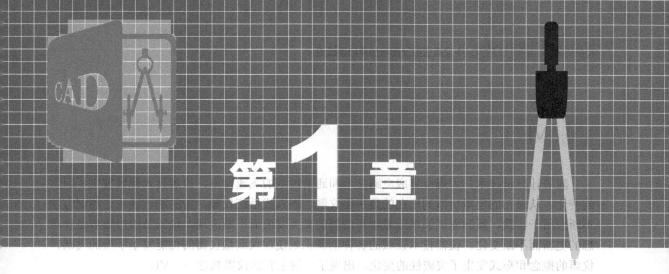

LabVIEW 概述

LabVIEW 是搭建虚拟仪器（VI）系统的软件，若想连接 VI，必须学习 LabVIEW 的基本知识。

本章主要介绍 VI 的基本概念和 LabVIEW 的基础知识，以及 LabVIEW 2022 的新功能和启动操作。

知识重点

- ☑ VI
- ☑ LabVIEW 的基础知识
- ☑ LabVIEW 的应用

任务驱动&项目案例

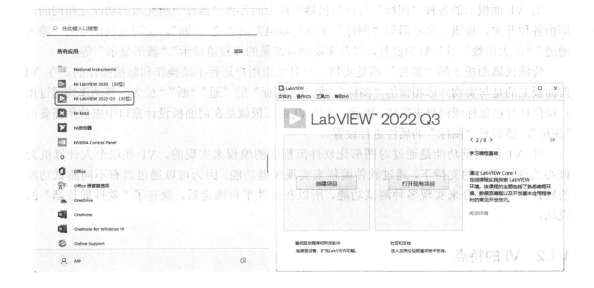

1.1 VI

随着计算机技术、大规模集成电路技术和通信技术的飞速发展，仪器技术领域发生了巨大的变化。从最初的模拟仪器到现在的数字化仪器、嵌入式系统仪器，新的测试理论、测试方法不断应用于实践，新的测试领域随着学科门类的交叉发展而不断涌现，仪器结构也随着设计思想的更新而不断变化。仪器技术领域的各种创新积累使现代测量仪器的性能发生了质的飞跃，仪器的概念和形式发生了突破性的变化，出现了一种全新的仪器概念——VI。

VI 把计算机技术、电子技术、传感器技术、信号处理技术、软件技术结合起来，除继承传统仪器已有的功能外，还增加了许多传统仪器没有的先进功能。VI 的最大特点是灵活性强，用户在使用过程中可以根据需要添加或删除功能，以使其满足各种需求和各种应用环境，VI 能充分利用计算机丰富的软硬件资源，突破传统仪器在数据处理、表达、传送及存储方面的限制。

1.1.1 概念

VI 是指通过应用程序将计算机与功能化模块结合起来，用户可以通过友好的图形界面来操作计算机，就像在操作自己定义、自己设计的仪器一样，从而完成测量结果的采集、分析、处理、显示、存储和打印。

虚拟仪器的实质是利用计算机显示器的显示功能来模拟传统仪器的控制面板。它以多种形式呈现测量结果；利用计算机强大的软件功能实现信号的运算、分析和处理；利用 I/O 接口设备完成信号的采集与调理，实现各种测试功能。使用者用鼠标或键盘操作虚拟仪器面板，就如同使用一台专用测量仪器一样。因此，VI 的出现使测量仪器与计算机之间的界限模糊了。

VI 的"虚拟"两字主要包含以下两方面的含义。

① VI 面板上的各种"图标"与传统仪器面板上的各种"器件"所完成的功能是相同的，即由各种开关、按钮、显示器等"图标"实现仪器电源的"通""断"，实现被测信号的"输入通道""放大倍数"等参数的设置，以及实现测量结果的"数值显示""波形显示"等。

传统仪器面板上的"器件"都是实物，而且是由用户进行手动操作和触摸操作的。在 VI 前面板上的是与实物外形相像的"图标"，每个"图标"的"通""断""放大"等动作均通过用户操作计算机鼠标或键盘来完成。因此，设计 VI 前面板就是在前面板设计窗口中摆放所需要的"图标"，然后对"图标"的属性进行设置。

② VI 的测量功能是通过对图形化软件流程图的编程来实现的，VI 在以个人计算机为核心的硬件平台的支持下，通过软件编程来实现仪器功能。因为可以通过具有不同测试功能的软件模块的组合来实现多种测试功能，所以在硬件平台确定后，就有了"软件即仪器"的说法。

1.1.2 VI 的特点

VI 的突出优点是它具有灵活性，可以通过各种不同的接口总线，组建不同规模的自动测试系统。它可以通过与不同的接口总线的通信，将 VI、带总线接口的各种电子仪器或各种插件单元调配并组建成为中小型甚至大型的自动测试系统，与传统仪器相比，VI 有以下特点。

① 传统仪器只有一个面板，其上布置着种类繁多的显示单元与操作元件，容易造成许多识别与操作错误。而 VI 可通过在几个分面板上操作来实现比较复杂的功能，这样在每个分面板上就都实现了功能、操作的单纯化与面板布置的简洁化，从而提高操作的正确性与便捷性。同时，VI 面板上的显示单元和操作元件的种类与形式不受"标准件""加工工艺"的限制，它们由编程来实现，设计者可以根据用户的认知要求和操作要求来设计 VI 面板。

② 在确定通用硬件平台后，由软件取代传统仪器中的硬件来实现仪器的各种功能。

③ VI 的功能是根据用户需要由软件来定义的，而不是事先由厂家定义好的。

④ VI 性能的改进和功能的扩展只需更新相关软件设计，而不需要购买新的仪器。

⑤ VI 的研制周期较传统仪器大为缩短。

⑥ VI 开放、灵活，可与计算机技术同步发展，与网络及其他周边设备互联。

决定 VI 具有传统仪器不可能具备的特点的根本原因在于"VI 的关键是软件"。表 1-1 给出了 VI 与传统仪器的比较。

表 1-1　VI 与传统仪器的比较

VI	传统仪器
开发维护费用低	开发维护费用高
技术更新周期短	技术更新周期长
关键是软件	关键是硬件
价格低	价格昂贵
用户定义仪器功能	厂商定义仪器功能
开放、灵活，可与计算机技术保持同步发展	封闭、固定
方便与网络及其他周边设备互联	功能单一、互联有限的独立设备

1.1.3　VI 的分类

VI 可以有多种分类方式，但随着计算机技术的发展和采用总线方式的不同，VI 可以被分为以下 5 种类型。

1. PC-DAQ 插卡式 VI

PC-DAQ 插卡式 VI 使用数据采集卡（DAQ）配以计算机平台和 VI 软件，便可构成各种数据采集和 VI 系统。它充分利用了计算机的总线、机箱、电源及软件，其关键在于模数转换（A/D）技术。受个人计算机机箱、总线限制，存在电源功率不足，机箱内噪声电平较高、无屏蔽，插槽数目不多、尺寸较小等缺点。随着基于个人计算机的工业控制计算机技术的发展，PC-DAQ 插卡式 VI 存在的问题正在被解决。

因个人计算机数量非常庞大，DC-DAQ 插卡式 VI 价格最便宜，所以其用途广泛，特别适合工业测控现场、各种实验室和教学部门使用。

2．并口式 VI

最新发展的一系列可连接到计算机并口的测试装置，其硬件集成在一个采集盒里或探头上，将软件安装在计算机上，可以实现各种 VI 功能。它最大的好处是可以与笔记本电脑相连接，方便野外作业，又可与台式个人计算机相连接，实现台式个人计算机和笔记本电脑两用，非常方便。由于其价格低廉、用途广泛，特别适合研发部门和各种教学实验室应用。

3．GPIB 总线方式 VI

GPIB（通用接口总线）的出现使电子测量由独立的单台手工操作向大规模自动测试系统发展。典型的 GPIB 系统由一台 PC、一块 GPIB 接口卡和若干台 GPIB 仪器通过 GPIB 电缆连接而成。在标准情况下，一块 GPIB 接口卡可连接多达 14 台仪器，GPIB 电缆长度可达 20m。利用 GPIB 技术实现用计算机对仪器进行操作和控制，代替传统的人工操作方式，很方便地把多台仪器组合起来，形成大规模自动测试系统。GPIB 自动测试系统的结构和命令简单，造价较低，主要应用于在台式仪器，适于对精确度要求高，但对计算机速率和总线控制实时性要求不高的场合。

4．VXI 总线方式 VI

VXI 总线 VI 是一种高速计算机总线 VME 在 VI 领域中的扩展，它具有稳定的电源、强有力的冷却能力和严格的射频干扰/电磁干扰（RFI/EMI）屏蔽。由于它的标准开放、结构紧凑、数据吞吐能力强、定时和同步精确、模块可重复利用，还有众多仪器厂家支持，它很快得到了广泛的应用。

经过多年的发展，VXI 系统的组建和使用越来越方便，有其他仪器无法比拟的优势，适用于组建大规模、中规模自动测量系统及对速度、精度要求高的应用场合，但 VXI 总线要求有机箱、插槽管理器及嵌入式控制器，造价比较高。

5．PXI 总线方式 VI

PXI 这种新型模块化仪器系统是在外设部件互连（PCI）总线内核技术上增加了成熟的技术规范和要求形成的，包括多板同步触发总线技术，增加了用于相邻模块的高速通信的局部总线。且 PXI 具有高度可扩展性等优点，适用于大型高精度集成系统。

无论是哪种 VI 系统，都是由搭载了硬件设备的台式个人计算机、工作站或笔记本计算机等各种计算机平台，再加上应用软件构成的，实现了基于计算机的全数字化的采集测试分析。因此，VI 和计算机发展同步，VI 具有灵活性。

1.1.4　VI 的组成

从功能上来说，VI 通过应用程序将通用计算机与功能化硬件结合起来，完成对被测量对象数据的采集、分析、处理、显示、存储、打印，因此，与传统仪器一样，VI 同样被划分为数据采集、数据分析处理、结果表达三大功能模块，图 1-1 为 VI 内部功能框图。VI 将计算机资源和仪器硬件的测试能力结合起来，实现了仪器的功能。

在图 1-1 中，数据采集模块主要完成对数据的采集；数据分析处理模块对数据进行各种分析、处理；结果表达模块则将采集的数据和完成数据分析、处理后的结果表达出来。

图 1-1 VI 内部功能框图

VI 由通用仪器硬件平台（以下简称"硬件平台"）和应用软件两大部分构成，其结构框图见图 1-2。

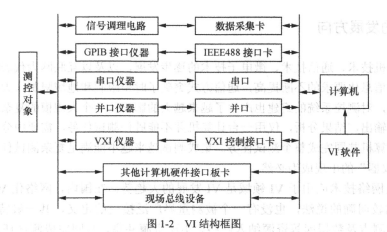

图 1-2 VI 结构框图

1. 硬件平台

VI 的硬件平台由计算机和 I/O 接口设备组成。

① 计算机是硬件平台的核心，一般为一台个人计算机或工作站。

② I/O 接口设备主要完成被测输入信号的放大、调理、A/D、数据采集。可根据实际情况采用不同的 I/O 接口设备，如 DAQ、GPIB 仪器、VXI 仪器、串口仪器等。VI 有 5 种构成方式，如图 1-3 所示。无论哪种 VI 系统，都通过应用软件将硬件平台与通用计算机结合。

2. 软件平台

虚拟仪器软件将可选硬件（如 DAQ、GPIB、RS-232、VXI、PXI）和可以重复使用源码库函数

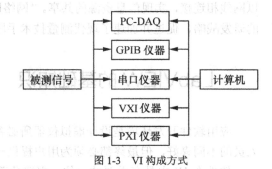

图 1-3 VI 构成方式

的软件结合起来，实现模块间的通信、定时与触发，源码库函数为用户构造自己的 VI 系统提供了基本的软件模块。当用户的测试要求发生变化时，可以方便地由用户来增减软件模块，或重新配置现有系统以满足其测试要求。

VI 软件包括应用程序和 I/O 接口设备驱动程序。

（1）应用程序

① 应用程序用于实现 VI 前面板的功能，是用户与仪器之间进行信息交流的纽带。VI 在工作时利用前面板去控制系统。与传统仪器前面板相比，VI 前面板的最大特点是由用户自己定义。因此，不同用户可以根据自己的需要组成灵活多样的 VI 控制面板。

② 应用程序用于定义测试功能的流程图，利用计算机强大的计算能力和 VI 开发软件功能强大的函数库，极大地提高了 VI 的数据分析处理能力。如 HP VEE 可提供 200 种以上的数学运算和分析功能，从基本的数学运算到微积分、数字信号处理和回归分析。LabVIEW 的内置数据分析处理能力能对采集到的数字信号进行平滑、数字滤波、频域转换等分析处理。

（2）I/O 接口设备驱动程序

用来完成特定外部硬件设备的扩展、驱动与通信。

1.1.5　VI 的发展方向

随着计算机技术、通信技术、微电子技术的逐步发展，以及以互联网为代表的计算机网络时代的到来和信息化要求的不断提高，通信方式突破了时空限制和地域限制，大范围的通信变得越来越容易，对测控系统的组建也产生了越来越大的影响。一个大规模的复杂测控系统要实现数据输入、输出、结果分析，仅用一台计算机并不能胜任测试任务，需要由分布在不同地理位置的若干计算机共同完成整个测试任务。集成测试越来越不能满足复杂测试任务的需要，因此，"网络化仪器"的出现成为必然。

将计算机网络技术应用于 VI 领域是 VI 发展的大趋势。在国内，网络化 VI 的概念目前还没有一个比较明确的说法，也没有一个被测量界广泛接受的定义，其一般特征是将 VI、外部设备、被测点及数据库等资源纳入网络，实现资源共享，共同完成测试任务，也适合异地或远程控制、数据采集、故障监测、报警等。使用网络化 VI 可在任何地点、任意时刻获取测量数据，就像今日的互联网，我们几乎可以通过互联网去访问世界上任何一个对外开放的网站。

和以个人计算机为核心的 VI 相比，网络化 VI 将把单台 VI 实现的三大功能（数据采集、数据分析处理及结果表达）分开处理，分别使用独立的基本硬件模块实现传统仪器的三大功能，以网线相连接，实现信息资源的共享。"网络即仪器"概念的确立，使人们明确了今后仪器仪表的研发战略，促进并加速了现代测量技术手段的发展与更新。

1.2　LabVIEW 的基础知识

应用软件开发环境是设计虚拟仪器所必备的软件工具。应用软件开发环境的选择基于开发人员的不同喜好，但最终都必须为用户提供一个界面友好、功能强大的应用程序。

软件在 VI 中具有重要的地位，它肩负着对数据进行分析处理的任务，如数字滤波、频谱变换等。在很大程度上，VI 能否成功运行，取决于软件。因此，NI 提出了"软件即仪器"的口号。

通常在编制 VI 软件时有两种方法。一种是传统的编程方法，采用高级语言，如 VC++、VB、

Delphi 等。另一种是采用流行的图形化编程方法，如采用 NI 公司的 LabVIEW、LabWindows/CVI，以及 HP 公司的 VEE 等软件进行编程。使用图形化编程方法的优势是软件开发周期短，编程容易，适用于不具有专业编程水平的工程技术人员。

VI 系统的软件主要包括仪器驱动程序、应用程序和软面板程序。仪器驱动程序主要用来初始化 VI，设定特定的参数和工作方式，使 VI 保持正常的工作状态。应用程序主要对采集的数字信号进行分析、处理，用户可以通过编制应用程序来定义 VI 的功能。软面板程序用来提供用户与 VI 的接口，它可以在计算机屏幕上生成一个和传统仪器前面板相似的图形界面，用于显示测量和分析处理的结果，另外，用户也可以通过键盘和鼠标控制软面板上的开关和按钮，模拟传统仪器的操作，实现对 VI 系统的控制。

1.2.1　LabVIEW 的使用

LabVIEW 作为编译型图形化编程语言，把复杂、烦琐、费时的使用语言的编程方式简化成用菜单或图标提示的方法选择功能（图形），使用线条把各种功能连接起来的简单图形编程方式。在 LabVIEW 中编写的框图程序，很接近程序流程图，因此，只要画好了程序流程图，也就基本编写好了程序。

LabVIEW 中的程序查错不需要先编译，若程序存在语法错误，LabVIEW 会马上告诉用户。用户可以快速查到程序的错误类型、错误原因及错误的准确位置，这个特性对于编译大型程序特别方便。

LabVIEW 中的程序调试方法同样令人称道。程序测试的数据探针工具最典型。用户可以在进行程序调试的时候，在程序的任意位置插入或取消任意数量的数据探针，检查任意一个中间结果，用户只需要轻轻点击两下鼠标就行了。

同传统的编程语言相比，采用 LabVIEW 图形编程方式可以节省大约 60% 的程序开发时间，并且其运行速度几乎不受影响。

除了具备其他编程语言所提供的常规函数功能，LabVIEW 中还集成了能大量生成图形界面的模板、丰富实用的数据分析模块、数字信号处理功能，以及多种硬件设备驱动功能（包括 RS-232、GPIB、VXI、DAQ、网络等）。另外，LabVIEW 免费提供几十家仪器厂商的数百种源码仪器级驱动程序，可为用户开发仪器控制系统节省大量的编程时间。

1.2.2　LabWindows/CVI 的使用

LabWindows/CVI 是基于 ANSIC 的交互式 C 语言集成开发平台。NI 发布了全新 LabWindows/CVI 2020，该软件可基于验证过的 ANSIC 测试测量软件平台，提供更高的开发效率，并简化现场可编程门阵列（FPGA）通信的复杂度。此外，NI 还发布了 LabWindows/CVI 2020 Real-Time 模块，可扩展开发环境至 Linux 操作系统和实时操作系统（RTOS）中。LabWindows/CVI 2020 具有以下主要特点。

　① 通过精密的断点，增强调试功能。
　② 记录用户界面事件。
　③ 支持 OpenMP 并行编程。

④ 源代码浏览和源代码格式化工具。

⑤ 可靠的数据流和存储 API。

1.2.3　其他

对于喜欢用 Visual Basic（VB）编程的用户，可以选用 NI 推出的软件工具 Component Works。它可以直接加载在 VB 环境中，配合 VB 成为强大的 VI 开发平台。

对于拥有 Windows 操作系统编程基础而且熟悉 VB，VC++的用户，也可以采用传统编程方式编写自己的 VI 应用程序。现在越来越多的人采用 VB、VC++混合编程：用 VB 快速开发出美观的界面（软面板）及外围的处理程序，再用 VC++编写底层的各种操作程序，如数据采集及处理、仪器驱动、内存操作、I/O 端口操作等程序。还可以在 VC++中嵌入汇编语言以编写更底层的操作程序，以提高程序执行速度，满足对高速、实时性的要求。

1.3　LabVIEW 的应用

LabVIEW 被广泛应用于各种行业中，包括汽车、半导体、航空航天、交通运输、电信、生物医药等。无论在哪个行业，工程师与科学家们都可以使用 LabVIEW 创建功能强大的测试、测量与自动化控制系统，在产品开发过程中进行快速原型创建与仿真工作。在产品的生产过程中，工程师们也可以利用 LabVIEW 进行生产测试，监控各个产品的生产过程。总之，LabVIEW 可用于各行各业的产品开发阶段。

1.3.1　LabVIEW 2022 的新功能

LabVIEW 2022 是 NI 推出的最新版本 LabVIEW，是目前功能最为强大的 LabVIEW 软件。与原来的版本相比，新版本的 LabVIEW 有以下主要的新功能和更新。

1．Python 支持

LabVIEW 2022 Q3 支持通过 Python 对象引用句柄使用 Python 节点。该对象引用句柄可用于传递 Python 对象，作为 Python 节点输入参数或返回类型。

2．选项默认值的改动

在 LabVIEW 2022 Q3 中，"从新文件中分离已编译代码"选项的默认状态为启用。

3．调用 MATLAB 函数

可在调用 MATLAB 函数时设置断点，然后使用步入调试打开 MATLAB（R）编辑器执行脚本。若安装了多个版本的 MATLAB，可单击鼠标右键以选择函数并在快捷菜单中选择在 MATLAB 中打开该函数，指定 LabVIEW 2022 调用的 MATLAB 版本。

4．Actor.lvclass 的 Uninit 方法

在操作者框架中，Actor 类新增了 Uninit 方法（取消初始化）。Actor 可重写该方法，释放在执行 Pre Launch Init.vi or Actor.vi 时获取的资源。即使之前有错误发生，该方法仍然会执行。

5．支持独立于 LabVIEW 版本的驱动程序/工具包

LabVIEW 早期版本的模块、工具包等附加内容都位于 LabVIEW 目录之下。从 LabVIEW 2022 Q3 开始，LabVIEW 将从 LVAddons 共享目录下加载这些内容。在 Windows 操作系统上，LVAddons 的默认位置是"C:\Program Files\NI\LVAddons"。请注意，只有一部分 NI 驱动程序和工具包会随 LabVIEW 2022 Q3 安装到此位置。驱动程序或工具包在转到 LVAddons 共享目录下后，不需要经过升级或重新安装即可与新版本的 LabVIEW 一起使用。

6．新的帮助体验

在 LabVIEW 2022 Q3 中，当系统连接网络时，单击帮助链接将打开新的 LabVIEW 在线帮助。若系统未连接网络，单击帮助链接将会打开 NI 离线帮助查看器，该查看器随 LabVIEW 一并安装。网络连接的状态决定了 LabVIEW 使用在线帮助或离线帮助。用户可使用"NI 帮助首选项"工具设置始终使用 NI 离线帮助查看器。

1.3.2　LabVIEW 的启动

在安装 LabVIEW 2022 中文版后，在"开始"菜单中便会自动生成启动 LabVIEW 2022 中文版的快捷方式——"NI LabVIEW 2022 Q3（32 位）"。单击该快捷方式按钮启动 LabVIEW 2022，如图 1-4 所示。

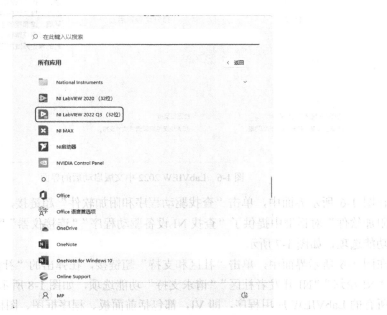

图 1-4　开始菜单中的 LabVIEW 2022 中文版快捷方式

LabVIEW 2022 中文版的启动界面如图 1-5 所示，启动后的界面如图 1-6 所示。

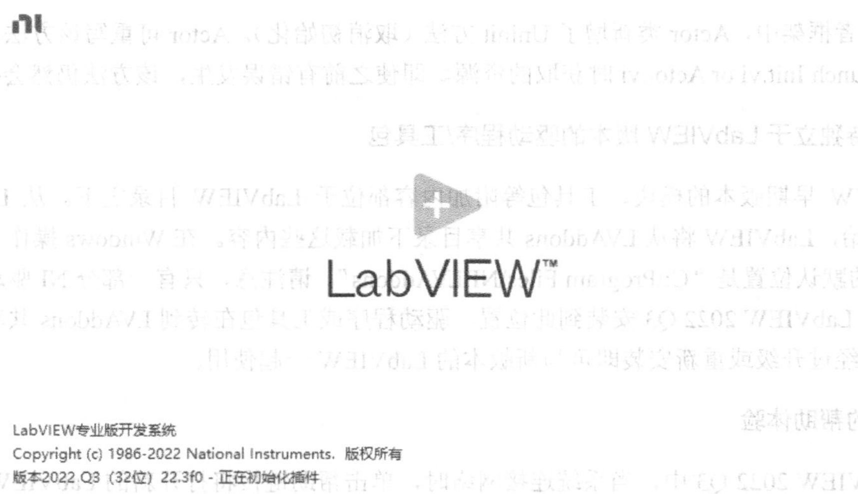

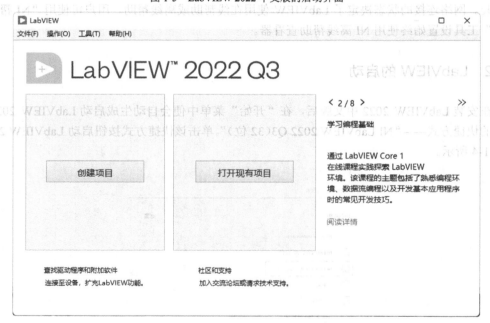

LabVIEW 专业版开发系统
Copyright (c) 1986-2022 National Instruments. 版权所有
版本 2022 Q3（32位）22.3f0 - 正在初始化插件

图 1-5 LabVIEW 2022 中文版的启动界面

图 1-6 LabVIEW 2022 中文版启动后的界面

在图 1-6 所示界面中，单击"查找驱动程序和附加软件"超链接，在弹出的"查找驱动程序和附加软件"对话框中提供了"查找 NI 设备驱动程序""连接仪器""查找 LabVIEW 附加软件"功能选项，如图 1-7 所示。

在图 1-6 所示界面中，单击"社区和支持"超链接，在弹出的"社区和支持"对话框中提供了"NI 论坛""NI 开发者社区""请求支持"功能选项，如图 1-8 所示。

所有的 LabVIEW 应用程序，即 VI，都包括前面板、程序框图、图标/连线极、连接端口几部分。

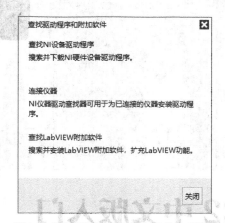

图 1-7　"查找驱动程序和附加软件"对话框

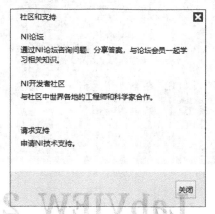

图1-8　"社区和支持"对话框

第 **2** 章

LabVIEW 2022 中文版入门

本章将介绍 LabVIEW 2022 中文版的基础知识，帮助读者尽快入门，为后面的虚拟程序操作打下基础。

知识重点

- ☑ 图形界面
- ☑ 文件管理
- ☑ LabVIEW 编程环境
- ☑ 程序

任务驱动&项目案例

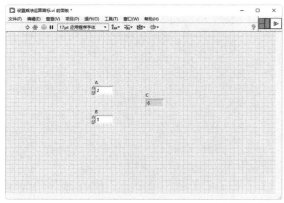
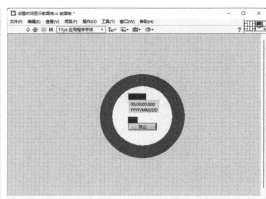

2.1 图形界面

VI 可作为用户界面，也可以是程序中的一项常用操作。了解如何创建前面板和程序框图后，即可开始编辑图标，完成程序的设计。

一个完整的 VI 是由前面板、框图程序、图标/连接板和连接端口组成的，如图 2-1 所示。LabVIEW 允许前面板对象没有名称，并且允许用户对其进行重命名。

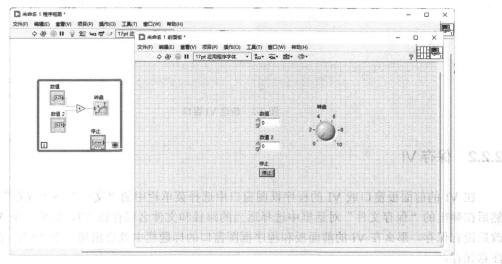

图 2-1　VI 组成

下面介绍 VI 中各种前面板对象的功能。

（1）　和　是数字输入量，用户可以将数据输入这两个控件。

（2）　是数字量输出控件，用于显示算术运算的结果。

（3）▷是算术运算节点，实现两数相加。

（4）囗是程序框图，实现程序的循环操作。

（5）──是连线，表示数据流的连接。

2.2 文件管理

在 LabVIEW 2022 中文版启动界面利用菜单命令可以创建新 VI、选择最近打开的 LabVIEW 文件、查找范例及打开 LabVIEW 帮助。同时还可查看各种信息和资源，如《用户手册》、帮助主题及 NI 官方网站上的各种资源等。

2.2.1　新建 VI

创建 VI 是 LabVIEW 编程应用中的基础，下面详细介绍如何创建 VI。

选择菜单栏中的"新建"→"新建 VI"命令，弹出 VI 窗口。前面是 VI 的前面板窗口，后面是 VI 的程序框图窗口，如图 2-2 所示，在两个窗口的右上角是默认的 VI 图标/连线板。

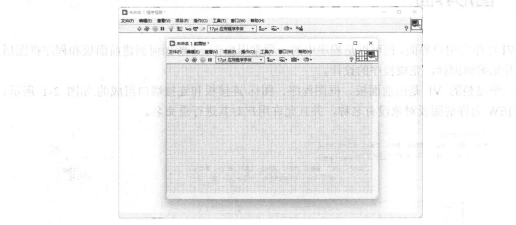

图 2-2　新建 VI 窗口

2.2.2　保存 VI

在 VI 的前面板窗口或 VI 的程序框图窗口中选择菜单栏中的"文件"→"保存"命令，然后在弹出的"保存文件"对话框中选择适当的路径和文件名保存该 VI。如果一个 VI 在修改后没有保存，那么在 VI 的前面板和程序框图窗口的标题栏中就会出现一个"*"，提示用户注意保存。

2.2.3　新建文件

单击启动界面中"文件"菜单下的"新建"按钮将打开图 2-3 所示的"新建"对话框，可以选择多种方式来新建文件。

图 2-3　"新建"对话框

利用"新建"对话框，可以创建 3 种类型的文件，分别是 VI、项目和其他文件。

其中，新建 VI 是经常使用的功能，包括新建空 VI、自适应 VI、多态 VI 及基于模板创建 VI。如果选择 VI，将创建一个空 VI，VI 中的所有空间都需要由用户自行添加。如果选择基于模板创建 VI，有很多种程序模板供用户选择，如图 2-4 所示。

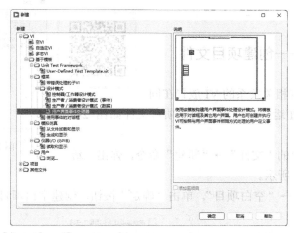

图 2-4 "基于模板"选项新建文件

新建项目包括空白项目文件和基于向导的项目。

其他文件则包括库、类、全局变量、运行时菜单、自定义控件。

用户可以根据需要选择相应的程序模板进行程序设计，在各种模板中，LabVIEW 2022 中文版已经预先设置了一些组件构成了程序的框架，用户只需要对程序进行一定程度的修改和功能上的增减就可以在程序模板的基础上构建自己的程序。

2.2.4　创建项目

在启动界面单击"创建项目"按钮或选择菜单栏中的"文件"→"创建项目"命令，弹出"创建项目"对话框，如图 2-5 所示。

图 2-5 "创建项目"对话框

图 2-5 所示界面主要分为左右两部分，分别是文件和资源。在这个界面上，用户可以选择新建一个空白 VI，或新建一个空白项目、简单状态机，并且可以打开已有的程序。同时，用户可以从这个界面获得帮助支持，例如可以查找 LabVIEW 2022 中文版的帮助文件、互联网上的资源及 LabVIEW 2022 中文版的程序范例等。

2.2.5　操作实例——创建项目文件

本实例演示将具有相关关系的 VI 放置在同一个项目文件下，方便运行与调用，创建项目文件如图 2-6 所示。

（1）选择菜单栏中的"文件"→"新建"命令，弹出"新建"对话框，如图 2-7 所示。

（2）选择"项目"→"空白项目"，单击"确定"按钮，创建空白项目文件，如图 2-8 所示。

图 2-6　创建项目文件

图 2-7　"新建"对话框

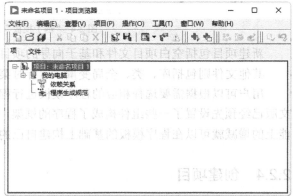

图 2-8　创建空白项目文件

（3）单击项目工具栏中的"保存全部（本项目）"按钮，弹出"命名项目（未命名项目 1）"对话框，输入文件名为"文本文件"，单击"确定"按钮，则完成项目的新建及命名保存，如图 2-9 所示。

图 2-9　"命名项目（未命名项目 1）"对话框

（4）在新建项目后，若新建 VI 程序（如"文件 1.vi""文件 2.vi"），则被保存到项目中，如图 2-10 所示。

图 2-10　保存 VI 文件

（5）完成保存的项目文件（"文本文件.ivproj"）与 VI 文件（"文件 1.vi""文件 2.vi"），结果如图 2-6 所示。

2.3　LabVIEW 编程环境

2.3.1　"控件"选板

"控件"选板仅位于前面板上。"控件"选板包括创建前面板所需要的输入控件和显示控件。根据输入控件和显示控件的不同类型，将控件归入不同的子选板中。

如需要显示"控件"选板，请选择"查看"→"控件选板"命令或在前面板活动窗口单击鼠标右键。LabVIEW 将记住"控件"选板的位置和大小，因此当 LabVIEW 重启时"控件"选板的位置和大小保持不变。在控件选板中可以进行内容修改。

"控件"选板包括用来创建前面板对象的各种控制量和显示量，是用户设计前面板的工具，LabVIEW 2022 中文版的"控件"选板如图 2-11 所示。

在"控件"选板中，按照所属类别，各种控制量和显示量被分门别类地安排在不同的子选板中。关于输入控件和显示控件的详细信息见 3.1 节。

2.3.2　"函数"选板

"函数"选板仅位于程序框图上。"函数"选板包含创建程序框图所需要的 VI 和函数。按照 VI 和函数的类型，将 VI 和函数归入不同的子选板中。如需要显示"函数"选板，请选择

图 2-11　"控件"选板

"查看"→"函数选板"命令或在程序框图活动窗口中单击鼠标右键。LabVIEW 将记住"函数"选板的位置和大小，因此当 LabVIEW 重启时"函数"选板的位置和大小不变。在"函数"选板中可以进行内容修改。

在"函数"选板中，按照功能分门别类地存放着一些函数、VIs 和 Express VIs。

LabVIEW 2022 中文版的"函数"选板如图 2-12 所示。

使用"函数"选板工具栏上的按钮，可查看、配置选板，搜索控件、VI 和函数，"Express"子选板和"函数"子选板如图 2-13 所示。

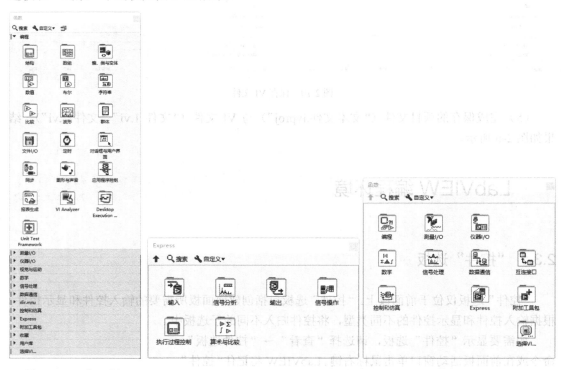

图 2-12 "函数"选板　　　　图 2-13 "Express"子选板和"函数"子选板

☑ 返回所属选板➡：跳转到选板的上级目录。单击该按钮并保持鼠标光标位置不动，将显示一个快捷菜单，列出当前子选板路径中包含的各个子选板。单击快捷菜单上的子选板名称进入子选板。只有当选板模式被设为图标、图标和文本，才会显示该按钮。

☑ 搜索模式🔍搜索：用于将选板转换至搜索模式，通过文本搜索来查找选板上的控件、VI 或函数。当选板处于搜索模式时，可单击"返回"按钮，将退出搜索模式，显示选板。

☑ 视图模式🔧自定义▾：用于选择当前选板的视图模式，显示或隐藏所有选板目录，在文本和树形模式下按字母顺序对各项排序。在快捷菜单中选择选项，可打开"选项"对话框中的"控件"→"函数"选板，为所有选板选择视图模式。只有当点击选板左上方的图钉标识将选板锁定时，才会显示该按钮。

☑ 更改可见选板 更改可见选板…：调整选板大小。单击选板工具栏上的"自定义"按钮，在快捷菜单中单击此按钮，系统弹出"更改可见选板"对话框如图 2-14 所示，更改可见选板类别。

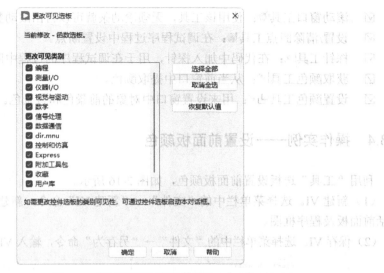

图 2-14 "更改可见选板"对话框

2.3.3 "工具"选板

在前面板和程序框图中都可看到"工具"选板。"工具"选板上的每一个工具都对应于鼠标的一个操作模式,即鼠标光标对应"工具"选板上的工具图标。可选择合适的工具对前面板和程序框图上的对象进行操作和修改。

如果已打开自动工具选择,当鼠标光标移动到前面板或程序框图的对象上时,LabVIEW 将自动从"工具"选板中选择相应的工具。打开"工具"选板,选择查看"工具"选板。LabVIEW 将记住工具选板的位置和大小,因此当 LabVIEW 重启时"工具"选板的位置和大小保持不变。

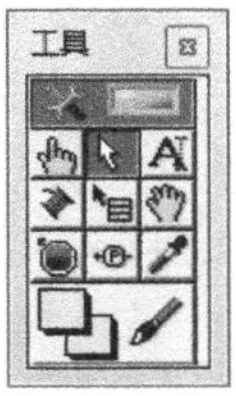

LabVIEW 2022 中文版的"工具"选板如图 2-15 所示。利用"工具"选板可以创建、修改 LabVIEW 中的对象,并对程序进行调试。"工具"选板是对 LabVIEW 中的对象进行编辑的工具,在按下"Shift"键的同时单击鼠标右键,鼠标光标所在位置将出现"工具"选板。

图 2-15 "工具"选板

"工具"选板中各种不同的工具图标及其对应的功能如下。

☑ 自动工具选择▨▨▨▨:如已经打开自动工具选择,当鼠标指针移动到前面板或程序框图的对象上时,LabVIEW 将从"工具"选板中自动选择相应的工具。也可禁用自动工具选择,手动选择工具。

☑ 操作工具▨:改变控件的值。

☑ 定位/调整大小/选择工具▨:定位、选择工具或改变对象大小。

☑ 标签工具▨:用于输入标签文本或创建标签。

☑ 连线工具▨:用于在后面板中连接两个对象的数据端口,当用连线工具接近对象时,会显示其数据端口以供连线之用。如果打开了帮助窗口,那么当将连线工具置于某连线之上时,会在帮助窗口显示其数据类型。

☑ 对象快捷菜单工具▨:当用该工具单击某对象时,会弹出该对象的快捷菜单。

☑ 滚动窗口工具 : 使用该工具, 无须滚动条就可以自由滚动整个图形。
☑ 设置/清除断点工具 : 在调试程序过程中设置断点。
☑ 探针工具 : 在代码中加入探针, 用于在调试程序的过程中监视数据的变化。
☑ 获取颜色工具 : 从当前窗口中提取颜色。
☑ 设置颜色工具 : 用来设置窗口中对象的前景色和背景色。

2.3.4 操作实例——设置前面板颜色

利用"工具"选板设置前面板颜色, 如图 2-16 所示。

(1) 新建 VI。选择菜单栏中的"文件"→"新建 VI"命令, 新建一个 VI, 一个空白的 VI 包括前面板及程序框图。

(2) 保存 VI。选择菜单栏中的"文件"→"另存为"命令, 输入 VI 名称"设置前面板颜色"。

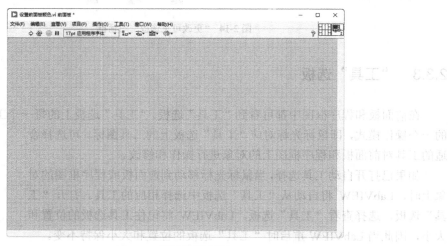

图 2-16 设置前面板颜色

(3) 打开前面板, 在按下"Shift"键的同时单击鼠标右键, 弹出图 2-17 所示的"工具"选板。

(4) 单击"工具"选板中的设置颜色工具 , 将鼠标切换至颜色编辑工具状态, 设置窗口中对象的前景色和背景色。鼠标光标变为 状态, 在前面版上单击鼠标右键, 弹出颜色设置面板, 如图 2-18 所示。

(5) 在颜色设置面板的颜色条中选择青色, 在前面板中单击代表青色的按钮, 则整个前面板变为青色, 结果如图 2-16 所示。

图 2-17 "工具"选板

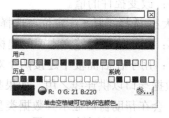

图 2-18 颜色设置面板

2.3.5 菜单栏

VI 窗口顶部的菜单为通用菜单，如打开、保存、复制和粘贴等操作，以及 LabVIEW 其他的特殊操作，均适用于各种程序。某些菜单项有快捷键。

想要熟练地使用 LabVIEW 编写程序，了解其编程环境是非常必要的，在 LabVIEW 2022 中文版中，菜单是其编程环境的重要组成部分。

1. 文件菜单

LabVIEW 2022 中文版的文件菜单几乎囊括了对其程序（VI）操作的所有命令，如图 2-19 所示。

- ➢ 新建 VI：显示新建 VI 菜单，用于新建一个空白的 VI。
- ➢ 新建：显示新建菜单，用于打开图 2-5 所示的"创建项目"对话框，新建空白 VI，根据模板创建 VI 或创建其他类型的 VI。
- ➢ 打开：显示打开菜单，用于打开一个 VI。
- ➢ 关闭：显示关闭菜单，用于关闭当前 VI。
- ➢ 关闭全部：用于关闭打开的所有 VI。
- ➢ 保存：显示保存菜单，用于保存当前编辑过的 VI。
- ➢ 另存为：显示另存为菜单，用于将当前 VI 另存为其他 VI。
- ➢ 保存全部：用于保存所有修改过的 VI，包括子 VI。
- ➢ 保存为前期版本：为了能在前期版本中打开现在所编写的程序，可以保存为前期版本的 VI。
- ➢ 创建项目：打开"创建项目"对话框显示创建项目菜单。
- ➢ 打开项目：选择需打开项目菜单。
- ➢ 页面设置：打开"页面设置"对话框，用于设置打印当前 VI 的一些参数。

图 2-19 文件菜单

- ➢ 打印：打开"打印"对话框，打印当前 VI。
- ➢ VI 属性：打开"VI 属性"对话框，查看和设置当前 VI 的一些属性。
- ➢ 近期项目：最近打开过的一些项目，用来快速打开曾经打开过的项目。
- ➢ 近期文件：最近打开过的一些文件，用来快速打开曾经打开过的 VI。
- ➢ 退出：退出菜单，用于退出 LabVIEW 2022 中文版。

2. 编辑菜单

LabVIEW 2022 中文版的编辑菜单几乎列出了所有对 VI 及其组件进行编辑的命令，如图 2-20 所示。

- ➢ 撤销：用于撤销上一步操作，恢复到上一次编辑之前的状态。
- ➢ 重做：用于执行已撤销的操作，再次执行上一次"撤销"所进行的修改。
- ➢ 剪切：用于删除所选定的文本、控件或者其他对象，并将其放到剪贴板中。

> 复制：用于将选定的文本、控件或者其他对象复制到剪贴板中。

> 粘贴：用于将剪贴板中的文本、控件或其他对象从剪贴板中放到当前光标位置处。

> 删除：用于删除当前选定的文本、控件或其他对象，与"剪切"不同的是，"删除"不会将这些对象放入剪贴板。

> 选择全部：用于选择全部对象。

> 当前值设置为默认值：用于将当前前面板上对象的取值设置为该对象的默认值，这样当下一次打开该 VI 时，该对象将被赋予默认值。

> 重新初始化为默认值：将前面板上对象的取值初始化为原来的默认值。

> 自定义控件：用于定制前面板中的控件。

> 导入图片至剪贴板：用于从文件中导入图片至剪贴板。

> 设置 Tab 键顺序：用于设定 Tab 键切换顺序。可以设定用 Tab 键切换前面板上的对象时的顺序。

> 删除断线：用于删除 VI 后面板上连线不当造成的断线。

> 整理前面板：用于重新整理对象和信号，并调整其大小，提高可读性。

图 2-20 编辑菜单

> 从层次结构中删除断点：用于删除程序结构中的断点。

> 从所选项创建 VI 片段：用于指定保存程序框图代码片段的目录。

> 创建子 VI：用于创建一个子 VI。

> 禁用前面板网格对齐：面板栅格对齐功能失效，禁用前面板上的对齐网格，单击该菜单项，该项变为启用前面板上的对齐网格，再次单击该菜单项将显示前面板上的对齐网格。

> 对齐所选项：将所选对象对齐。

> 分布所选项：将所选对象分布。

> VI 修订历史：用于记录 VI 的修订历史。

> 运行时菜单：用于设置程序运行时的菜单项。

> 调整窗格原点：将前面板的原点位置调整到当前窗格的左上角处。

> 查找和替换：用于查找和替换菜单。

> 显示搜索结果：用于显示搜索到的结果。

3. 查看菜单

LabVIEW 2022 中文版的查看菜单包括程序中所有与显示操作有关的命令，如图 2-21 所示。

> 控件选板：用于显示 LabVIEW 的"控件"选板。

> 函数选板：用于显示 LabVIEW 的"函数"选板。

> 工具选板：用于显示 LabVIEW 的"工具"选板。

> 快速放置：显示"快速放置"对话框，依据名称指定选板对象，并将对象置于程序框图或前面板上。

> ➤ 断点管理器：显示"断点管理器"窗口，该窗口用于在 VI 的层次结构中启用、禁用或清除全部断点。
> ➤ 探针监视窗口：用来打开探针监视窗口。使用鼠标右键单击连线，在弹出的快捷菜单中选择探针或使用探针工具，可显示该窗口。使用探针监视窗口管理探针。
> ➤ 错误列表：显示错误列表，用于显示 VI 程序的错误。
> ➤ 加载并保存警告列表：显示"加载并保存警告"对话框。通过该对话框可查看要加载或保存的项的警告详细信息。
> ➤ VI 层次结构：显示 VI 的层次结构，用于显示该 VI 与其调用的子 VI 之间的层次关系。
> ➤ 类浏览器：用于浏览程序中使用的类。
> ➤ 浏览关系：浏览 VI 类之间的关系，用来浏览程序中使用的所有 VI 之间的相对关系。
> ➤ ActiveX 控件属性浏览器：用于浏览 ActiveX 控件的属性。
> ➤ 启动窗口：执行该命令，启动图 2-21 所示的启动窗口。
> ➤ 导航窗口：显示导航窗口，用于显示 VI 程序的导航窗口。
> ➤ 工具栏：工具栏选项。

图 2-21　查看菜单

4．项目菜单

LabVIEW 2022 中文版的项目菜单包含了 LabVIEW 中所有与项目操作相关的命令，项目菜单如图 2-22 所示。

> ➤ 创建项目：用于新建一个项目文件。
> ➤ 打开项目：用于打开一个已有的项目文件。
> ➤ 保存项目：用于保存一个项目文件。
> ➤ 关闭项目：用于关闭项目文件。
> ➤ 添加至项目：用于将 VI 或其他文件添加到现有的项目文件中。
> ➤ 文件信息：用于显示当前项目的信息。
> ➤ 解决冲突：打开"解决冲突"对话框，可通过重命名冲突项，或使冲突项从正确的路径重新调用依赖项解决冲突。
> ➤ 属性：显示当前项目属性。

图 2-22　项目菜单

5．操作菜单

LabVIEW 2022 中文版的操作菜单包括了对 VI 操作的基本命令，如图 2-23 所示。

> ➤ 运行：用于运行 VI 程序。
> ➤ 停止：用于终止 VI 程序的运行。
> ➤ 单步步入：单步执行进入程序单元。
> ➤ 单步步过：单步执行完成程序单元。

> 单步步出：单步执行退出程序单元。

> 调用时挂起：当 VI 被调用时，挂起程序。

> 结束时打印：在 VI 运行结束后打印该 VI。

> 结束时记录：在 VI 运行结束后，将运行结果记录在记录文件中。

> 数据记录：单击该选项可以打开它的下级菜单，设置记录文件的路径等。

> 切换至运行模式：切换到运行模式。当用户单击该菜单项时，LabVIEW 将切换为运行模式，同时该菜单项变为切换至编辑模式；再次单击该菜单项，则切换至编辑模式。

> 连接远程前面板：与远程前面板连接。选择该菜单项将弹出图 2-24 所示的"连接远程前面板"对话框，可以设置与远程的 VI 连接、通信。

> 调试应用程序或共享库：对应用程序或共享库进行调试。单击该选项会弹出"调试应用程序或共享库"对话框，如图 2-25 所示。

图 2-23　操作菜单

图 2-24　"连接远程前面板"对话框

图 2-25　"调试应用程序或共享库"对话框

6. 工具菜单

LabVIEW 2022 中文版的工具菜单包含了编写程序的大部分工具，包括一些主要工具和辅助工具，如图 2-26 所示。

> Measurement & Automation Explorer：打开 MAX 程序。

> 仪器：使用仪器子菜单。单击该菜单项可以打开它的下级菜单，可以选择连接 NI 的仪器驱动网络或者导入 CVI 仪器驱动程序。

- 比较：包含比较函数，比较 VI、VI 层次结构或 LLB 文件的更改。

- 合并：包含合并函数，合并 VI 或 LLB 文件的更改。

- 性能分析：对 VI 的性能即占用资源的情况进行比较。

- 安全：对用户所编写的程序进行保护，如设置密码等。

- 用户名：利用该选项可以设置用户的姓名。

- 通过 VI 生成应用程序：弹出"通过 VI 生成应用程序"对话框，使用该对话框可以通过打开的 VI 生成独立的应用程序。

- 源代码控制：包含"配置源代码控制"操作，包括源代码控制的添加、删除、配置等操作。

- VI 分析器：该子菜单包括 3 个选项，分别为"分析 VI""显示结果窗口""创建新测试"。

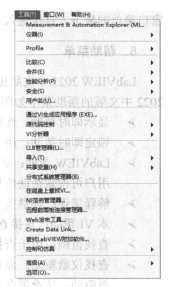

图 2-26　工具菜单

- LLB 管理器：VI 库文件管理器菜单，选择此菜单项可以打开 VI 库文件管理器，并对 VI 库文件进行新建、复制、重命名、删除及转换等操作。

- 导入：用来向当前程序导入".NET"控件、"ActiveX"控件、共享库等。

- 共享变量：包含共享变量函数。单击"工具"→"共享变量"→"注册计算机"菜单项，可弹出"注册远程计算机"对话框。

- 分布式系统管理器：选择该命令，打开"NI 分布式系统管理器"，用于在项目环境之外创建、编辑、监控和删除共享变量。

- 在磁盘上查找VI：显示"在磁盘上查找 VI"对话框，用来搜索磁盘上指定路径下的VI程序。

- NI 范例管理器：用于查找 NI 为用户提供的各种范例。

- 远程前面板连接管理器：用于管理 VI 程序的远程连接。

- Web 发布工具：选择此菜单项可以打开"Web 发布工具"对话框，设置通过网络访问用户的 VI 程序。

- 查找 LabVIEW 附加软件：显示"附加软件许可证工具"对话框，可用于查找通过 LabVIEW 创建的工具包。

- 控制和仿真：单击此菜单项可以打开它的下级菜单，可访问 PID 和模糊逻辑 VI 工具。

- 高级：高级子菜单。单击此菜单项可以打开它的下级菜单，包含一些对 VI 操作的高级工具。

- 选项：用于设置 LabVIEW 及 VI 的一些属性和参数。

7. 窗口菜单

利用窗口菜单可以打开 LabVIEW 2022 中文版的各种窗口，如前面板窗口、程序框图窗口及导航窗口。LabVIEW 2022 中文版的窗口菜单如图 2-27 所示。

- 左右两栏显示：用来将 VI 的前面板和程序框图左右（横向）排布。

- 上下两栏显示：用来将 VI 的前面板和程序框图上下（纵向）排布。

另外，在窗口菜单的最下方显示了当前打开的所有 VI 的前面板和程序框图，因此，可以从窗口菜单的最下方直接进入 VI 的前面板或程序框图。

8．帮助菜单

LabVIEW 2022 中文版提供了功能强大的帮助功能，集中体现在它的帮助菜单上。LabVIEW 2022 中文版的帮助菜单如图 2-28 所示。

➢ 显示即时帮助：选择是否显示即时帮助窗口以获得即时帮助。

➢ 锁定即时帮助：用于锁定即时帮助窗口。

➢ LabVIEW 帮助：单击此菜单选项打开 NI 官方网站，打开帮助文档"LabVIEW 文档"，用户可搜索帮助信息。

➢ 解释错误：提供关于 VI 错误的完整参考信息。

➢ 本 VI 帮助：直接查看 LabVIEW 帮助中关于 VI 的完整参考信息。

➢ 查找范例：用于查找 LabVIEW 带有的所有范例，显示"NI 范例查找器"窗口。

➢ 查找仪器驱动：显示"NI 仪器驱动查找器"窗口，查找和安装 LabVIEW 即插即用仪器驱动。该选项在 macOS 上不可用。

➢ 网络资源：打开 NI 的官方网站，在网络上查找 LabVIEW 程序的帮助信息。

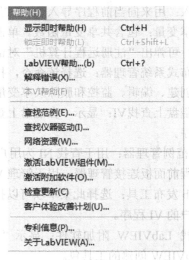

图 2-27　窗口菜单　　　　　　　　　　　图 2-28　帮助菜单

➢ 激活 LabVIEW 组件：显示"NI 激活向导"窗口，用于激活 LabVIEW 许可证。该选项仅在 LabVIEW 试用模式下出现。

➢ 激活附加软件：通过该向导可激活第三方附加软件。可激活一个或多个附件。

➢ 检查更新：显示 NI 的更新服务窗口，该窗口在 NI 官方网站上查看可用的更新。

➢ 专利信息：显示 NI 的所有相关专利。

➢ 关于 LabVIEW：显示 LabVIEW 的相关信息。

2.3.6　"项目浏览器"窗口

项目浏览器窗口用于创建和编辑 LabVIEW 项目。选择"文件"→"创建项目"，打开"创建项目"对话框,选择"项目"选项,单击"完成"按钮,即可打开"项目浏览器"窗口。也可选择"文件"→"新建",打开"新建"对话框,如图 2-29 所示,双击"空白项目"选项,打开"项目浏览器"窗口,如图 2-30 所示。

默认情况下,"项目浏览器"窗口包括以下各项。

（1）我的电脑:表示可作为项目终端使用的本地计算机。

（2）依赖关系:用于查看某个终端下 VI 所需要的项。

（3）程序生成规范:包括对源代码发布编译配置,以及 LabVIEW 工具包和模块所支持的其他编译形式的配置。若已安装 LabVIEW 专业版开发系统或应用程序生成器,可使用程序生成规范配置独立应用程序（EXE）、动态链接库（DLL）、安装程序及 ZiP 文件。

在项目中添加其他终端时,LabVIEW 会在"项目浏览器"窗口中创建代表该终端的项。各个终端也包括"依赖关系""程序生成规范",在每个终端下可添加文件。

可将 VI 从"项目浏览器"窗口中拖曳到另一个已打开的 VI 的程序框图中。在"项目浏览器"窗口中选择需要作为子 VI 使用的 VI,并把它拖曳到其他 VI 的程序框图中。

使用项目属性和方法,可通过编程配置和修改项目以及"项目浏览器"窗口,如图 2-30 所示。

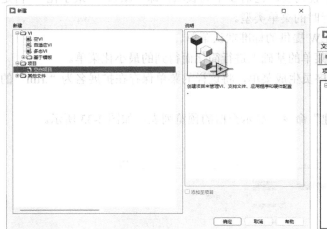

图 2-29　"新建"对话框

图 2-30　"项目浏览器"窗口

2.3.7　操作实例——新建菜单项

修改默认的菜单栏显示项,结果如图 2-31 所示。

图 2-31　"菜单编辑器"对话框 1

（1）新建 VI。选择菜单栏中的"文件"→"新建 VI"命令，新建一个 VI，一个空白的 VI 包括前面板及程序框图。

（2）保存 VI。选择菜单栏中的"文件"→"另存为"命令，输入 VI 名称"新建菜单项"。

（3）在前面板或程序框图窗口的主菜单里选择"编辑"→"运行时菜单…"选项，打开图 2-32 所示的"菜单编辑器"对话框。

图 2-32 "菜单编辑器"对话框 2

在工具栏按钮的右侧是菜单类型下拉列表，包括 3 个列表项，即"默认""最小化""自定义"，它们决定了与当前 VI 关联的运行时的菜单类型。

（1）"默认"选项表示使用 LabVIEW 提供的标准默认菜单。

（2）"最小化"选项是在"默认"菜单的基础上进行简化而得到的最小化菜单。

（3）"自定义"选项表示完全由程序员生成菜单，将这样的菜单保存在扩展名为".rtm"的文件里。

选择菜单栏中的"文件"→"新建"命令，显示空白的预览列表，如图 2-33 所示。

图 2-33 新建"菜单编辑器"对话框

（4）在工具栏下拉列表中选择"自定义"选项，单击➕按钮，添加 3 个菜单项，在"菜单项名称"文本框中输入对应菜单名称，如图 2-34 所示。

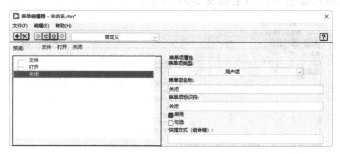

图 2-34 添加一级菜单

（5）选择"打开"选项，单击 按钮，降低第 2 个菜单项的层次，设置菜单项层次级别。

（6）工具栏的"预览"给出了当前菜单的预览，菜单结构列表框中给出了菜单的层次结构显示，如图 2-31 所示。

2.4　程序

由框图组成的图形对象构成通常所说的源代码。框图（类似于流程图）与文本编程语言中的文本行相对应。事实上，框图是实际的可执行代码。框图是通过将完成特定功能的对象连接在一起构建出来的。

2.4.1　程序框图

程序框图由下列 3 种组件构建而成，如图 2-35 所示。

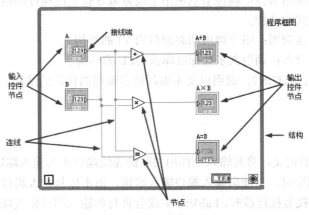

图 2-35　程序框图示意

（1）节点：节点是程序框图上的对象，包括函数或 VI，具有输入/输出端，在 VI 运行时进行运算。节点相当于文本编程语言中的语句、运算符、函数和子程序。

（2）接线端：用于表示输入控件或显示控件的数据类型。在程序框图中，可将前面板的输入控件或显示控件显示为图标接线端或数据类型接线端。默认状态下，将前面板对象显示为图标接线端。

（3）连线：通过连线实现程序框图中对象的数据传输。每根连线都只有一个数据源，但可以与多个读取该数据的 VI 和函数连接。

不同数据类型的连线有不同的颜色、粗细和样式，如表 2-1 所示。断开的连线显示为黑色的虚线。出现断线的原因有很多，如在试图连接两个数据类型不兼容的对象时就会产生断线。

表 2-1　连线类型

类型	颜色	标量	一维数组	二维数组
整形数	蓝色			
浮点数	橙色			

续表

类型	颜色	标量	一维数组	二维数组
逻辑量	绿色			
字符串	粉色	~~~~~~~~~~~~~~~	◇◇◇◇◇◇◇◇◇◇◇◇◇◇◇	◈◈◈◈◈◈◈◈◈◈◈◈◈◈
文件路径	青色			

LabVIEW 2022 中文版有以下类型的节点。

☑ 函数：内置的执行元素。

☑ 子 VI：用于另一个 VI 程序框图上的 VI，相当于子程序。

☑ Express VI：协助常规测量任务的子 VI。Express VI 是在配置对话框中配置的。

☑ 结构：执行控制元素，如 For 循环、While 循环、条件结构、平铺式和层叠式顺序结构、定时结构和事件结构。

☑ 公式节点和表达式节点：公式节点是可以直接向程序框图输入方程的结构，其大小可以调节。表达式节点是用于计算含有单变量表达式或方程的结构。

☑ 属性节点和调用节点：属性节点是用于设置或寻找类的属性的结构。调用节点是设置对象执行方式的结构。

☑ 通过引用节点调用：用于调用动态加载的 VI 的结构。

☑ 调用库函数节点：调用大多数标准库或 DLL 的结构。

☑ 代码接口节点（CIN）：调用以文本编程语言编写的代码的结构。

2.4.2 连线端口

按照 LabVIEW 的定义，将与输入控件相关联的连线端口作为输入端口，如图 2-36 所示。在子 VI 被其他 VI 调用时，只能向输入端口输入数据，而不能从输入端口向外输出数据。当某一个输入端口没有连接数据连线时，LabVIEW 就会将与该输入端口相关联的输入控件中的数据默认值作为该端口的数据输入值。相反，与输出控件相关联的连线端口都会作为输出端口，输出端口只能向外输出数据，而不能向内输入数据。

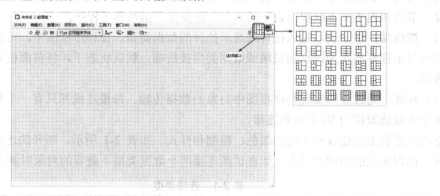

图 2-36　连线端口示意

单击鼠标右键，在弹出的快捷菜单中显示对接线端口的添加、删除、翻转与模式选择，如图 2-37 所示。

LabVIEW 2022 中文版提供了以下两种方法来改变端口的个数。

（1）第一种方法是在连接端口处单击鼠标右键，从弹出的快捷菜单中选择"添加接线端"或"删除接线端"命令，逐个添加或删除接线端口。这种方法较为灵活，但也比较麻烦。

（2）第二种方法是在连线端口处单击鼠标右键，从弹出的快捷菜单中选择"模式"命令，会出现一个图形化下拉菜单，在该下拉菜单中会列出36 种不同的连线端口，一般情况下可以满足用户的需要。这种方法较为简单，但是不够灵活。

通常的做法是，先使用第二种方法选择一个比较接近实际用户需要的连线端口，然后再使用第一种方法对选好的连接端口进行修正。

图 2-37　快捷菜单

完成了连线端口的创建以后，下面的工作就是定义前面板中的输入控件、输出控件与连线端口中各输入/输出端口的关系。

（1）将前面板置为当前，将鼠标指针放置在前面板右上角的连线端口图标上方，鼠标指针变为连线工具状态。

（2）打开前面板，在"控件"选板下的"新式"子选板中选择"数值输入控件"，放置在前面板上，如图 2-38 所示。

（3）打开程序框图，显示与前面板上的"数值输入控件"相对应的数值，如图 2-39 所示。

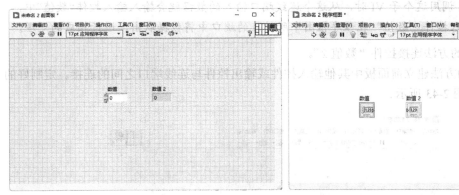

图 2-38　VI 的前面板

图 2-39　显示前面板控件

（4）单击鼠标右键，在"函数"选板下的"数值"子选板中选择"加 1"函数▷，同时在函数接线端口分别连接控件图标的输出端与输入端。

（5）单击鼠标右键，从弹出的快捷菜单中选择"模式"菜单项，同时在下一级菜单中显示接线端口模式，选择第 1 行第 4 个模式，如图 2-40 所示。

图 2-40　"模式"下拉菜单

注意：

　　接线端口位于前面板的右上角处，图标位于前面板窗口及程序框图窗口的右上角处，连接端口位于图标左侧。

（6）对应端口与接线端口。

① 将鼠标光标移动至连线板左侧上方的端口上，单击这个端口，端口变为黑色，如图 2-41 所示。

② 使用鼠标光标单击输入控件"数值"，选中输入控件"数值"，此时会在输入控件"数值"的图标周围出现一个虚框，同时，黑色架线端口变为棕色。此时，这个端口建立了与输入控件"数值"的连接，端口的名称为"数值"，颜色为棕色，如图 2-42 所示。

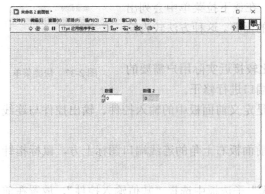

图 2-41　选中输入端口

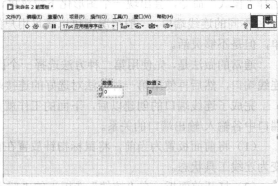

图 2-42　建立连线端口与输入控件"数值"的关联关系

注意：

当其他 VI 调用这个子 VI 时，从这个连线端口输入的数据就会输入输入控件"数值"中，然后程序从输入控件"数值"在程序框图中所对应的端口中将数据取出，进行相应的处理。

③ 按同样的方法连接控件"数值 2"。

使用同样的方法建立前面板中其他输入控件或输出控件与连线端口之间的连接。定制好的 VI 连线端口如图 2-43 所示。

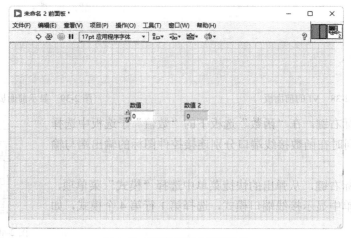

图 2-43　定制好的 VI 连线端口

在编辑调试 VI 的过程中，用户有时会根据实际需要断开某些端口与前面板对象之间的连接。具体做法是在需要断开的端口上单击鼠标右键，从弹出的快捷菜单中选择"断开连接本接线端"命令。

若在快捷菜单中选择"断开连接全部接线端"命令，则会断开所有对象与端口的连接。

2.4.3　操作实例——设置乘法运算接线端口

本实例设计乘法运算程序，设置程序接线端口模式，程序框图如图 2-44 所示。

（1）新建 VI。选择菜单栏中的"文件"→"新建 VI"命令，新建一个 VI，一个空白的 VI 包括前面板及程序框图。

（2）保存 VI。选择菜单栏中的"文件"→"另存为"命令，输入 VI 名称"设置乘法运算接线端口"。

（3）选择"控件"选板中的"新式"→"数值"→"数值输入控件"控件，在前面板中放置两个数值输入控件，分别命名为 A 和 B。

（4）选择"控件"选板中的"新式"→"数值"→"数值显示控件"控件，在前面板中放置数值显示控件，命名为 C，如图 2-45 所示。

（5）打开程序框图，单击鼠标右键，在"函数"选板下"编程"→"数值"子选板中选择"乘"函数，同时在函数接线端分别连接控件图标的输出端与输入端，结果如图 2-44 所示。

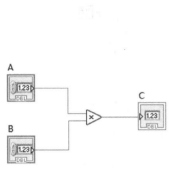

图 2-44　乘法运算程序的程序框图

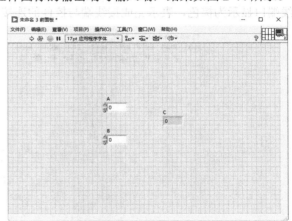

图 2-45　显示前面板

（6）在前面板接线端处单击鼠标右键，选择"模式"菜单选项，弹出图 2-46 所示的模式面板，选择图中所示模式，修改结果如图 2-47 所示。

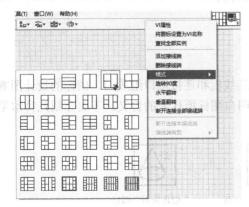

图 2-46　接线端口模式

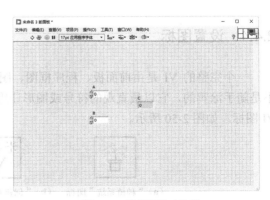

图 2-47　接线端修改结果

（7）单击前面板左上角的接线端，接线端口显示为黑色，再单击 A，接线端口显示为棕色，表示完成接线端与控件的连接，如图 2-48 所示。

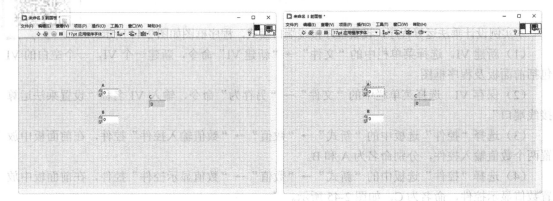

图 2-48　连接接线端与控件 1

（8）使用同样的方法，单击其他两个接线端，接线端口显示为黑色，再分别单击 A 和 B，接线端口显示为棕色，表示完成接线端与控件的连接，结果如图 2-49 所示。

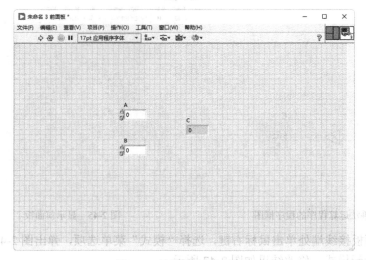

图 2-49　连接接线端与控件 2

2.4.4　设置图标

一个完整的 VI 是由前面板、程序框图、图标/连线板和连接端口组成的。图标的设计图案不是随手涂鸦的，它以最直观的符号或图形让用户明白图标所代表的含义。下面介绍几种常见 VI 图标，如图 2-50 所示。

（a）"种植系统"图标　　（b）"创建对象"图标　　（c）"创建锥面"图标

图 2-50　VI 图标样例

注意：
在 LabVIEW 中允许前面板对象没有名称，并且允许用户重命名。

双击前面板右上角的图标，弹出图 2-51 所示的"图标编辑器"对话框，在该对话框中编辑图标，该对话框中包括菜单栏、选项卡、工具栏及绘图区。

（1）该对话框包括 4 个选项卡。

① 在"模板"选项卡中选择需要的模板，导入绘图区，方便快捷。

② 在"图标文本"选项卡中设置要在图标中输入的文字、符号等，同时可设置输入图标的文本字体、颜色和样式。

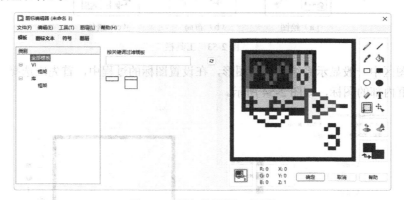

图 2-51 "图标编辑器"对话框

③ "符号"选项卡中显示的多种图形符号，可作为图标编辑的基础部件。按照要求选择基本图形，装饰图标，如图 2-52 所示。

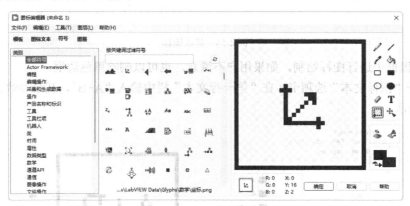

图 2-52 绘制图标的图形符号

④ 在"图层"选项卡中设置图标中对象的图层，图形或文字的前后次序同样影响图标的显示结果。

（2）工具栏中包括 3 部分，即绘图、布局和颜色，如图 2-53 所示。

① "绘图"部分包括 12 种工具，可利用这些工具在绘图区绘制图形。

② "布局"部分包括两种工具——水平翻转和垂直翻转，合理使用该工具，可使图形呈现用户所需要的效果。

③ 在"颜色"部分可设置绘制图形的颜色。

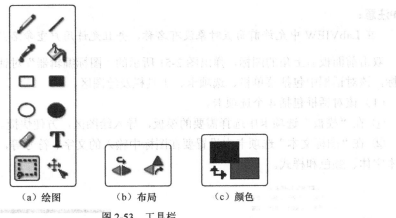

（a）绘图　　　　（b）布局　　　　（c）颜色

图 2-53　工具栏

（3）绘图区中一般显示系统默认的图形，在设置图标的过程中，首先应选择▣按钮，删除右侧黑色边框内部的图标，如图 2-54 所示。

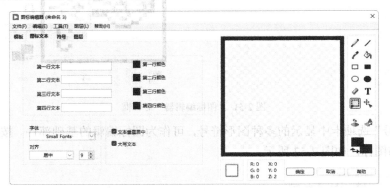

图 2-54　修改图标

在空白黑框中进行图标绘制，如果用户不满意，也可以删除黑色边框。

① 打开"图标文本"选项卡，在"第一行文本"栏中输入"A+B"，其余参数为默认设置，如图 2-55 所示。

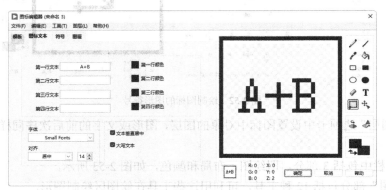

图 2-55　在"图标编辑器"对话框的"第一行文本"栏中输入"A+B"

② 单击"确定"按钮，退出"图标编辑器"对话框，此时的前面板与程序框图结果如图 2-56 所示。

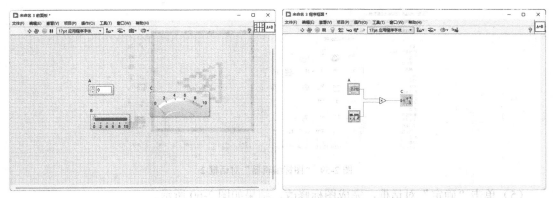

图 2-56　完整的 VI 程序框图

至此，就完成了一个 VI 的创建。在输入量 A 和 B 中分别输入适当的数值，然后单击前面板窗口工具条中的"运行"按钮，就可以在 C 中得到计算结果。

2.4.5　操作实例——设置乘法运算图标

本实例设置乘法运算图标，前面板运行结果如图 2-57 所示。

（1）打开 VI。选择菜单栏中的"文件"→"打开"命令，打开源文件中的"设置乘法运算接线端口.vi"文件。

（2）保存 VI。选择菜单栏中的"文件"→"另存为"命令，输入 VI 名称"设置乘法运算图标"。

（3）双击前面板右上角的图标，弹出"图标编辑器"对话框，如图 2-58 所示。

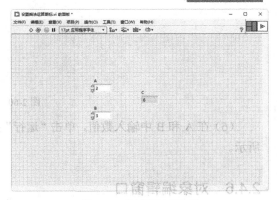

图 2-57　前面板运行结果

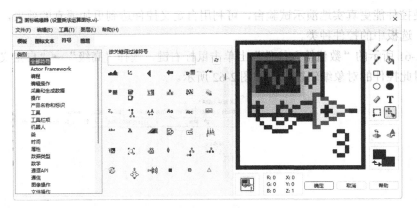

图 2-58　"图标编辑器"对话框 1

（4）删除图 2-58 所示图标的黑色矩形框内图形，打开"符号"选项卡，在"数学"栏选择图标，显示在右侧绘图区，如图 2-59 所示。

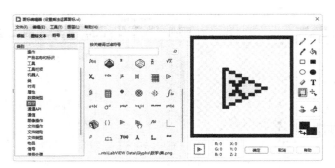

图 2-59　"图标编辑器"对话框 2

（5）单击"确定"对话框，完成图标修改，结果如图 2-60 所示。

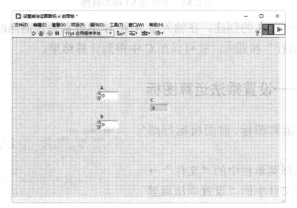

图 2-60　图标修改结果

（6）在 A 和 B 中输入数值，单击"运行"按钮 ，运行 VI，在 C 中显示运行结果，如图 2-57 所示。

2.4.6　对象编辑窗口

为了使控件能更真实地演示试验台，可利用自定义控件达到更加逼真的效果，同时也增加了"控件"选板中的控件种类。

在图 2-61 所示的"数值输入控件"上单击鼠标右键，选择"高级"→"自定义"命令，即可打开针对此控件的对象编辑窗口，如图 2-62 所示。

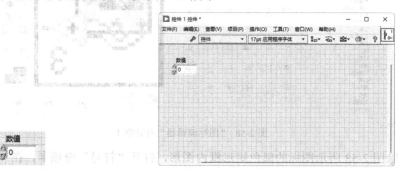

图 2-61　数值输入控件　　　　　　　　　　　图 2-62　对象编辑窗口

对象编辑窗口与前面板类似，工具栏稍有差异，在该窗口中可以对控件进行编辑，在该工具栏中同样按照前述方法可以直接修改对象的大小、颜色、字体等。

单击工具栏中的"切换至自定义模式"按钮🔲，进入编辑状态，控件由整体转换为单个的对象，如图 2-63 所示。

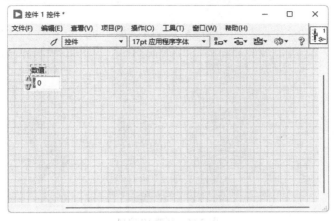

图 2-63　自定义操作

2.5　综合演练——设置时间显示前面板

本实例设置时间显示前面板，演示了 VI 的创建，以及"控件"选板、"工具"选板的使用方法，结果如图 2-64 所示。

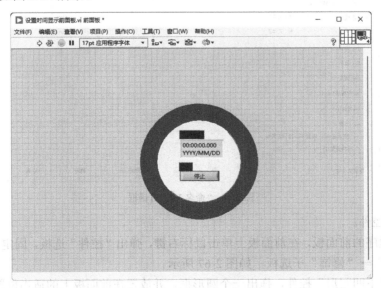

图 2-64　设置时间显示前面板

（1）新建一个 VI。选择菜单栏中的"新建"→"新建 VI"命令，弹出图 2-65 所示的 VI 窗口。

其他编辑窗口的视图发现，工具栏上有的一些编辑命令按钮没有了，在此工
具栏可以看到LabVIEW就提供大量的前面板命令。

单击工具栏右侧下拉文本处，选择隐藏的命令按钮，展开后面板上的几个
样式，如图2-63所示。

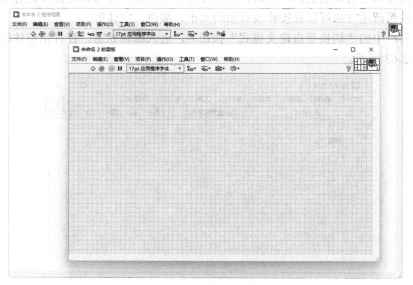

图 2-65　新建 VI 窗口

（2）保存 VI。选择菜单栏中的"文件"→"保存"命令，然后在弹出的"命名 VI"对话
框中选择适当的路径和文件名保存该 VI，如图 2-66 所示。

图 2-66　"命名 VI"对话框

（3）放置控件。

① 打开程序的前面板，在前面板上单击鼠标右键，弹出"控件"选板，固定"控件"选板，
并打开"新式"→"修饰"子选板，如图 2-67 所示。

② 选取"下凹圆形"控件，拖出一个圆形框，并放置在前面板上的适当位置。

③ 选取"上凸圆形"控件，放置在"下凹圆形"控件的内部，程序前面板如图 2-68
所示。

图 2-67 "修饰"子选板

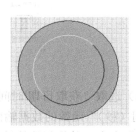

图 2-68 程序前面板

📢**注意：**

程序前面板已经有了一些立体的装饰效果，只是还没有配以颜色，略显不足，下面为前面板的装饰控件设置颜色。

（4）设置程序前面板颜色。

① 选择"工具"选板中的设置颜色工具，在背景上单击鼠标右键，弹出颜色设置面板，设置程序前面板的背景色为浅绿色。

② 用同样的方法设置程序前面板的前景色。将"下凹圆形"控件的颜色设置为蓝色，将"上凸圆形"控件的颜色为黄色，此时程序前面板如图 2-69 所示。

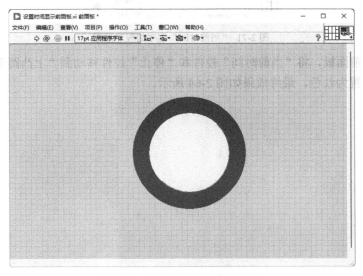

图 2-69 设置颜色后的程序前面板

（5）切换到程序框图，单击鼠标右键，打开"函数"选板，打开"编程"→"定时"子选板，如图 2-70 所示。

图 2-70 "定时"子选板

（6）选取"获取日期/时间（秒）"函数，并放置在程序前面板上的适当位置，在"获取日期/时间（秒）"函数的数据输出端口单击鼠标右键，从弹出的快捷菜单中选取"创建"→"显示控件"命令，并将创建的显示控件的标签更名为"当前时间"。

（7）从"函数"选板的"结构"子选板中选择"While 循环"，放置到程序框图中，并在循环条件输入端上单击鼠标右键，弹出快捷菜单，选择"创建输入控件"命令，结果如图 2-71 所示。

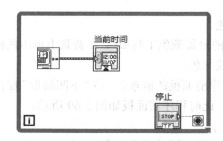

图 2-71 "当前时间"程序的程序框图

（8）切换到前面板，将"当前时间"控件和"停止"控件移动到"上凸圆形"控件的中央，并将标签颜色设置为红色，最终效果如图 2-64 所示。

第**3**章

前面板与控件

一个完整的 VI 包括前面板与程序框图两个界面，前面板是 VI 需要显示于人前的"衣服"，控件则是"衣服的布料"。本章围绕前面板中的控件进行介绍，讲解前面板的组成、设置与编辑。

知识重点

- ☑ 前面板控件
- ☑ 设置前面板控件的属性
- ☑ 前面板的修饰

任务驱动&项目案例

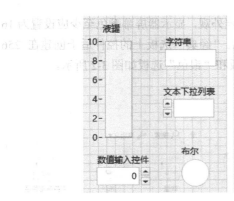

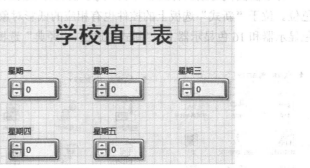

3.1 前面板控件

前面板是 VI 的用户界面。VI 的前面板如图 3-1 所示。

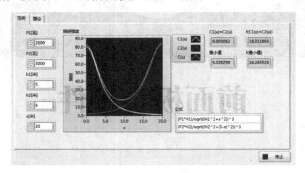

图 3-1 VI 的前面板

前面板由输入控件和显示控件组成。这些控件是 VI 的输入/输出端口。输入控件是指旋钮、按钮、转盘等输入装置。显示控件是指图表、指示灯等显示装置。输入控件模拟仪器的输入装置，为 VI 的程序框图提供数据。显示控件模拟仪器的输出装置，用以显示程序框图获取或生成的数据。本节对前面板上的控件及使用方法进行详细的介绍。

3.1.1 控件样式

1. 新式、经典及银色控件

许多前面板对象具有高彩外观。为了获取对象的最佳外观，显示器屏幕颜色至少应设置为 16 色位。位于"新式"选板上的控件也有相应的低彩对象。"经典"选板上的控件适于创建在 256 色显示器和 16 色显示器上。"新式"选板、"经典"选板和"银色"选板如图 3-2 所示。

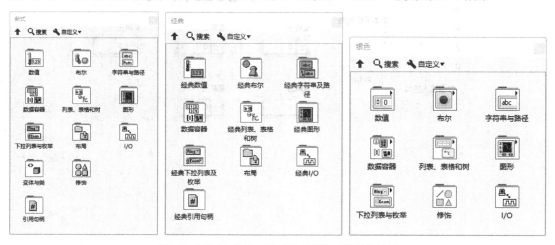

图 3-2 "新式"选板、"经典"选板和"银色"选板

2．系统控件

位于"系统"选板上的系统控件可用在用户创建的对话框中。系统控件是专为在对话框中使用而特别设计的，包括数值、布尔、字符串与路径、下拉列表与枚举、布局、列表、表格和树、修饰等控件。这些控件仅在外观上与前面板控件不同，颜色与系统设置的颜色一致，如图 3-3 所示。

系统控件的外观取决于 VI 运行的平台，因此在 VI 中创建的控件外观应与所有 LabVIEW 平台兼容。在不同的平台上运行 VI 时，系统控件将改变其颜色和外观，与该平台的标准对话框控件相匹配。

3．NXG 风格控件

NXG 风格控件包含编程常用的大部分控件，是 LabVIEW 2022 中文版新增的新型控件，"NXG 风格"选板如图 3-4 所示。

图 3-3　系统控件　　　　　　　　　　图 3-4　"NXG 风格"选板

3.1.2　数值型控件

位于新式选板、经典选板、银色选板、系统选板和 NXG 风格选板上的数值型控件可用于创建滑动杆、滚动条、旋钮、转盘和数值显示框。其中，经典选板上还有经典颜色盒、经典带边框的颜色盒和颜色梯度，用于设置颜色值，其余选板上还有时间标识（用于设置时间和日期值）、数值对象（用于输入和显示数值）。LabVIEW 2022 中文版的新式、经典、银色、系统及 NXG 风格的"数值"选板如图 3-5 所示。

（a）新式

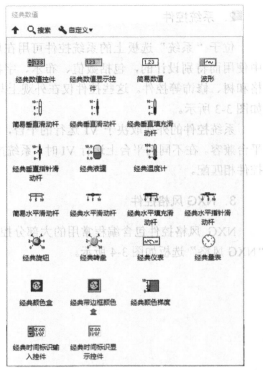

（b）经典

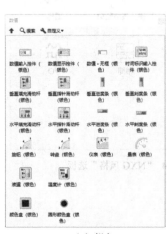

（c）银色

（d）系统

（e）NXG 风格

图 3-5 "数值"选板

1. 数值型控件

数值型控件是输入和显示数值数据的最简单方式。这些前面板对象可在水平方向上调整大小，以显示更多位数。可使用下列方法改变数值控件的值。

（1）使用操作工具或标签工具单击数字显示框，然后通过键盘输入数字。

（2）使用操作工具单击数值控件的递增或递减箭头。

（3）使用操作工具或标签工具将鼠标指针放置于需要改变的数字右边，然后在键盘上按向上或向下箭头键。

（4）默认状态下，LabVIEW 的数字显示和存储与计算器类似。数值型控件一般最多显示 6 位数字，超过 6 位的数字会自动转换为以科学记数法表示的形式。在数值对象处单击鼠标右键并从快捷菜单中选择不同的格式与精度，打开"数值属性"对话框的"格式与精度"选项卡，从中配置 LabVIEW 在切换到科学记数法之前所显示的数字位数。

2．滑动杆控件

滑动杆控件是带有刻度的数值对象。滑动杆控件包括垂直滑动杆、水平滑动杆、液罐和温度计。可使用下列方法改变滑动杆控件的值。

① 使用操作工具单击或拖曳滑动杆的滑块至新的位置。

② 与数值型控件中的操作类似，在数字显示框中输入新数据。

滑动杆控件可以显示多个值。在该对象处单击鼠标右键，在快捷菜单中选择添加滑块，可添加更多滑块。带有多个滑块的控件的数据类型为包含各个数值的簇。

3．滚动条控件

与滑动杆控件相似，滚动条控件是用于滚动数据的数值对象。滚动条控件有水平滚动条、垂直滚动条两种。使用操作工具单击或拖曳滚动条的滑块至一个新的位置，单击递增和递减箭头或单击滑块和箭头之间的空间都可以改变滚动条的值。

4．旋转型控件

旋转型控件包括旋钮、转盘、量表和仪表。旋转型对象的操作与滑动杆控件相似，都是带有刻度的数值对象。可使用下列方法改变旋转型控件的值。

（1）用操作工具单击或拖曳指针至一个新的位置。

（2）与数值型控件中的操作类似，在数字显示框中输入新数据。

旋转型控件可显示多个值。在该对象处单击鼠标右键，选择"添加指针"，可添加新指针。带有多个指针的控件的数据类型为包含各个数值的簇。

5．颜色盒控件

在 LabVIEW 中，颜色盒是用 U32 的数据来表示的，如果将其转换为数字来表示，计算公式如下。

$$U32=256×256×R+256×G+B$$

其中，颜色盒中的 RGB 值分别以 R、G、B 来表示，如图 3-6 所示。

6．时间标识控件

时间标识控件用于向程序框图发送或从程序框图获取时间和日期值，可使用下列方法改变时间标识控件的值。

（1）单击"时间/日期浏览"按钮 ，显示"设置时间和日期"对话框，如图 3-7 所示。

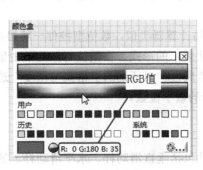

图 3-6 颜色盒控件

图 3-7 "设置时间和日期"对话框

（2）在该控件处单击鼠标右键并从快捷菜单中选择"数据操作"→"设置时间和日期"，显示"设置时间和日期"对话框。

（3）在该控件处单击鼠标右键，从快捷菜单中选择"数据操作"→"设置为当前时间"。

3.1.3 操作实例——测量仪表和量表

本实例绘制图 3-8 所示的前面板，用于使用仪表和量表显示测量数据。

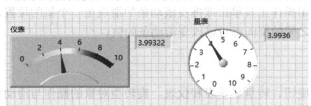

图 3-8 显示测量数据

（1）新建一个 VI。选择菜单栏中的"新建"→"新建 VI"命令，创建一个空白的 VI。

（2）保存 VI。选择菜单栏中的"文件"→"保存"命令，然后在弹出的"保存文件"对话框中选择适当的路径，输入文件名"测量仪表和量表"，保存该 VI。

（3）在"控件"选板中选择"新式"→"数值"→"仪表"控件和"新式"→"数值"→"量表"控件，放置到前面板上，如图 3-9 所示。

（4）将鼠标指针移到容器上，单击鼠标右键，在弹出的快捷菜单中选择"显示项"→"数字显示"命令，在"仪表"控件右侧添加数值显示标签，如图 3-10 所示。

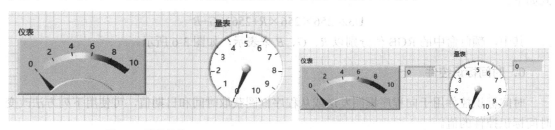

图 3-9 放置控件　　　　　　　　　　图 3-10 添加数值显示标签

（5）按同样的方法，为"量表"控件添加数值显示标签。单击"量表"控件，确定任意初始值，在数值显示标签上显示对应的值，结果如图 3-8 所示。

3.1.4 布尔控件和单选按钮

位于新式、经典、银色、系统和 NXG 风格的"布尔"选板上的布尔控件可用于创建按钮、开关和指示灯。LabVIEW 2022 中文版的新式、经典、银色、系统及 NXG 风格的"布尔"选板如图 3-11 所示。布尔控件用于输入并显示布尔值（TRUE/FALSE）。例如，监控一个实验的温度时，可在前面板上放置一个布尔指示灯，当温度超过一定水平时发出警告。

布尔输入控件有 6 种机械动作。用户可自定义布尔对象，创建运行方式与真实仪器类似的前面板。快捷菜单可用来自定义布尔对象的外观，以及单击这些对象时它们的运行方式。

单选按钮控件向用户提供一个列表，每次只能从中选择一项。如允许不选择任何一项，在该控件处单击鼠标右键然后在快捷菜单中选择"允许不选"菜单项，该菜单项旁边将出现一个勾选标志。单选按钮控件为枚举型，所以可用单选按钮控件选择条件结构中的条件分支。

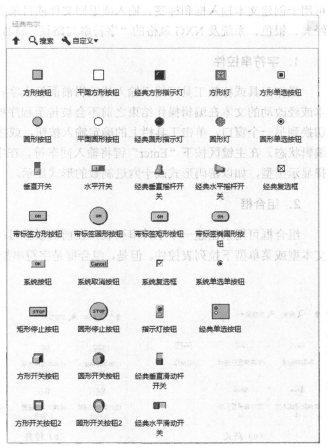

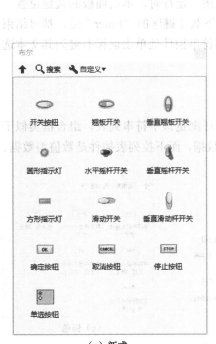

（a）新式　　　　　　　　　　　（b）经典

图 3-11 "布尔"选板

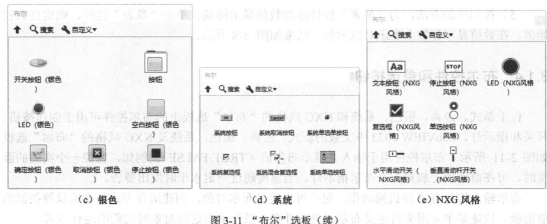

（c）银色 （d）系统 （e）NXG 风格

图 3-11 "布尔"选板（续）

3.1.5 字符串与路径控件

位于新式、经典、银色、系统和 NXG 风格的"字符与路径"选板上的字符串与路径控件可用于创建文本输入框和标签、输入或返回文件或目录的地址。LabVIEW 2022 中文版的新式、经典、银色、系统及 NXG 风格的"字符串与路径"选板如图 3-12 所示。

1．字符串控件

操作工具或标签工具可用于输入或编辑前面板上字符串控件中的文本。默认状态下，新文本或经改动的文本在编辑操作结束之前不会被传至程序框图。运行时，单击面板的其他位置，切换到另一个窗口，单击工具栏上的确定输入按钮，或按下数字键区的"Enter"键，都可结束编辑状态。在主键区按下"Enter"键将输入回车符。在字符串控件处单击鼠标右键为其文本选择显示类型，如以密码形式或十六进制数的形式显示。

2．组合框

组合框可用来创建一个字符串列表，在前面板上可循环浏览该字符串列表。组合框类似于文本型或菜单型下拉列表控件。但是，组合框是字符串型数据，而下拉列表控件是数值型数据。

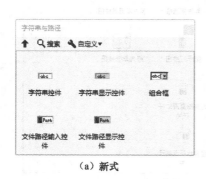

（a）新式

（b）经典

（c）银色

图 3-12 "字符串与路径"选板

（d）系统

（e）NXG 风格

图 3-12　"字符串与路径"选板（续）

3．路径控件

路径控件用于输入或返回文件或目录的地址。基于（Windows 和 macOS）操作系统，若允许运行时拖放，则可从 Windows 浏览器中拖曳一个路径、文件夹或文件放置在路径控件中。

路径控件与字符串控件的工作原理类似，但 LabVIEW 会根据用户使用操作平台的标准句法将路径按一定格式处理。

3.1.6　数据容器控件

位于新式、经典、银色和 NXG 风格的"数据容器"选板上的数组控件、矩阵控件和簇控件可用来创建数组、矩阵和簇。数组是同一类型数据元素的集合。簇将不同类型的数据元素归为一组。矩阵是若干行、列组成的实数或复数的集合。LabVIEW 2022 中文版的新式、经典、银色及 NXG 风格的"数据容器"选板如图 3-13 所示。

（a）新式

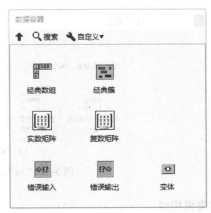

（b）经典

图 3-13　"数据容器"选板

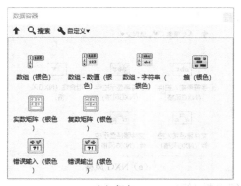 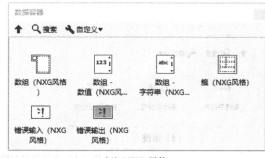

（c）银色　　　　　　　　　　（d）NXG 风格

图 3-13　"数据容器"选板（续）

3.1.7　列表、表格和树控件

位于新式、经典、银色、系统和 NXG 风格的"列表、表格和树"选板上的列表框控件，用于向用户提供一个可供选择的项列表。LabVIEW 2022 中文版的新式、经典、银色、系统和 NXG 风格的"列表、表格和树"选板如图 3-14 所示。

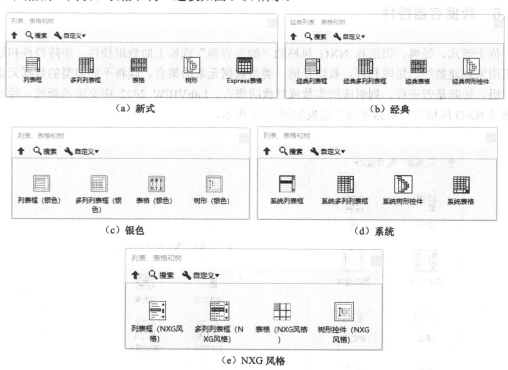

图 3-14　"列表、表格和树"选板

1．列表框控件

列表框可配置为单列或多列。多列列表框可显示更多条目信息，如大小和创建日期等。

2. 树形控件

树形控件用于向用户提供一个可供选择的层次化列表。用户将输入树形控件的项组织为若干组项或若干组节点。单击节点旁边的展开符号可展开节点，显示节点中的所有项。单击节点旁边的符号还可折叠节点。

注意：

只有在 LabVIEW 完整版和专业版开发系统中才可创建和编辑树形控件。所有 LabVIEW 软件包均可运行含有树形控件的 VI，但不能在基础软件包中配置树形控件。

3. 表格控件

表格控件可用于在前面板上创建表格。

3.1.8 图形控件

位于新式、经典、银色和 NXG 风格"图形"选板与"经典图形"选板上的图形控件可用于以图形和图表的形式绘制数值数据。LabVIEW 2022 中文版的新式、经典、银色及 NXG 风格的"图形"选板如图 3-15 所示。主要控件的具体应用将在后面章节详细介绍，这里不再赘述。

（a）新式

（b）经典

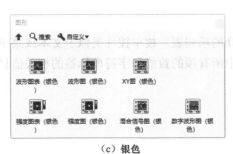

（c）银色

（d）NXG 风格

图 3-15 "图形"选板

3.1.9 下拉列表与枚举控件

位于新式、经典、银色、系统和 NXG 风格的"下拉列表与枚举"选板可用来创建可循环浏览的字符串列表。LabVIEW 2022 中文版的新式、经典、银色、系统及 NXG 风格的"下拉列表与枚举"选板如图 3-16 所示。

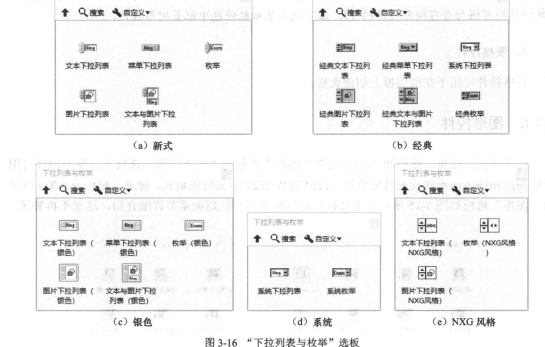

图 3-16 "下拉列表与枚举"选板

1. 下拉列表控件

下拉列表控件是将数值与字符串或图片建立连接的数值对象。下拉列表控件以下拉菜单的形式出现，用户可在循环浏览的过程中选择。下拉列表控件可用于选择互斥项，如触发模式的选择。例如，用户可在下拉列表控件中从连续、单次和外部触发中选择一种触发模式。

2. 枚举控件

枚举控件用于向用户提供一个可供选择的项列表。枚举控件类似于文本或菜单下拉列表控件，但是，枚举控件的数据类型包括控件中所有项的数值和字符串标签的相关信息，下拉列表控件则为数值型控件。

3.1.10 布局控件

位于新式、经典和系统"布局"选板上的布局控件可用于组合控件，或在当前 VI 的前面板上显示另一个 VI 的前面板。布局控件还可用于在前面板上显示 ".NET" 对象和 "ActiveX" 对象。LabVIEW 2022 中文版的新式、经典及系统 "布局" 选板如图 3-17 所示。

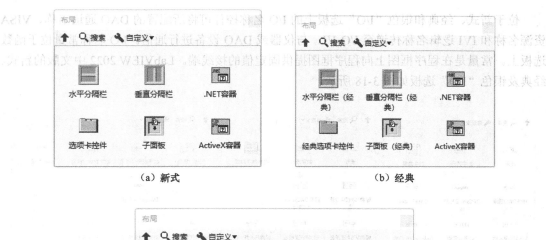

（a）新式　　　　　　　　　　　　　　（b）经典

（c）系统

图 3-17 "布局" 选板

1．选项卡控件

选项卡控件用于将前面板的输入控件和显示控件重叠放置在一个较小的区域内。选项卡控件由选项卡和选项卡标签组成。可将前面板对象放置在选项卡控件的每一个选项卡中，并将选项卡标签作为显示不同项的选择器。可使用选项卡控件组合在操作某一阶段需要用到的前面板对象。例如，某 VI 在测试开始前可能要求用户先设置几个选项，然后在测试过程中允许用户修改测试的某些方面，最后允许用户显示和存储相关数据。在程序框图上，选项卡控件默认为枚举控件。选项卡控件中的控件接线端与程序框图上的其他控件接线端在外观上是一致的。

2．子面板控件

子面板控件用于在当前 VI 的前面板上显示另一个 VI 的前面板。例如，子面板控件可用于设计一个类似向导的用户界面。在顶层 VI 的前面板上放置 "上一步" 按钮和 "下一步" 按钮，并用子面板控件加载向导中每一步的前面板。

> **📢注意：**
> 　　只有 LabVIEW 完整版和专业版系统才具有创建和编辑子面板控件的功能。所有 LabVIEW 软件包均可运行含有子面板控件的 VI，但不能在基础软件包中配置子面板控件。

3.1.11 I/O 控件

位于新式、经典和银色"I/O"选板上的 I/O 名称控件可将所配置的 DAQ 通道名称、VISA 资源名称和 IVI 逻辑名称传递至 I/O VI，与仪器或 DAQ 设备进行通信。I/O 名称常量位于函数选板上。常量是在程序框图上向程序框图提供固定值的接线端。LabVIEW 2022 中文版的新式、经典及银色"I/O"选板如图 3-18 所示。

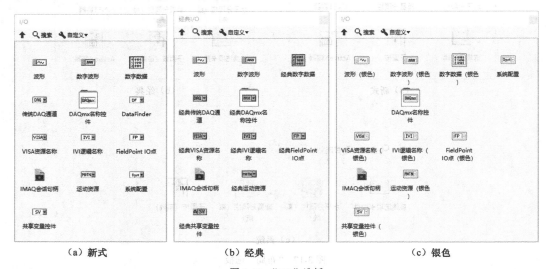

  （a）新式   （b）经典   （c）银色

图 3-18 "I/O"选板

1．波形控件

波形控件可用于对波形中的单个数据元素进行操作。波形数据类型包括波形的数据、起始时间和时间间隔。

2．数字波形控件

数字波形控件可用于对数字波形中的单个数据元素进行操作。

3．数字数据控件

数字数据控件显示以行或列排列的数字数据。数字数据控件可用于创建数字波形或显示从数字波形中提取的数字数据。将数字波形数据输入控件连接至数字数据显示控件，可查看数字波形的采样和信号。

3.1.12 修饰控件

位于新式、系统和 NXG 风格"修饰"选板上的修饰控件可对前面板对象进行组合或分隔。这些对象仅用于修饰，并不显示数据。

在前面板上放置修饰控件后，使用重新排序下拉菜单可对层叠的对象进行重新排序，也可在程序框图上使用修饰。LabVIEW 2022 中文版的"修饰"选板如图 3-19 所示。

图 3-19 "修饰"选板

（a）新式　　　　（b）系统　　　　（c）NXG 风格

3.1.13 引用句柄控件

位于新式、经典"引用句柄"选板上的引用句柄控件可用于对文件、目录、设备和网络连接进行操作。引用句柄控件用于将前面板对象信息传送给子 VI。LabVIEW 2022 中文版的"引用句柄"选板如图 3-20 所示。

（a）新式

（b）经典

图 3-20 "引用句柄"选板

引用句柄是对象的唯一标识符，这些对象包括文件、设备或网络连接等。打开一个文件、设备或网络连接时，LabVIEW 会生成一个指向该文件、设备或网络连接的引用句柄。对打开的文件、设备或网络连接进行的所有操作均使用引用句柄来识别每个对象。引用句柄控件用于将一个引用句柄传进 VI 或传出 VI。例如，引用句柄控件可在不关闭或不重新打开文件的情况下修改其指向的文件内容。

由于引用句柄是一个打开对象的临时指针，因此它仅在对象打开期间有效。若关闭对象，LabVIEW 会将引用句柄与对象分开，则引用句柄失效。若再次打开对象，LabVIEW 将创建一个与第一个引用句柄不同的新引用句柄。LabVIEW 将为引用句柄所指向的对象分配内存空间。关闭引用句柄，该对象就会从内存中释放出来。

由于 LabVIEW 可以记住每个引用句柄所指向的信息，如读取或写入对象的当前地址和用户访问情况，因此可以对单一对象执行并行但相互独立的操作。若一个 VI 多次打开同一个对象，那么每一次的打开操作都将返回一个不同的引用句柄。在 VI 结束运行时，LabVIEW 会自动关闭引用句柄，如果用户在结束使用引用句柄就将其关闭，则可以最有效地利用内存空间和其他资源，这是一个良好的编程习惯。关闭引用句柄的顺序与打开引用句柄时相反。例如，若对象 A 获得了一个引用句柄，然后在对象 A 上调用方法以获得一个指向对象 B 的引用句柄，在关闭引用句柄时应先关闭对象 B 的引用句柄然后再关闭对象 A 的引用句柄。

3.1.14 .NET 与 ActiveX 控件

位于".NET"与"ActiveX"选板上的".NET"控件和"ActiveX"控件用于对常用的".NET"控件或"ActiveX"控件进行操作。可添加更多".NET"控件或"ActiveX"控件至该选板，供日后使用，如图 3-21 所示。

图 3-21 ".NET 与 ActiveX"选板

选择"工具"→"导入"→".NET 控件至选板"，弹出"添加.NET 控件至选板"对话框，如图 3-22 所示，或选择"工具"→"导入"→"ActiveX 控件至选板"，弹出"添加 ActiveX 控件至选板"对话框，如图 3-23 所示，可分别转换.NET 控件集或 ActiveX 控件集，自定义控件并将这些控件添加至.NET 与 ActiveX 选板。

图 3-22 "添加.NET 控件至选板"对话框

图 3-23 "添加 ActiveX 控件至选板"对话框

> **注意：**
> 创建.NET 对象并与之通信需安装 ".NET Framework 1.1 Service Pack 1" 或更高版本。建议只在 LabVIEW 项目中使用.NET 对象。若装有 Microsoft.NET Framework 2.0 或更高版本，可使用应用程序生成器生成.NET 互操作程序集。

3.1.15 操作实例——"NXG 风格"选板控件的使用方法

本实例演示了"NXG 风格"选板中控件的使用方法，如图 3-24 所示。

（1）新建一个 VI。打开程序的前面板，单击鼠标右键，弹出浮动的"控件"选板，单击选板左上角的"浮动"按钮，将浮动选板变为固定选板。

（2）从"控件"选板中的"NXG 风格"→"数值"子选板中单击"数值输入控件（NXG 风格）"控件，在前面板上的适当位置单击，完成在前面板中控件的放置，并修改标签名称为"数值输入控件"，如图 3-25 所示。

图 3-24 "NXG 风格"选板中控件

（3）在"数值"子选板中选取"液罐（NXG 风格）"控件，在"布尔"子选板中选取"LED（NXG 风格）"控件，在"字符串与路径"子选板中选择"字符串输入控件（NXG 风格）"，在"下拉列表与枚举"子选板中选择"文本下拉列表（NXG 风格）"控件。放置控件结果如图 3-26 所示。

（4）将鼠标指针放置在"布尔"控件上方，单击鼠标，鼠标指针变为"调整大小"按钮，向外拖动控件至适当大小，结果如图 3-24 所示。

图 3-25 放置数值输入控件

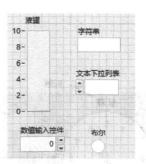

图 3-26 放置控件结果

3.2 设置前面板控件的属性

3.1 节主要介绍了设计前面板用到的"控件"选板。在使用 LabVIEW 进行程序设计的过程中，对前面板的设计主要是编辑前面板控件和设置前面板控件的属性。为了更好地操作前面板的控件，设置其属性是非常必要的，这一节主要介绍设置前面板控件属性的方法。

不同类型的前面板控件有着不同的属性，下面分别介绍设置数值型控件、文本型控件、布尔控件的属性的方法。

3.2.1 设置数值型控件的属性

LabVIEW 2022 中文版中的数值型控件（位于控件选板中的新式子选板中）有着许多共有属性，每个控件又有自己独特的属性，这里只能对控件的共有属性进行介绍。

下面以数值型控件——量表为例介绍数值型控件的常用属性及其设置方法。

数值型控件的常用属性如下。

☑ 标签：用于对控件的类型及名称进行注释。

☑ 标题：控件的标题，通常和标签相同。

☑ 数字显示：以数字的形式显示控件所表达的数据。

图 3-27 显示了量表控件的标签、标题、数字显示等属性。

在前面板的图标上单击鼠标右键，弹出图 3-28 所示的快捷菜单，选择"显示项"命令，在弹出的子菜单中可以选择"标签""标题""数字显示"等命令，切换是否显示控件的这些属性。另外，还可以通过单击"工具"选板中的"编辑文本工具"按钮 A 来修改控件的标签和标题的内容。

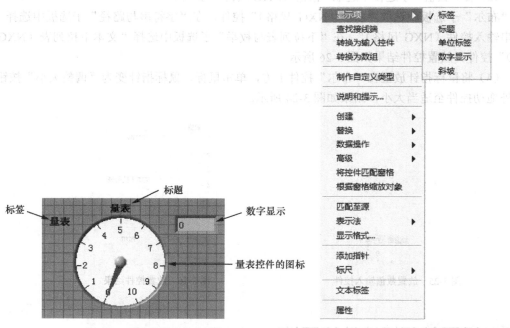

图 3-27　量表控件的基本属性　　　　图 3-28　数值型控件（以量表为例）的属性快捷菜单

数值型控件的其他属性可以通过它的"旋钮类的属性"对话框（如量表为"旋钮类的属性，量表"对话框）进行设置，在控件的图标上单击鼠标右键，并从弹出的快捷菜单中选择"属性"，可以打开"属性"对话框。"属性"对话框被分为 8 个选项卡，分别是外观、数据类型、标尺、显示格式、文本标签、说明信息、数据绑定和快捷键。量表的 8 个属性选项卡分别如图 3-29 所示。

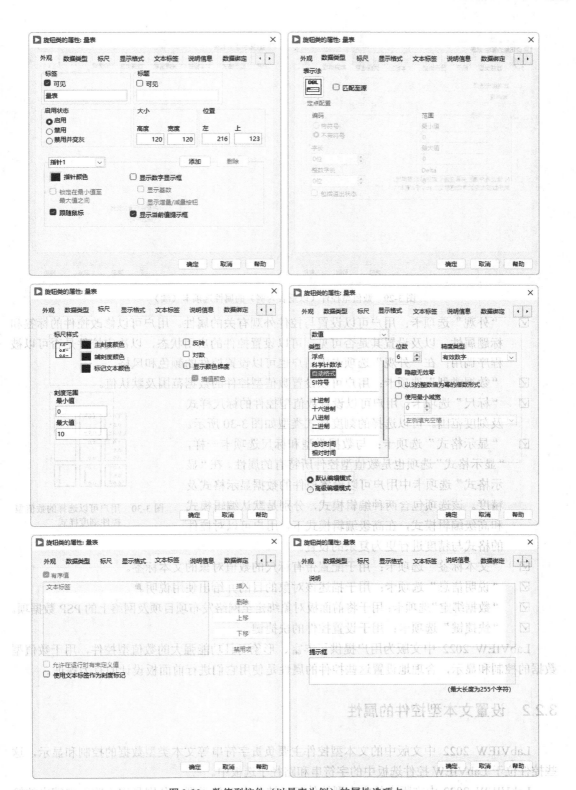

图3-29 数值型控件（以量表为例）的属性选项卡

图 3-29　数值型控件（以量表为例）的属性选项卡（续）

☑　"外观"选项卡：用户可以设置与控件外观有关的属性。用户可以修改控件的标签和标题属性，以及设置其是否可见；可以设置控件的启用状态，以决定控件是否可以被程序调用；在"外观"选项卡中用户也可以设置控件的颜色和风格。

☑　"数据类型"选项卡：用户可以设置数值型控件的数据范围及默认值。

☑　"标尺"选项卡：用户可以设置数值型控件的标尺样式及刻度范围。可以选择的刻度样式类型如图 3-30 所示。

☑　"显示格式"选项卡：与数据类型和标尺选项卡一样，"显示格式"选项也是数值型控件所特有的属性。在"显示格式"选项卡中用户可以设置控件的数据显示格式及精度。该选项包含两种编辑模式，分别是默认编辑模式和高级编辑模式，在高级编辑模式下，用户可以对控件的格式与精度进行更为复杂的设置。

图 3-30　用户可以选择的数值型控件刻度样式

☑　"文本标签"选项卡：用于配置带有标尺的数值对象的文本标签。

☑　"说明信息"选项卡：用于描述该对象的目的并给出使用说明。

☑　"数据绑定"选项卡：用于将前面板对象绑定至网络发布项目项及网络上的 PSP 数据项。

☑　"快捷键"选项卡：用于设置控件的快捷键。

LabVIEW 2022 中文版为用户提供了丰富、形象而且功能强大的数值型控件，用于数值型数据的控制和显示，合理地设置这些控件的属性是使用它们进行前面板设计的有力保证。

3.2.2　设置文本型控件的属性

LabVIEW 2022 中文版中的文本型控件主要负责字符串等文本类型数据的控制和显示，这些控件位于 LabVIEW 控件选板中的字符串和路径子选板中。

LabVIEW 2022 中文版中的文本型控件可以被分为 3 种类型，分别是用于输入字符串的输入与显示控件，用于选择字符串的输入与显示控件，以及用于文件路径的输入与显示控件。下面分别详细说明设置这 3 种类型文本型控件的方法。

文本输入控件和文本显示控件是最具代表性的用于输入字符串的输入与显示控件，在 LabVIEW 的前面板中它们的图标分别是"新式"［＿＿＿］和［＿＿＿］、"经典"［＿＿＿］和［＿＿＿］、"银色"［＿＿＿］和［＿＿＿］、"NXG 风格"［＿＿＿］和［＿＿＿］。这两种控件的属性可以通过其"属性"对话框进行设置。"字符串类的属性：字符串"对话框如图 3-31 所示。

"字符串类的属性：字符串"对话框由"外观"选项卡、"说明信息"选项卡等组成。在"外观"选项卡中，与在 3.1 节中介绍的数值型控件的"属性"对话框不同的是，在文本型控件的"属性"对话框中，用户不仅可以设置标签和标题等属性，而且可以设置文本的显示方式。

文本输入控件和文本输出控件中的文本可以以 4 种方式进行显示，分别为正常、反斜杠符号（\）、密码和十六进制。其中"反斜杠符号"的显示方式表示文本框中的字符串以反斜杠符号的方式显示，例如"\n"代表换行，"\r"代表回车，而

图 3-31　"字符串类的属性：字符串"对话框

"\b"代表退格，"密码"表示以密码的方式显示文本，即不显示文本内容，而是以"*"表示，"十六进制"表示以十六进制数来显示字符串。

在"字符串类的属性：字符串"对话框中，如果选择"限于单行输入"选项，那么将限制用户按行输入字符串，而不能通过按"Enter"键换行。如果复选"自动换行"，那么将根据文本内容的多少自动换行。如果复选"键入时刷新"，那么文本框的值会随用户键入的字符的变化而实时改变，不会等到用户按"Enter"键后才改变。如果复选"显示垂直滚动条"，则当文本框中的字符串不止一行时显示垂直滚动条。如果复选"显示水平滚动条"，则当文本框中的字符串在一行显示不下时显示水平滚动条。如果复选"调整为文本大小"，则调整字符串控件在垂直方向上的大小以显示所有文本，但不改变字符串控件在水平方向上的大小。

文本型控件的另一种类型是用于选择字符串的控件，主要包括文本下拉列表［＿＿＿］、菜单下拉列表［＿＿＿▼］和组合框［＿＿＿▣］。与输入字符串的文本型控件不同，这类控件需要预先设定一些选项，用户在使用时可以从中选择一项作为控件的当前值。

这类控件的设置同样可以通过其"属性"对话框来完成，下面以组合框为例介绍设置这类控件属性的方法。

"组合框属性：组合框"对话框如图 3-32 所示。"组合框属性：组合框"对话框中的外观、说明信息、数据绑定选项卡和数值型控件的相应选项卡相似，设置方法也类似，这里不再赘述，主要介绍"编辑项"选项卡。

在"编辑项"选项卡中，用户可以设定能够在该控件中显示的文本选项。在"项"中填入相应的文本选项，单击"插入"按钮便可以加入这一选项，同时标签的右边显示当前选项的选项值。

选择某一选项，单击"删除"按钮可以删除此选项，单击"上移"按钮可以将该选项向上移动，单击"下移"按钮则可以将该选项向下移动。

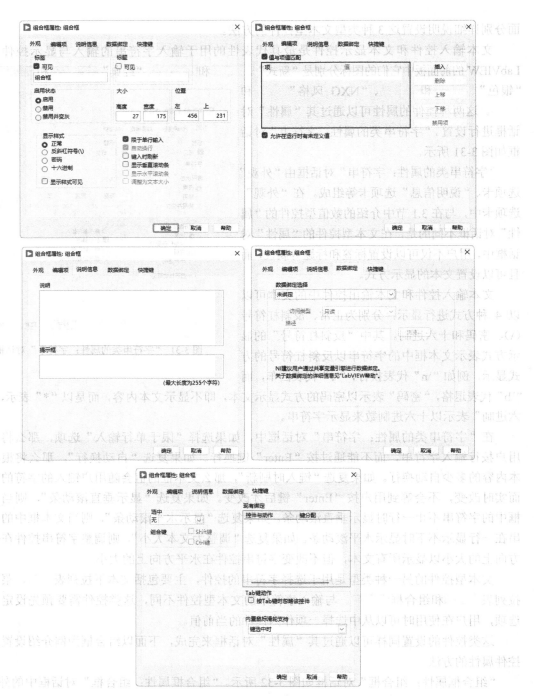

图 3-32　"组合框属性：组合框"对话框

3.2.3　设置布尔控件的属性

　　布尔控件是在 LabVIEW 中运用相对较多的控件，它一般作为控制程序运行的开关或者作为检测程序运行状态的显示等。

"布尔类的属性：布尔"对话框有两个常用的选项卡，分别为"外观"选项卡和"操作"选项卡，如图 3-33 所示。在"外观"选项卡中，用户可以调整开关或按钮的颜色等外观参数。"操作"选项卡是布尔控件所特有的选项卡，在该选项卡中用户可以设置按钮或开关的机械动作类型，对每种机械动作类型有相应的说明，并可以预览开关的动作效果及开关的状态。

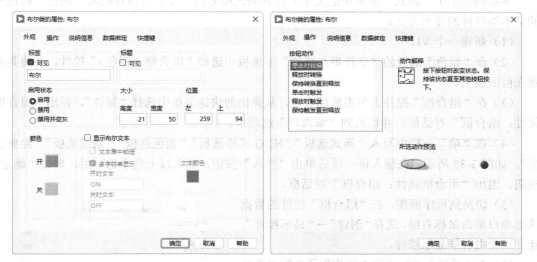

图 3-33　"布尔类的属性：布尔"对话框

注意：
布尔控件可以用文字的方式在控件上显示其状态，如没有显示开关状态的按钮为 ，而显示了开关状态的按钮为 。如果要显示开关的状态，只需要在布尔控件的显示选项卡中复选"显示布尔文本"，或者在控件处单击鼠标右键，选择菜单中的"显示项"→"布尔文本"菜单选项。

3.2.4　操作实例——停止按钮的使用

本实例演示了各选板中布尔控件的使用方法，其前面板如图 3-34 所示。

（1）新建一个 VI。

（2）在"控件"选板的"新式"→"布尔"子选板中选择"停止按钮"控件，并将其放置在前面板上，修改控件标签名称为"新式停止按钮"。

（3）同样的方法，在"NXG 风格"选板的"布尔"子选板中选择"停止按钮（NXG 风格）"控件，将其放置在前面板中并修改控件标签名称为"NXG 风格停止按钮"。

（4）在"银色"选板的"布尔"子选板中选择"停止按钮（银色）"控件，将其放置在前面板中并修改控件标签名称为"银色停止按钮"。

（5）在"系统"选板的"布尔"子选板中选择"系统按钮"控件，将其放置在前面板中并修改控件标签名称为"系统按钮"。

（6）在"经典"选板的"经典布尔"子选板中选择"矩形停止按钮"

图 3-34　前面板上按钮的放置

控件，将其放置在前面板中并修改控件标签名称为"经典停止按钮"。

3.2.5 操作实例——组合框的使用方法

本实例演示了"新式"选板中的文本型控件的使用方法，读者可自行练习"银色"选板中的文本型控件的使用方法。

（1）新建一个 VI。

（2）在"银色"选板的"字符串与路径"子选板中选择"组合框（银色）"控件，并将其放置在前面板上。

（3）在"组合框"控件上单击鼠标右键，从弹出的快捷菜单中选择"属性"，弹出"组合框属性：组合框"对话框，并切换到"编辑项"选项卡。

（4）在"项"一栏中写入"新式选板""NXG 风格选板""银色选板""系统选板""经典选板"，如图 3-35 所示。在输入每一项后单击"插入"按钮，加入以上几个选项后，单击"确定"按钮，退出"组合框属性：组合框"对话框。

（5）切换到程序框图，在"组合框"控件的数据输出端口单击鼠标右键，选择"创建"→"显示控件"，建立一个组合框显示控件。

（6）在"函数"选板中的"结构"子选板中选择"While 循环"。并将当前程序框图中的所有对象放置在"While 循环"构成的框图中。

（7）在程序框图中，在"While 循环"的"循环条件"的输入端处单击鼠标右键，并从弹出的快捷菜单中选择"创建输入控件"，结果如图 3-36 所示。

（8）切换到前面板，将"停止按钮"控件替换为"银色"子选板中的"停止按钮"控件。

（9）当用户选择"组合框"控件中的选项时，"组合框 2"文本框中将限制当前的选项，结果如图 3-37 所示。

图 3-35 "组合框属性：组合框"对话框

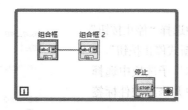

图 3-36 组合框程序的程序框图

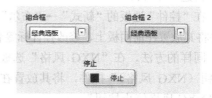

图 3-37 组合框程序的前面板

用于控制与显示文件路径的控件是 LabVIEW 中一种特殊的文本型控件，它将文件路径作为字符串在程序中进行传递和运算。LabVIEW 2022 中文版中用于文件路径控制和显示的控件包括"文件路径输入控件" ▆▆▆▆ ▆、▆ ▆▆▆ ▆ 和"文件路径显示控件" ▆▆▆▆▆▆、▆▆▆。它们的属性可以通过图 3-38 所示的"路径类的属性：路径"对话框来设置。

在使用 LabVIEW 对文件路径进操作的过程中，经常用到"路径输入控件""路径显示控件"这两个控件。

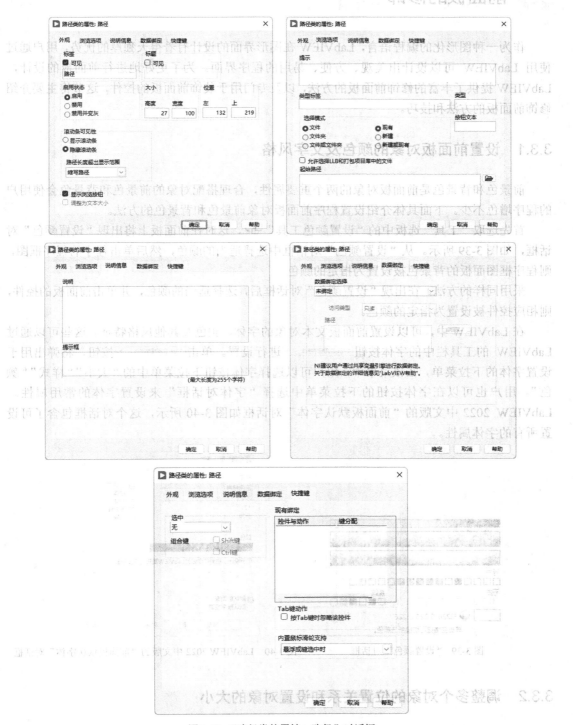

图 3-38 "路径类的属性：路径"对话框

3.3 前面板的修饰

作为一种图形化的编程语言，LabVIEW 在图形界面的设计有着得天独厚的优势，用户通过使用 LabVIEW 可以设计出美观、方便、易用的程序界面。为了更好地进行前面板的设计，LabVIEW 提供了丰富的修饰前面板的方法，以及专门用于装饰前面板的控件，这节将主要介绍修饰前面板的方法和技巧。

3.3.1 设置前面板对象的颜色及文字风格

前景色和背景色是前面板对象的两个重要属性，合理搭配对象的前景色和背景色会使用户的程序增色不少。下面具体介绍设置程序前面板对象前景色和背景色的方法。

首先选取"工具"选板中的"设置颜色工具" ，这时在前面板上将出现"设置颜色"对话框，如图 3-39 所示。从"设置颜色"对话框中选择适当的颜色，然后单击程序的程序框图，则程序框图面板的背景色被设置为指定的颜色。

采用同样的方法，在出现"设置颜色"对话框后，选择适当的颜色，并单击前面板的控件，则相应控件被设置为指定的颜色。

在 LabVIEW 中，可以设置前面板文本对象的字体、颜色及其他风格特征。这些可以通过 LabVIEW 的工具栏中的字体按钮 17pt 应用程序字体 进行设置。单击 17pt 应用程序字体 按钮，将弹出用于设置字体的下拉菜单，在该菜单中，用户可以选择字体按钮下拉菜单中的"大小""样式""颜色"。用户也可以在字体按钮的下拉菜单中选择"字体对话框"来设置字体的常用属性。LabVIEW 2022 中文版的"前面板默认字体"对话框如图 3-40 所示，这个对话框包含了可设置所有的字体属性。

图 3-39 "设置颜色"对话框

图 3-40 LabVIEW 2022 中文版的"前面板默认字体"对话框

3.3.2 调整多个对象的位置关系和设置对象的大小

在 LabVIEW 程序中，调整多个对象的相对位置关系，以及设置对象的大小是修饰前面板过程中一项非常重要的工作。在 LabVIEW 2022 中文版中提供了专门用于调整多个对象位置关系及设置对象大小的工具，它们位于 LabVIEW 的工具栏上。

LabVIEW 所提供的用于调整多个对象位置关系的工具如图 3-41 所示。这两种工具分别用于调整多个对象的位置关系及调整对象之间的距离。

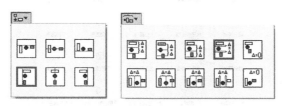

图 3-41　LabVIEW 2022 中文版中的"对齐对象"工具和"分布对象"工具

在 LabVIEW 的工具栏上还有其他用于设置对象属性的工具，如设置对象大小的工具和群组，锁定及调整对象前、后相对位置的工具，如图 3-42 所示。

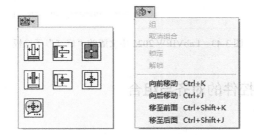

图 3-42　LabVIEW 2022 中文版中的"设置对象大小"工具和"调整对象前、后相对位置"工具

利用设置对象大小的工具，用户可以按照一定的规则调整对象的尺寸，也可以用按钮图来指定控件的高度和宽度，进而设置对象的大小。群组工具可以将一系列对象设置为固定的相对位置关系，也可以锁定对象，以免在编辑过程中对象被移动。利用 LabVIEW 提供的调整对象前、后相对位置的工具可以改变对象的前后顺序，以决定是否遮挡住某些对象。例如，选择"向前移动"可以将该对象向前移动，选择"向后移动"可以将该对象向后移动，选择"移至前面"可以将该对象移动到最前方。

3.3.3　修饰控件的使用

在 LabVIEW 2022 中文版中，用于修饰前面板的控件位于"控件"选板中的"修饰"子选板中。它包括一系列线、箭头、方框、圆形、三角形等形状的修饰模块，这些模块如同搭建程序界面的积木，合理组织、搭配这些模块可以构造出美观的程序界面。LabVIEW 2022 中文版的"修饰"子选板如图 3-43 所示。在 LabVIEW 2022 中文版中，"修饰"子选板中的各种控件只有其前面板的图形，而没有在程序框图中与之相对应的图标，这些控件的主要功能是进行界面的修饰，是 LabVIEW 中最为特殊的前面板控件。

修饰与包装是程序设计不可缺少的一项重要工作，在 LabVIEW 中也是如此，LabVIEW 2022 中文版凭借界面设计与修饰的强大工具和优势，可以设计出美观的程序界面。

图 3-43　LabVIEW 2022 中文版的"修饰"子选板

3.3.4　操作实例——控件的对齐与组合

（1）新建一个 VI。

（2）在"控件"选板中打开"新式"子选板，选择数值型控件、布尔控件和图形控件，前面板放置控件结果如图 3-44 所示。

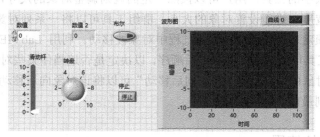

图 3-44　前面板放置控件结果

（3）选中前面板左侧竖排 2 个控件，在选中的控件上方显示蓝色虚线框，如图 3-45 所示。

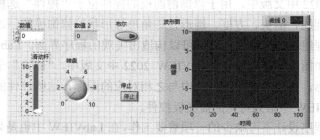

图 3-45　选中目标控件

（4）在"对齐对象"下拉列表中选择"左边缘"对齐。左边缘对齐后的控件如图 3-46 所示。

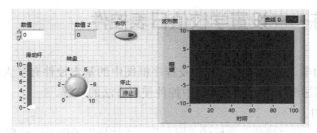

图 3-46　左边缘对齐后的控件

（5）分别选中前面板第 2 列和第 3 列控件，在"对齐对象"下拉列表中选择"左边缘"对齐。

（6）选中前面板第 1 行控件，在"对齐对象"下拉列表中选择"上边缘"对齐。

（7）选中前面板第 2 行控件，在"对齐对象"下拉列表中选择"下边缘"对齐。对齐后的控件如图 3-47 所示。

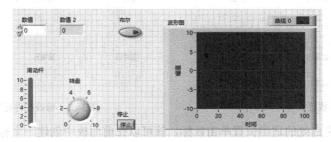

图 3-47　对齐控件

（8）按住 Shift 键，依次单击选中目标对象，如图 3-48 所示。

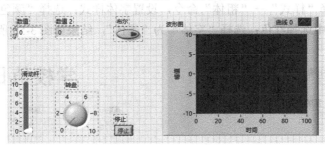

图 3-48　选中控件

（9）在"重新排序"下拉列表中选择"组"，组合后的控件如图 3-49 所示。

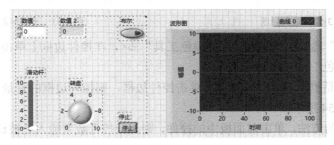

图 3-49　组合控件

3.4 综合演练——设置学校值日表控件

通过前面章节的学习，读者对前面板及程序框图中的基本控件有了大致了解，下面将通过实例加深读者对不同选板中控件使用方法的理解。

（1）新建一个 VI。

（2）打开前面板，从"控件"选板的"银色"→"数值"子选板中选取"数值输入控件（银色）"，将其放置在前面板中，如图 3-50 所示。

（3）按住 Shift 键并单击鼠标右键，打开"工具"选板，选择"设置文字工具"**A**，修改控件标签内容，如图 3-51 所示。

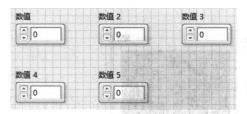

图 3-50　放置数值输入控件

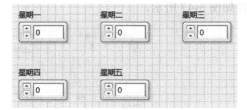

图 3-51　修改控件标签内容

（4）在前面板空白处的适当位置单击鼠标，就可以在前面板中创建一个标题"学校值日表"，如图 3-52 所示。

（5）选中输入的文字，在"17pt 应用程序字体"下拉列表中选择"大小"→"36"命令，改变字体大小；选择"样式"→"粗体"命令，设置字体样式；选择"颜色"命令，在弹出的"设置颜色"对话框中选择红色；选择"字体"为"黑体"，结果如图 3-53 所示。

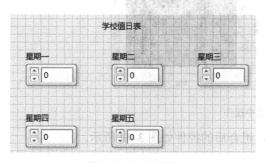

图 3-52　输入标题

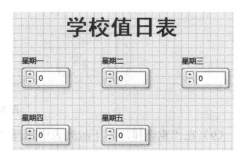

图 3-53　设置标题样式

（6）在"工具"选板中，选择"设置颜色工具"🔲✎，在控件边框上单击鼠标右键，前面板上将出现"设置颜色"对话框。

（7）在上述对话框中选择蓝色，然后单击控件边框，则控件边框的背景色被设定为用户指定的蓝色，如图 3-54 所示。

（8）使用同样的方法，单击前面板中的控件，则相应控件数字输入处被设置为指定的黄色，如图 3-55 所示。

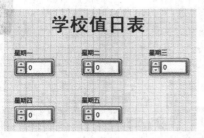

图 3-54　更改控件边框颜色

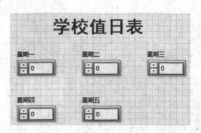

图 3-55　更改控件数字输入处颜色

（9）完成颜色设置后，单击鼠标右键，关闭"工具"选板。

第 **4** 章

LabVIEW 编程

LabVIEW 是图形化编程软件，使用 LabVIEW 编程的基本流程为创建和编辑 VI，以及运行和调试。本章通过连接编辑程序框图中的函数与控件的相互转换操作，为深入学习 LabVIEW 编程的原理和技巧打下基础。

知识重点

☑ 运行和调试 VI

☑ 编辑 VI

任务驱动&项目案例

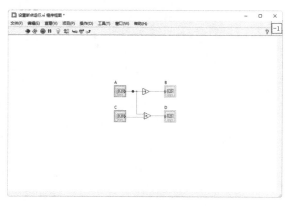

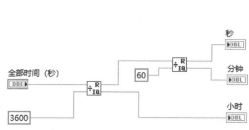

4.1 运行和调试 VI

本节将讨论 VI 的基本调试方法，LabVIEW 提供了有效的编程调试环境，同时提供了许多与优秀的交互式编程调试环境相关的特性。这些调试特性与图形化编程方式保持一致，可通过图形化编程方式来访问调试功能。通过加亮执行、单步、断点和探针帮助用户跟踪经过 VI 的数据流，从而使调试 VI 更容易。实际上用户可观察 VI 执行时的程序代码。

4.1.1 运行 VI

在 LabVIEW 中，用户可以通过 4 种方式来运行 VI，即运行 VI、连续运行 VI、停止运行 VI 和暂停运行 VI。下面介绍这 4 种 VI 运行方式的使用方法。

1. 运行 VI

在前面板窗口或程序框图窗口的工具栏中单击"运行"按钮，即可运行 VI。使用这种方式运行 VI，VI 只运行一次，当 VI 正在运行时，"运行"按钮会变为 （正在运行）状态。

2. 连续运行 VI

在工具栏中单击"连续运行"按钮，可以连续运行 VI。连续运行的意思是指一次 VI 运行结束后，继续重新运行 VI。当 VI 正在连续运行时，"连续运行"按钮会变为 （正在连续运行）状态。单击 按钮可以停止 VI 的连续运行。

3. 停止运行 VI

当 VI 处于运行状态时，在工具栏中单击"中止执行"按钮，可强行终止 VI 的运行。该功能在 VI 的调试过程中非常有用，当不小心使 VI 处于死循环状态时，按下该按钮可安全地终止 VI 的运行。当 VI 处于编辑状态时，"中止执行"按钮处于 （不可用）状态，此时的按钮是不可操作的。

4. 暂停运行 VI

在工具栏中单击"暂停"按钮，可暂停 VI 的运行，再次单击该按钮，可恢复 VI 的运行。

4.1.2 纠正 VI 的错误

在编程错误使 VI 不能编译或运行时，工具条上将出现"列出错误"按钮。典型的程序错误出现在 VI 的开发和编程阶段，而且一直保留到将程序框图中的所有对象都正确地连接起来之前。单击"列出错误"按钮可以列出所有的程序错误，列出所有程序错误的对话框被称为"错误列表"。具有断线的 VI 的"错误列表"对话框如图 4-1 所示。

当运行 VI 时，警告信息让用户了解潜在的程序问题，但不会禁止程序运行。如果想知道有哪些警告，在"错误列表"对话框中选择"显示警告"复选框，这样，每当出现警告时，工具栏上就会出现"警告"按钮。

如果程序中有阻止程序正确运行的任何错误，通过在"错误列表"对话框中选择错误项，然后单击"显示错误"按钮，可搜索特定错误的源代码。这个过程会加亮程序框图上报告错误的对象，如图 4-1 所示。在"错误列表"对话框中单击错误也将加亮报告错误的对象。

在编辑期间导致 VI 中断的一些最常见的原因如下。

（1）要求输入的函数端子未连接。例如，算术函数的输入端如果未连接，将报告错误。

（2）数据类型不匹配或存在散落、未连接的线段，使程序框图包含断线。

（3）中断子 VI。

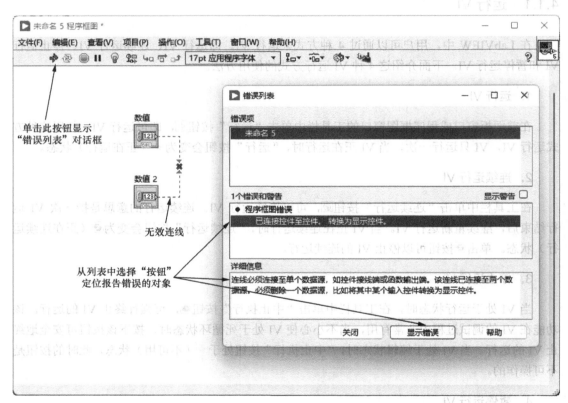

图 4-1 "错误列表"对话框

4.1.3 高亮显示程序执行过程

通过单击"高亮显示执行过程"按钮 💡，可以通过动画演示 VI 程序框图的执行情况，该按钮位于图 4-2 所示的程序框图的运行调试工具栏中。

程序框图的高亮显示执行效果如图 4-3 所示。可以看到 VI 执行过程中的动画演示对于 VI 调试是很有帮助的。当单击"高亮显示执行过程"按钮时，该按钮变为闪亮的灯泡，指示当前程序执行时的数据流情况。任何时候单击"高亮显示执行过程"按钮将返回正常运行模式。

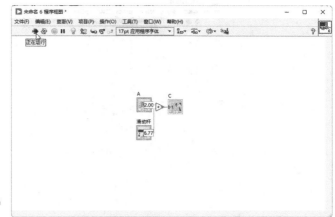

图 4-2　位于程序框图上方的运行调试工具栏　　　图 4-3　高亮显示执行过程模式下经过 VI 的数据流

　　"高亮显示执行过程"功能普遍用于在"单步执行"模式下跟踪程序框图中数据流的情况，目的是理解数据在程序框图中是如何流动的。应该注意的是，当使用"高亮显示执行过程"特性时，VI 的执行时间将大大增加。数据流动画用"气泡"来指出沿着连线运动的数据，演示从一个节点到另一个节点的数据运动。另外，在"单步执行"模式下，要执行的下一个节点将一直闪烁，直到单击"单步步出"按钮为止。

4.1.4　单步通过 VI 及其子 VI

　　为了进行调试，可以一个节点接着一个节点地执行程序框图，这个过程被称为"单步执行"。要在单步模式下运行 VI，在工具条上按下任何一个单步按钮，然后继续进行下一步即可。单步按钮显示在图 4-2 中的工具栏上。所按的单步按钮决定程序下一步从框图的哪里开始执行。"单步步入"按钮或"单步步过"按钮是执行完当前节点后前进到下一个节点。如果节点是结构（如 While 循环）或子 VI，可选择"单步步过"按钮执行该节点。例如，如果节点是子 VI，单击"单步步过"按钮，则执行子 VI 并前进到下一个节点，但不能看到子 VI 节点内部是如何执行的。要单步通过子 VI，应选择"单步步入"按钮。

　　单击"单步步出"按钮完成程序框图节点的执行。当按下任何一个单步按钮时，也相当于按了"暂停"按钮。在任何时候通过释放"暂停"按钮均可返回正常执行的情况。

　　值得提示的是，如果将鼠标指针放置到任何一个单步按钮上，都将出现一个提示条，显示下一步如果按下该按钮将要执行的内容描述。

　　当单步通过 VI 时，可能需要高亮显示执行过程，以便数据流过程序框图时可以跟踪数据。在单步和高亮显示执行过程模式下执行子 VI 时，子 VI 的程序框图窗口显示在主 VI 程序框图的上面。接着用户可以单步通过子 VI 或让其自己执行。

4.1.5　操作实例——减一运算

　　本实例运行图 4-4 所示的减一运算程序。

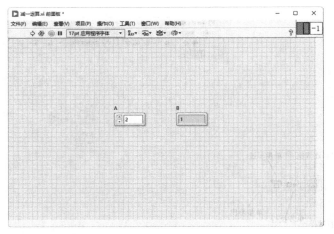

图 4-4　完整的减一运算程序的程序框图

1. 设置工作环境

（1）新建 VI。选择菜单栏中的"文件"→"新建 VI"命令，新建一个 VI，一个空白的 VI 包括前面板及程序框图。

（2）保存 VI。选择菜单栏中的"文件"→"另存为"命令，输入 VI 名称为"减一运算.vi"。

2. 设计程序

（1）打开前面板，在"控件"选板的"银色"子选板中选择"数值输入控件（银色）"控件和"数值显示控件（银色）"控件，并修改控件名称分别为 A 和 B，如图 4-5 所示。

（2）打开程序框图，单击鼠标右键，在"函数"选板下的"编程"→"数值"子选板中选择"减 1"函数，同时在函数接线端分别连接控件图标的输出端与输入端，结果如图 4-6 所示。

图 4-5　放置数值型控件

图 4-6　VI 的程序框图

3. 设置接线端口

（1）将前面板置为当前，将鼠标指针放置在前面板右上角的连线端口图标上方，鼠标光标变为连线工具状态。

（2）单击鼠标右键，在弹出的快捷菜单中选择"模式"命令，同时在下一级菜单中显示接线端口模式，选择第 1 行第 4 个模式，效果如图 4-7 所示。

（3）将鼠标指针移动至连线板左侧的端口上，单击这个端口，端口变为黑色，如图 4-8 所示。

（4）在 A 上单击，选中 A，此时会在 A 的周围出现一个虚框，同时，黑色接线端口变为棕色。此时，这个连线端口就建立了与 A 的连接，如图 4-9 所示。

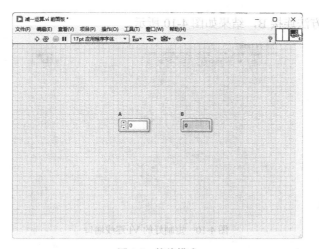

图 4-7　接线模式

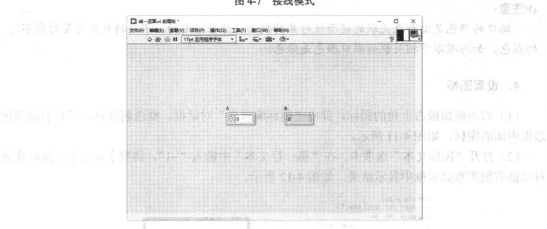

图 4-8　选中输入端口

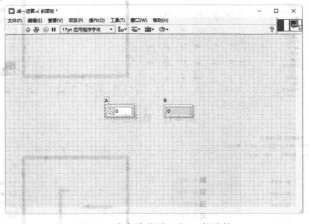

图 4-9　建立连线端口与 A 的连接

📢注意:
　　当其他 VI 调用这个子 VI 时，从这个连线端口输入的数据就会输入 A 中，然后程序从 A 所对应的端口中将数据取出，进行相应的处理。

（5）按同样的方法连接 B，结果如图 4-10 所示。

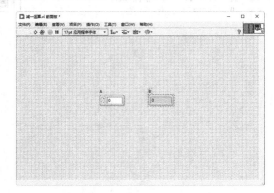

图 4-10 定制好的 VI 连线端口

4．设置图标

（1）双击前面板右上角的图标，弹出"图标编辑器"对话框。框选删除该对话框右侧黑色边框内部的图标，如图 4-11 所示。

（2）打开"图标文本"选项卡，在"第一行文本"中输入"-1"，调整字体大小，同时在该对话框右侧图形显示框中显示结果，如图 4-12 所示。

图 4-11 修改图标

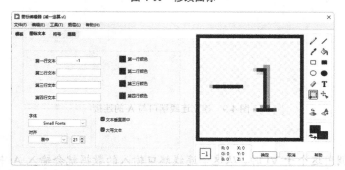

图 4-12 "图标编辑器"对话框

（3）在控件中输入初始值，单击"运行"按钮📷，运行 VI，在 B 中显示运行结果，如图 4-4 所示。

4.2 编辑 VI

创建 VI 后，还需要对 VI 进行编辑，使 VI 的图形交互式用户界面更加美观、友好且易于操作，使 VI 程序框图的布局和结构更加合理，易于用户理解、修改。

4.2.1 设置 VI 属性

选择菜单栏中的"文件"→"VI 属性"命令，弹出"VI 属性"对话框，如图 4-13 所示。在"类别"下拉列表中选择不同的选项，可以设置不同的功能。

图 4-13 "VI 属性"对话框

没有单步或高亮显示执行过程的 VI 可以节省开销。一般情况下，这种编辑方法可以减少内存需求并提高性能。

在"类别"下拉列表中选择"执行"选项，通过取消选中"允许调试"复选框来隐藏"高亮显示执行过程"按钮及"单步执行"按钮，如图 4-14 所示。

图 4-14 使用"VI 属性"对话框来关闭调试选项

采用上述的子 VI 调用方式来调用一个子 VI，只是将其作为一般的计算模块来使用，在程序运行时并不显示其前面板。如果需要将子 VI 的前面板作为弹出式对话框来使用，则需要改变一些 VI 的属性设置。

在"类别"下拉列表中选择"窗口外观"选项，将切换到窗口显示属性界面，如图 4-15 所示。

图 4-15　窗口显示属性界面

　　在该界面中单击"自定义"按钮，弹出"自定义窗口外观"对话框，如图 4-16 所示。在该对话框中选中"调用时显示前面板"和"如之前未打开则在运行后关闭"复选框，单击"确定"按钮，关闭对话框。

　　在选中"调用时显示前面板"复选框后，当程序运行到这个子 VI 时，其前面板就会自动弹出来。若再选中"如之前未打开则在运行后关闭"复选框，则当子 VI 运行结束时，其前面板会自动消失。

图 4-16　"自定义窗口外观"对话框

4.2.2　使用断点

　　在工具选板中将鼠标指针切换至断点工具状态，如图 4-17 所示。

　　（1）单击程序框图中需要设置断点的地方，就可完成一个断点的设置。当断点位于某一个节点上时，该节点图标就会变红；当断点位于某一条数据连线上时，数据连线的中央就会出现一个红点，如图 4-18 所示。

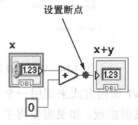

图 4-17　鼠标光标处于断点工具状态　　　　　图 4-18　设置断点

（2）当程序运行到该断点时，VI 会自动暂停运行，此时断点处的节点会处于闪烁状态，提示用户程序暂停的位置。用鼠标指针单击"暂停"按钮，可以恢复程序的运行。用断点工具再次单击断点处，或在该处单击鼠标右键，在弹出的快捷菜单中选择"清除断点"，则会清除该断点，如图 4-19 所示。

（3）在"断点管理器"对话框中可以显示设置的断点，显示断点个数、断点状态，如图 4-20 所示。

图 4-19　清除断点

图 4-20　"断点管理器"对话框

"断点管理器"对话框中各按钮功能如下。

☑　●：单击该按钮，启用断点。

☑　○：单击该按钮，禁用断点。

☑　✕：单击该按钮，删除断点。

4.2.3　使用探针

在工具选板中将鼠标指针切换至探针工具状态。

（1）单击需要查看的数据连线，或在数据连线处单击鼠标右键，在弹出菜单中选择"探针"，会弹出一个"探针"对话框。当 VI 运行时，若有数据流过该数据连线，该对话框就会自动显示这些流过的数据。同时，在探针处会出现一个黄色的内含探针数字编号的小方框。

（2）利用探针工具弹出的"探针"对话框是 LabVIEW 默认的"探针"对话框，有时候并不能满足用户的需求，若在数据连线处单击鼠标右键，在弹出菜单中选择"自定义探针"，用户可以自己定制所需的"探针"对话框。

4.2.4　操作实例——设置断点运行

1．设计前面板

（1）打开"减一运算.vi"。

（2）在前面板中，添加一个数值输入控件和一个数值输出控件，并将控件标签修改为 C 和

D，如图 4-21 所示。

2．设计程序框图

（1）在"函数"选板中选择"数值"→"×"函数，连接减一运算程序，结果如图 4-22 所示。

（2）选择菜单栏中的"窗口"→"显示前面板"命令，或双击程序框图中的任一输入/输出控件，将前面板置为当前。

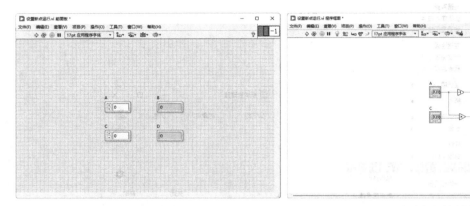

图 4-21　添加控件　　　　　　　　　图 4-22　程序框图绘制结果

3．运行程序

输入 A 和 C 的参数值 3 和 4，在前面板窗口或程序框图窗口的工具栏中单击"运行"按钮，运行 VI，结果如图 4-23 所示。

4．添加断点

（1）打开程序框图，在连线上单击鼠标右键，从弹出的快捷菜单中选择"断点"→"设置断点"命令，在鼠标光标放置位置添加红色点，便完成断点的添加，如图 4-24 所示。

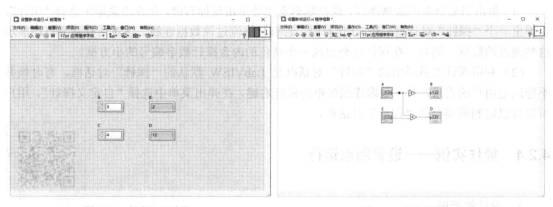

图 4-23　程序运行结果　　　　　　　　图 4-24　添加断点

（2）在前面板窗口或程序框图窗口的工具栏中单击"运行"按钮，运行 VI，结果如图 4-25 所示。

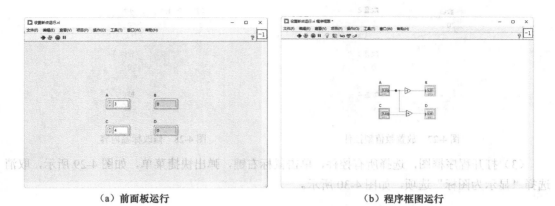

（a）前面板运行   （b）程序框图运行

图 4-25　运行结果

5. 删除断点

打开程序框图，在断点处单击鼠标右键，从弹出的快捷菜单中选择"断点"→"清除断点"命令，即可删除选中的断点。

4.3　综合演练——时间转换

本实例演示如何将秒转换为小时、分钟和秒的独立显示，结果如图 4-26 所示。

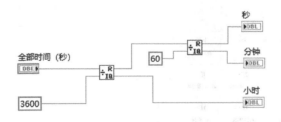

图 4-26　连接程序

1. 设置工作环境

（1）新建 VI。选择菜单栏中的"文件"→"新建 VI"命令，新建一个 VI，一个空白的 VI 包括前面板及程序框图。

（2）保存 VI。选择菜单栏中的"文件"→"另存为"命令，输入 VI 名称"时间转换.VI"。

2. 设计程序

（1）打开前面板，在"控件"选板的"新式"→"数值"子选板中选择"数值输入控件"控件和"数值显示控件"控件，放置到前面板中，如图 4-27 所示。

（2）按住 Shift 键的同时单击鼠标右键，打开"工具"选板，选择"设置文字工具" A，修改标签内容，如图 4-28 所示。

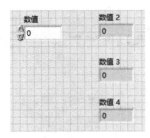

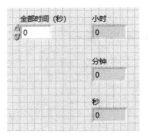

图 4-27　放置数值型控件　　　　　　　　　　图 4-28　修改标签内容

（3）打开程序框图，选择所有控件，单击鼠标右键，弹出快捷菜单，如图 4-29 所示，取消选择"显示为图标"选项，如图 4-30 所示。

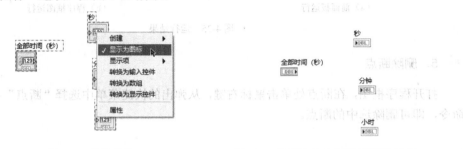

图 4-29　快捷菜单　　　　　　　　　　图 4-30　取消选择"显示为图标"选项

（4）单击鼠标右键，调出"函数"选板，如图 4-31 所示，选择"编程"→"数值"子选板中的"商与余数"函数，放置到程序框图中，如图 4-32 所示。

图 4-31　调出"函数"选板

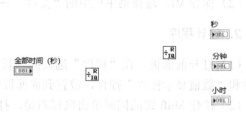

图 4-32　放置函数

（5）在"商与余数"函数的输入端单击鼠标右键，弹出快捷菜单，如图 4-33 所示，选择"创建常量"命令，输入数值为 3600，如图 4-34 所示。

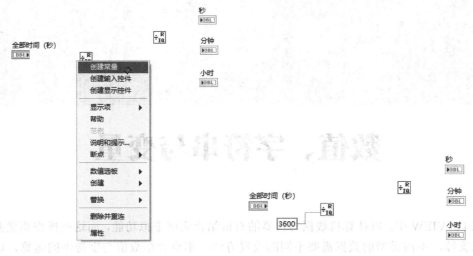

图 4-33　快捷菜单　　　　　　　　图 4-34　创建常量 3600

（6）使用同样的方法，在另外一个"商与余数"函数中，创建常量为 60，并且连接程序。

3．程序运行

（1）单击工具栏中的"整理程序框图"按钮，整理程序框图，如图 4-26 所示。

（2）切换到前面板，输入初始值 5000，单击"运行"按钮，运行 VI，在前面板显示运行结果，如图 4-35 所示。

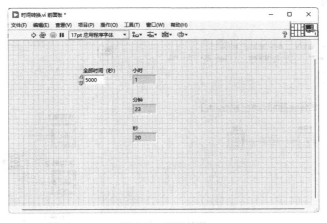

图 4-35　运行结果

第5章

数值、字符串与变量

在 LabVIEW 中，以计算机数据与仪器的有机结合实现虚拟功能，而这些操作需要基本的数据来支撑，不同类型的数据需要不同的设置方法，本章介绍数值与字符串的运算，以及变量的应用。

知识重点

☑ 数值运算
☑ 字符串运算
☑ 变量

任务驱动&项目案例

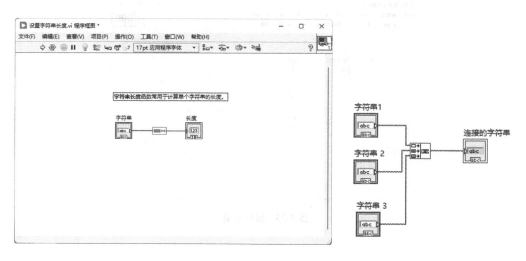

5.1　数值运算

在"函数"选板中选择"数学"子选板，打开图 5-1 所示的"数学"子选板。在该子选板中常用"数值""初等与特殊函数"等。

图 5-1　"数学"子选板

5.1.1　数值函数

在"数学"子选板中选择"数值"，打开图 5-2 所示的"数值"子选板，其中包括基本的几何运算函数、数组几何运算函数、不同类型的数值常量等，另外还包括 6 个带子选板的选项。

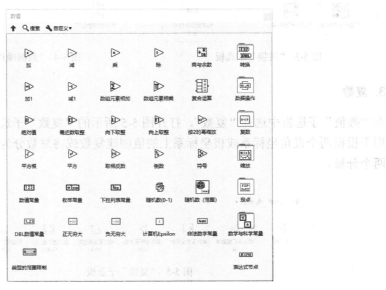

图 5-2　"数值"子选板

1. 转换

在"数值"子选板中选择"转换"，打开图 5-3 所示的"转换"子选板。该子选板中函数的功能主要是转换数据类型。在 LabVIEW 中，一个数据在产生时便决定了其数据类型，不同类型的数据无法进行运算操作，因此当需要对两个不同类型的数据进行运算时，需要进行数据类型的转换，只有相同类型的数据才能进行运算，否则将在数据连线上显示错误信息。

2. 数据操作

在"数值"子选板中选择"数据操作"，打开图 5-4 所示的"数据操作"子选板。该子选板中的函数主要用于改变 LabVIEW 使用的数据类型。

图 5-3 "转换"子选板

图 5-4 "数据操作"子选板

3. 复数

在"数值"子选板中选择"复数"，打开图 5-5 所示的"复数"子选板。该子选板中的函数主要用于根据两个直角坐标系或极坐标系上的值创建复数或将复数分为直角坐标系或极坐标系上的两个分量。

图 5-5 "复数"子选板

（1）复共轭：计算 $x+iy$ 的复共轭。

（2）复数至极坐标转换：使复数分解为极坐标分量。

（3）复数至实部虚部转换：使复数分解为直角分量。

（4）极坐标至复数转换：通过两个极坐标分量的值创建复数。

（5）极坐标至实部虚部转换：使复数从极坐标系表示转换为直角坐标系表示。

（6）实部虚部至复数转换：通过两个直角分量的值创建复数。

（7）实部虚部至极坐标转换：使复数从直角坐标系表示转换为极坐标系表示。

4. 缩放

在"数值"子选板中选择"缩放"，打开图 5-6 所示的"缩放"子选板。该子选板中的 VI 可将电压读数转换为温度或其他应变单位。

5. 定点

在"数值"子选板中选择"定点"，打开图 5-7 所示的"定点"子选板。该子选板中的函数可对定点数的溢出状态进行操作。

图 5-6　"缩放"子选板

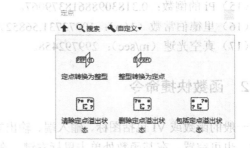

图 5-7　"定点"子选板

6. 数学与科学常量

在"数值"子选板中选择"数学与科学常量"，打开图 5-8 所示的"数学与科学常量"子选板。该子选板中的函数主要是特定常量。下面介绍各常量代表的数值。

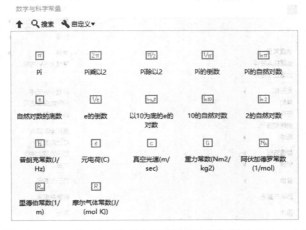

图 5-8　"数学与科学常量"子选板

（1）阿伏伽德罗常数（1/mol）：$6.02214076 \times 10^{23}$。

（2）以 10 为底的 e 的对数：0.43429448190325183。

（3）元电荷（C）：$1.602176487e^{-19}$。

（4）重力常数（Nm^2/kg^2）：$6.67428e^{-11}$。

（5）摩尔气体常数［J/（mol·K）］：8.314472。

（6）自然对数的底数：2.7182818284590452。

（7）Pi 的自然对数：1.1447298858494002。

（8）2 的自然对数：0.69314718055994531。

（9）10 的自然对数：2.3025850929940597。

（10）Pi：3.1415926535897932。

（11）Pi 除以 2：1.5707963267948966。

（12）Pi 乘以 2：6.2831853071795865。

（13）普朗克常数（J/Hz）：$6.62606896e^{-34}$。

（14）e 的倒数：0.36787944117144232。

（15）Pi 的倒数：0.31830988618379067。

（16）里德伯常数（1/m）：10973731.568527。

（17）真空光速（m/sec）：299792458。

5.1.2　函数快捷命令

一般的函数或 VI 包括图标、输入端、输出端。输入端、输出端用来连接控件、常量或其余函数，也可空置。在某函数处单击鼠标右键，在弹出的快捷菜单中显示了该函数可以执行的操作，如图 5-9 所示。

在不同函数或 VI 上显示的快捷菜单不同，图 5-10 所示为函数快捷菜单。下面简单介绍快捷菜单中的常用命令。

图 5-9　快捷菜单

图 5-10　函数快捷菜单

1. 显示项

"显示项"子菜单中包括函数的基本参数，即标签与连线端。标签一般以图例的形式显示，在连线端以直观的方式显示输入端、输出端的个数。

2. 断点

"断点"命令用于启用、禁用断点。

3. 创建

选择"创建"命令，弹出子菜单（见图 5-11），可在函数输入端、输出端创建不同的对象。

4. 替换

"替换"命令用于将函数或 VI 替换为其他函数或 VI。此操作适用于绘制完成的 VI，各函数已相互连接。若在该处删除原函数、添加新函数，容易发生连线错误。在此种情况下使用"替换"命令，一般要求替换的函数与原函数的输入端、输出端个数相同，才不易发生连线错误。

5. 属性

选择"属性"命令，弹出函数属性设置对话框，即"滑动杆类的属性：滑动杆"对话框，如图 5-12 所示。该对话框与前面板中控件的属性设置对话框相似，这里不再赘述。

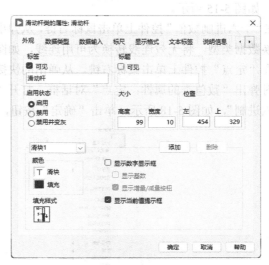

图 5-11　子菜单　　　　图 5-12　"滑动杆类的属性：滑动杆"对话框

5.1.3　操作实例——设置定点转换

本实例设置定点转换，定时转换程序框图如图 5-13 所示。

（1）新建 VI。选择菜单栏中的"文件"→"新建 VI"命令，新建一个 VI，一个空白的 VI

包括前面板及程序框图。

（2）保存 VI。选择菜单栏中的"文件"→"另存为"命令，输入 VI 名称"设置定点转换"。

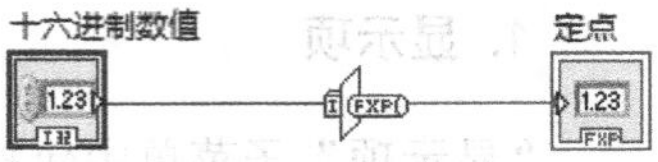

（3）固定"控件"选板。单击鼠标右键，在前面板中打开"控件"选板，单击"控件"选板左上角的"固定"按钮，将"控件"选板固定在前面板界面上。

图 5-13　定点转换程序框图

（4）选择"新式"→"数值"→"数值输入控件"控件，将其放置在前面板的适当位置，双击控件标签，修改控件名称，控件放置结果如图 5-14 所示。

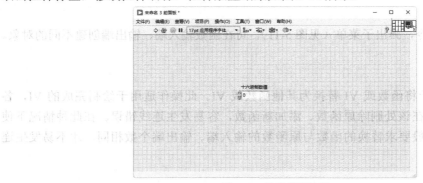

图 5-14　控件放置结果

（5）打开程序框图，在"函数"选板中选择"编程"→"数值"→"定点"→"整型转换为定点"函数，将其放置在程序框图中，在"整型转换为定点"函数输出端创建显示控件，并连接控件，如图 5-15 所示。

（6）在"十六进制数值"控件上单击鼠标右键，从弹出的快捷菜单中选择"表示法"→"I32"命令，转换数据类型，将无效连线转换为可用连线，如图 5-16 所示。

（7）在"定点"控件上单击鼠标右键，从弹出的快捷菜单中选择"属性"命令，如图 5-17 所示，此时弹出"数值类的属性：定点"对话框，打开"显示格式"选项卡，将"类型"栏设置为"十六进制"，如图 5-18 所示，单击"确定"按钮，完成设置。

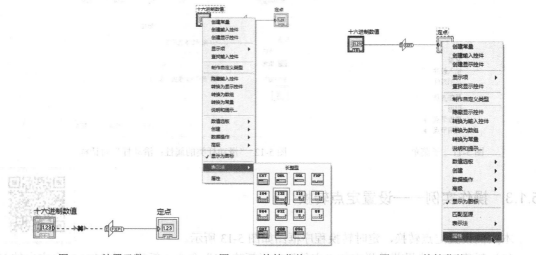

图 5-15　放置函数　　　　图 5-16　快捷菜单　　　　图 5-17　快捷菜单

（8）打开前面板，在"十六进制数值"控件中输入初始值 100，单击"运行"按钮 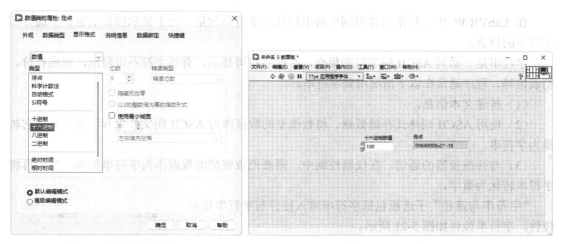，运行 VI，运行结果如图 5-19 所示。

图 5-18 设置显示格式   图 5-19 运行结果

5.2 字符串运算

在"函数"选板中选择"编程"→"字符串"，打开图 5-20 所示的"字符串"子选板，在该子选板中常用"字符串长度""连接字符串"等。

图 5-20 "字符串"子选板

5.2.1　字符串常量

在 LabVIEW 中，经常需要用到字符串控件或字符串常量，用于显示屏幕信息。下面介绍字符串的概念。

字符串是一系列 ASCII 码字符的集合，有些字符可显示，有些字符不可显示，如换行符、制表位等。程序通常在以下情况用到字符串。

（1）传递文本信息。

（2）使用 ASCII 码格式存储数据。将数值型的数据作为 ASCII 码文件保存，必须先把它转换为字符串。

（3）与传统仪器的通信。在仪器控制中，需要把数值型的数据作为字符串传递，然后再将字符串转化为数字。

"字符串与路径"子选板包括字符串输入控件与字符串显示控件，字符串控件如图 5-21 所示。

图 5-21　字符串控件

5.2.2　字符串函数

字符串用于合并两个或两个以上的字符串、从字符串中提取子字符串、将数值型数据转换为字符串、将字符串格式化用于文字处理或电子表格应用程序。

1.　"字符串长度"函数

该函数返回字符串的长度（字节），如图 5-22 所示。

2.　"连接字符串"函数

该函数连接输入字符串和一维字符串数组作为输出字符串，如图 5-23 所示。

图 5-22　"字符串长度"函数的节点图标及端口定义　　图 5-23　"连接字符串"函数的节点图标及端口定义

3.　"截取字符串"函数

该函数返回输入字符串的子字符串，从偏移量起始位置开始，包含指定长度个字符，如图 5-24 所示。

4.　删除空白 VI

该 VI 在字符串的起始、末尾或两端删除所有空白（空格、制表符、回车符和换行符），如图 5-25 所示。

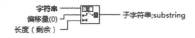

图 5-24 "截取字符串"函数的节点图标及端口定义　　　图 5-25 删除空白 VI 的节点图标及端口定义

5．标准化行结束符 VI

该 VI 将输入字符串的行结束为指定格式的行结束，如图 5-26 所示。

6．"替换子字符串"函数

该函数插入、删除或替换子字符串，在字符串中指定偏移量，如图 5-27 所示。

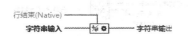

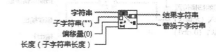

图 5-26 标准化行结束符 VI 的节点图标及端口定义　　　图 5-27 "替换子字符串"函数的节点图标及端口定义

7．"搜索替换字符串"函数

该函数将一个或所有子字符串替换为另一个子字符串，如图 5-28 所示。

8．"匹配模式"函数

该函数在从偏移量起始的字符串中搜索正则表达式，如图 5-29 所示。

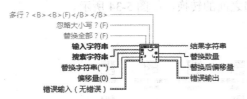

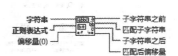

图 5-28 "搜索替换字符串"函数的节点图标及端口定义　　　图 5-29 "匹配模式"函数的节点图标及端口定义

9．"匹配正则表达式"函数

该函数从偏移量开始在输入的字符串中搜索正则表达式，如图 5-30 所示。

10．"路径/数组/字符串转换"子选板中的函数

该子选板中的函数用于进行路径、字节数组和字符串之间的转换，如图 5-31 所示。

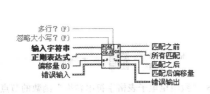

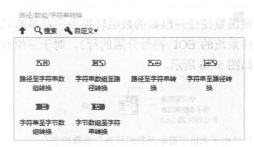

图 5-30 "匹配正则表达式"函数的节点图标及端口定义　　　图 5-31 "路径/数组/字符串转换"子选板

11．"扫描字符串"函数

该函数扫描输入字符串，然后依据格式字符串进行转换，如图 5-32 所示。

12．"格式化日期/时间字符串"函数

该函数通过时间格式代码指定格式，按照该指定格式使时间标识的值或数值显示为时间，如图 5-33 所示。

图 5-32 "扫描字符串"函数的节点图标及端口定义　图 5-33 "格式化日期/时间字符串"函数的节点图标及端口定义

13．创建文本 Express VI

该 Express VI 对输入的文本和参数进行组合，输出字符串，若输入的不是字符串，该 Express VI 将依据配置使之转化为字符串。

14．"数值/字符串转换"子选板中的函数

该子选板中的函数用于进行数值与字符串之间的转换，如图 5-34 所示。

图 5-34 "数值/字符串转换"子选板

15．"电子表格字符串至数组转换"函数

该函数使电子表格字符串转换为数组，维度和表示法与数组类型一致，如图 5-35 所示。

16．"数组至电子表格字符串转换"函数

该函数使任何维数的数组转换为字符串形式的电子表格（包括制表位分隔的列元素、独立于操作系统的 EOL 符号分隔的行），对于三维数组或更多维数的数组而言，还包括表头分隔的页，如图 5-36 所示。

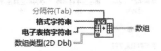 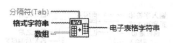

图 5-35 "电子表格字符串至数组转换"函数的节点　　图 5-36 "数组至电子表格字符串转换"函数的节点
　　　图标及端口定义　　　　　　　　　　　　　　图标及端口定义

17."转换为大写字母"函数

该函数使字符串中的所有字母字符转换为大写字母。如图 5-37 所示。

18."转换为小写字母"函数

该函数使字符串中的所有字母字符转换为小写字母，如图 5-38 所示。

图 5-37 "转换为大写字母"函数的节点图标及端口定义 　　　　图 5-38 "转换为小写字母"函数的节点图标及端口定义

19."平化/还原字符串"子选板中的函数

该子选板中的函数将 LabVIEW 数据类型转换为字符串类型或进行反向转换，如图 5-39 所示。

20."附加字符串函数"子选板中的函数

该子选板中的函数用于字符串内的扫描和搜索、模式匹配，以及字符串的相关操作，如图 5-40 所示。

图 5-39 "平化/还原字符串"子选板

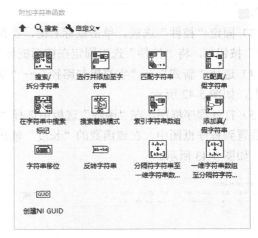

图 5-40 "附加字符串函数"子选板

21."字符串常量"函数

该函数为程序框图提供文本型字符串常量，可以通过操作工具设置字符串常量的值，或者使用标注工具单击字符串并输入字符串。

字符串函数选板中还包括另外 6 种特殊功能字符串常量，分别为空字符串常量、空格常量、制表符常量、回车键常量、换行符常量、行结束常量。

5.2.3 操作实例——设置字符串长度

本实例演示设置字符串长度，程序框图如图 5-41 所示。

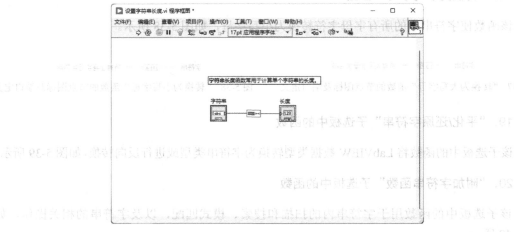

图 5-41　程序框图

（1）新建 VI。选择菜单栏中的"文件"→"新建 VI"命令，新建一个 VI，一个空白的 VI包括前面板及程序框图。

（2）保存 VI。选择菜单栏中的"文件"→"另存为"命令，输入 VI 名称"设置字符串长度"。

（3）固定"控件"选板。单击鼠标右键，在前面板上打开"控件"选板，单击选板左上角"固定"按钮，将"控件"选板固定在前面板界面上。

（4）选择"新式"→"字符串与路径"→"字符串控件"控件，将其放置在前面板的适当位置上，如图 5-42 所示。

（5）打开程序框图，在"函数"选板中选择"编程"→"字符串"→"字符串长度"函数，将其放置到程序框图中，在该函数的"长度"输出端创建显示控件，并与字符串控件的输出端连接，如图 5-43 所示。

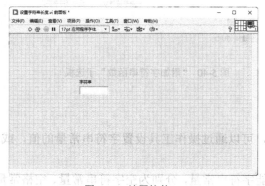

图 5-42　放置控件

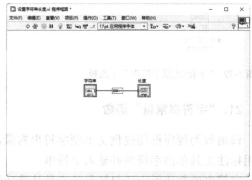

图 5-43　放置函数

（6）按住 Shift 键并单击鼠标右键，打开"工具"选板，选择"设置文字工具" A，添加文字说明，如图 5-41 所示。

（7）打开前面板，在控件"字符串"中输入初始值 100，单击"运行"按钮，运行 VI，在"长度"控件中显示运行结果，如图 5-44 所示。

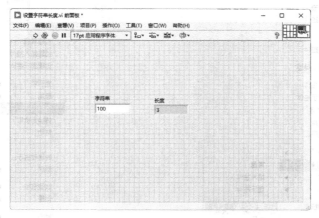

图 5-44　运行结果

5.3　变量

LabVIEW 通过数据流驱动的方式来控制程序的运行，在程序中用连线连接多个控件以交换数据。这种驱动方式和数据交换方式在某些情况下可能会遇到麻烦，例如在程序较复杂时，连线容易混乱，其结果是导致程序的可读性变得很差，有些时候甚至影响程序的正常工作和程序的调试，并且仅仅依靠连线也无法进行两个程序之间的数据交换。局部变量和全局变量的引入在某种程度上解决了上述问题，本节介绍局部变量和全局变量。

5.3.1　局部变量

创建局部变量的方法有两种。第一种方法是直接在程序框图中的已有对象上单击鼠标右键，从弹出的快捷菜单中创建局部变量，如图 5-45 所示。第二种方法是在"函数"选板中的"结构"子选板中选择局部变量，形成一个没有被赋值的变量，此时的局部变量没有任何用处，因为它还没有和前面板的控件或指示相关联，这时可以通过在前面板上添加控件来填充其内容，如图 5-46 所示。

使用局部变量可以在一个程序的多个位置实现对前面板控件的访问，也可以在无法连线的程序框图区域之间传递数据。每一个局部变量都是对某一个前面板控件数据的引用。可以为一个输入量或输出量建立任意数量的局部变量，从它们的任何一个局部变量中都可以读取控件数据，向任何一个局部变量写入数据，都将改变控件本身和其他局部变量。

图 5-47 显示了使用同一个开关同时控制两个 While 循环的程序框图。

使用随机数（0～1）和 While 循环分别产生两组波形，在第一个 While 循环中用布尔变量来控制 While 循环是否继续，并创建其局部变量，在第二个 While 循环中用第一个开关的局部变量连接到条件端，对 While 循环进行控制。

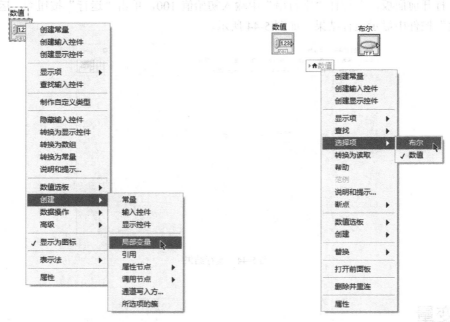

图 5-45　创建局部变量方法一　　　　　图 5-46　创建局部变量方法二

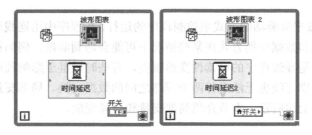

图 5-47　使用同一个开关同时控制两个 While 循环的程序框图

相应的前面板如图 5-48 所示。

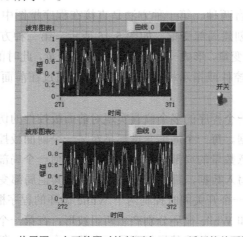

图 5-48　使用同一个开关同时控制两个 While 循环的前面板显示

一个局部变量就是其对应的前面板控件的一个复制，占一定的内存，所以使用过多的局部变量会占用大量内存，尤其当局部变量是数组这样的复合数据类型时。所以在使用局部变量时要先考虑内存，局部变量会复制数据缓冲区。当从一个局部变量读取数据时，便为相关控件的数据创建了一个新的缓冲区。如果使用局部变量将大量数据从程序框图上的某个地方传递到另一个地方，通常会使用更大的内存，最终导致执行速度比使用连线来传递数据更慢。若在执行期间需要存储数据，可考虑使用移位寄存器。并且，过多使用局部变量还会使程序的可读性变差，并且有可能出现不易发现的错误。

局部变量还可能引起竞态（竞争状态）问题，如图 5-49 所示，此时无法估计数值的最终值是多少，因为无法确认两个并行执行代码在时间上的执行顺序。该程序的输出取决于各运算的运行顺序。由于这两个运算没有数据依赖关系，因此很难判断哪个运算先运行。为避免竞争状态，可以使用数据流或顺序结构，对运行顺序进行控制，或者不要同时读写同一个变量。

图 5-49 竞态问题举例

局部变量只能在同一个 VI 中使用，而不能在不同的 VI 之间使用。若需要在不同的 VI 之间进行数据传递，则要使用全局变量。

5.3.2 全局变量

全局变量的创建也有两种方法。第一种方法是在"结构"子选板中选择"全局变量"，生成一个小图标，双击该图标，弹出框图，如图 5-50 所示。在该框图内即可编辑全局变量。

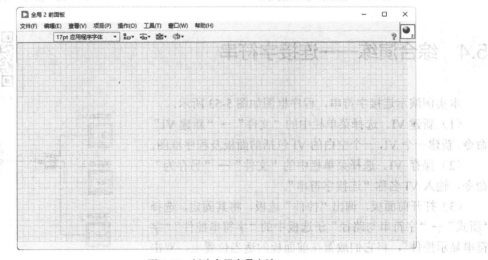

图 5-50 创建全局变量方法一

第二种方法是在 LabVIEW 的新建菜单中选择"全局变量"，如图 5-51 所示，在单击"确定"按钮后就可以打开设计全局变量的窗口，如图 5-50 所示。

但此时该程序只是一个没有程序框图的 LabVIEW 程序，要使用全局变量可按以下步骤。第 1 步，向刚才的前面板内添加想要的全局变量，如添加数据 X、Y、Z。第 2 步，保存这个全局变量，然后关闭全局变量的前面板窗口。第 3 步，新建一个程序，打开其程序框图，从"函数"选板中选择"选择 VI"，打开保存的文件，拖出一个全局变量的图标。第 4 步，在图标处单击鼠标右键，从弹出的菜单中选择"选择项"，就可以根据需要选择相应的变量了，如图 5-52 所示。

全局变量可以在同时运行的几个 VI 之间传递数据，如可以在一个 VI 里向全局变量写入数据，在随后运行的同一程序的另一个 VI 里从全局变量读取写好的数据。通过全局变量在不同的 VI 之间进行数据交换只是 LabVIEW 中数据交换方式之一，通过动态数据交换也可以进行数据交换。需要注意的是，在一般情况下，不能利用全局变量在两个 VI 之间传递实时数据，原因是两个 VI 对全局变量的读写速度不能严格保证一致。

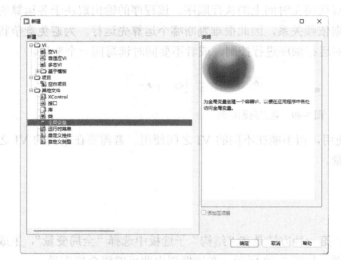

图 5-51　创建全局变量方法二

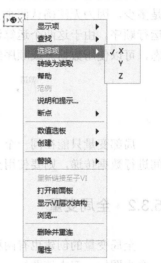

图 5-52　使用全局变量

5.4　综合演练——连接字符串

本实例演示连接字符串，程序框图如图 5-53 所示。

（1）新建 VI。选择菜单栏中的"文件"→"新建 VI"命令，新建一个 VI，一个空白的 VI 包括前面板及程序框图。

（2）保存 VI。选择菜单栏中的"文件"→"另存为"命令，输入 VI 名称"连接字符串"。

（3）打开前面板，调出"控件"选板，将其固定，选择"新式"→"字符串与路径"子选板中的"字符串控件""字符串显示控件"，将它们放置在前面板的适当位置上，双击控件标签，修改控件名称，结果如图 5-54 所示。

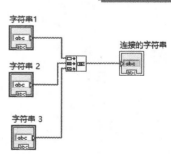

图 5-53　程序框图

（4）打开程序框图，在"函数"选板中选择"编程"→"字符串"→"连接字符串"函数，将其放置到程序框图中，连接控件输入/输出端。

（5）单击工具栏中的"整理程序框图"按钮，整理程序框图，如图 5-53 所示。

（6）单击"运行"按钮，运行 VI，在前面板中显示运行结果，如图 5-55 所示。

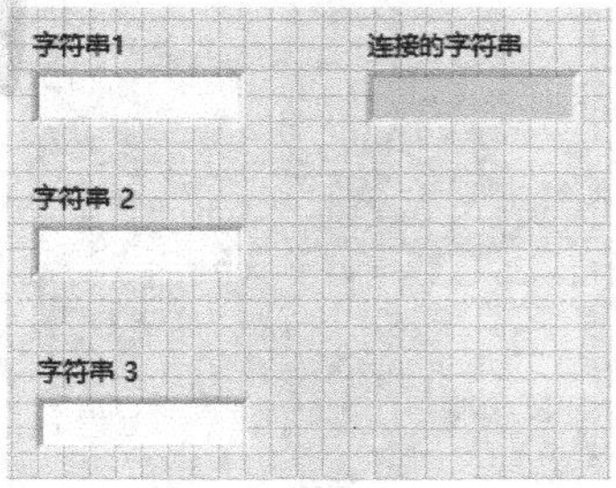

图 5-54 放置控件

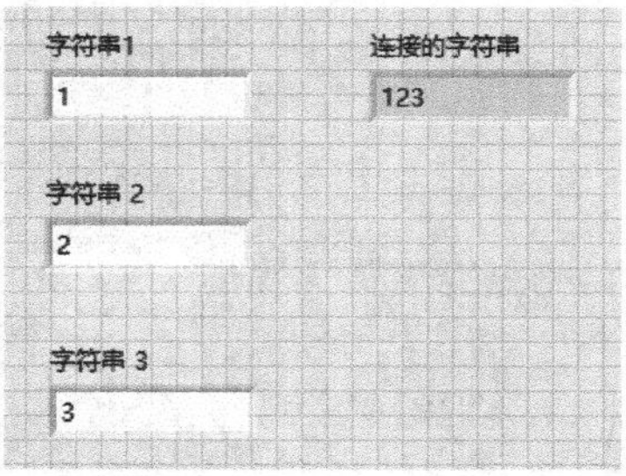

图 5-55 运行结果

第6章

循环与结构

LabVIEW 采用结构化数据流程图编程，这是 LabVIEW 编程的核心，它能够处理循环、顺序、条件和事件等程序控制的结构框图，这也是其区别于其他图形化编程开发环境的独特和灵活之处。

知识重点

- ☑ 结构 VI 和函数
- ☑ 循环结构函数
- ☑ 其他循环结构函数
- ☑ 定时循环

任务驱动&项目案例

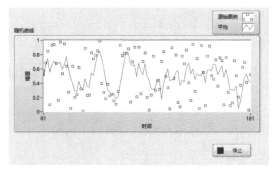

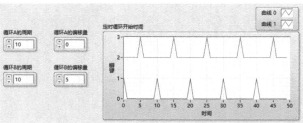

6.1　结构 VI 和函数

结构 VI 和函数是创建 VI 的基本工具，结构 VI 和函数中包含大多数基本工具。

6.1.1　分类

下面介绍结构 VI 和函数常用的几类。

- ☑　报表生成 VI：用于 LabVIEW 应用程序中报表的创建及相关操作，也可以使用该选板中的 VI 在书签位置插入文本、标签和图形。
- ☑　比较函数：用于对布尔值、字符串、数值、数组和簇进行比较。
- ☑　波形 VI 和函数：用于生成波形（包括波形值、通道、定时，以及设置和获取波形的属性和成分）。
- ☑　布尔函数：用于对单个布尔值或布尔数组进行逻辑操作。
- ☑　簇、类与变体 VI 和函数：用于创建、操作簇和 LabVIEW 类，将 LabVIEW 数据转换为独立于数据类型的格式，为数据添加属性，以及将变体数据转换为 LabVIEW 数据。
- ☑　定时 VI 和函数：用于控制运算的执行速度并获取基于计算机时钟的时间和日期。
- ☑　对话框与用户界面 VI 和函数：用于创建提示用户操作的对话框。
- ☑　结构：用于创建 VI。
- ☑　数值函数：可通过该函数对数值执行复杂的数学运算，或将数值从一种数据类型转换为另一种数据类型，初等与特殊函数选板上的 VI 和函数用于执行三角函数和对数函数。
- ☑　数组函数：用于数组的创建和操作。
- ☑　同步 VI 和函数：用于同步并行执行的任务并在并行执行的任务间传递数据。
- ☑　图形与声音 VI：用于创建自定义的显示、从图片文件导入和导出数据及播放声音。
- ☑　文件 I/O VI 和函数：用于打开和关闭文件、读写文件、在路径控件中创建指定的目录和文件、获取目录信息及将字符串、数字、数组和簇写入文件。
- ☑　应用程序控制 VI 和函数：用于通过编程控制位于本地计算机或网络上的 VI 和 LabVIEW 应用程序。此类 VI 和函数可同时配置多个 VI。
- ☑　字符串函数：用于合并两个或两个以上的字符串、从字符串中提取子字符串、将数据转换为字符串、将字符串格式化用于文字处理或电子表格应用程序。

6.1.2　多态性

多态性指 LabVIEW 中的某些函数接受不同维数和类型的输入数据的能力，具有这种能力的函数是多态函数。图 6-1 显示了加函数的多态性，图 6-2 为其相应的前面板。

由图 6-1 和图 6-2 可知，当两个输入数组长度不同时，一些算术运算产生的输出数组将与两个输入数组中长度较短的输入数组相同。算术运算作用于两个输入数组中的相应元素，直到长度较短的数组元素用完，即忽略长度较长数组中的剩余元素。

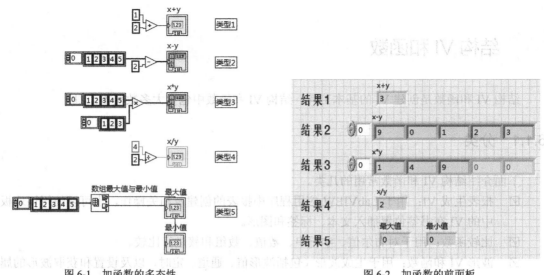

图 6-1　加函数的多态性　　　　　　　　　　　　图 6-2　加函数的前面板

6.2　循环结构函数

LabVIEW 中有两种类型的循环结构，分别是 For 循环和 While 循环。它们的区别是用户在使用 For 循环时要预先指定循环次数，当循环体运行了指定次数的循环后自动退出，而用户在使用 While 循环时则无须指定循环次数，循环只要满足退出的条件便退出，如果无法满足退出循环的条件，则循环变为死循环。在本节中，将分别介绍 For 循环和 While 循环这两种循环结构。

6.2.1　For 循环

For 循环位于"函数"选板的"编程"→"结构"子选板中，用户可以从子选板中拖曳表示 For 循环的小图标放在程序框图上，可自行调整其大小并将其放于适当位置。

如图 6-3 所示，For 循环有两个端口，分为总线接线端（输入端）和计数接线端（输出端）。输入端指定要循环的次数，该端的数据类型是 32 位有符号整数，若输入为 6.5，则其将被舍为 6，即把浮点数舍为最近的整数，若输入为 0 或负数，则该循环无法执行并在输出中显示该类型数据的默认值。输出端显示当前的循环次数，数据类型也是 32 位有符号整数，默认从 0 开始，依次增加 1，即 $N-1$ 表示的是第 N 次循环，如图 6-4 所示，使用 For 循环产生 100 对随机数，判定每次循环的大数和小数，并在前面板上显示。

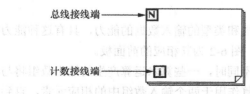

图 6-3　For 循环的输入端与输出端

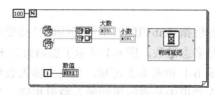

图 6-4　判定大数和小数的程序框图

可以使用"最大值和最小值"函数判断大数和小数，该函数可以在"函数"→"编程"子选板的"比较"子选板中找到。此循环包含时间延迟，以便用户可以随着 For 循环的运行而清楚数值的更新。其相应的前面板如图 6-5 所示。

图 6-5 判断大数和小数的前面板

若 For 循环启用循环迭代并行，循环计数接线端下将显示并行实例（图标为包含一个字母 P 的方块）接线端。若要通过 For 循环处理大量计算，可启用循环迭代并行功能。LabVIEW 利用多个处理器提高 For 循环的执行速度。但是，并行运行的循环必须独立于其他循环。通过查找可并行运行的循环结果窗口确定可并行运行的 For 循环。在 For 循环外框单击鼠标右键，如图 6-6 所示，在快捷菜单中选择"配置循环并行…"，可显示"For 循环并行迭代"对话框，如图 6-7 所示，勾选"启用循环迭代并行"复选框，可设置 LabVIEW 在编译时生成的 For 循环实例数量。

图 6-6 在 For 循环中配置循环并行

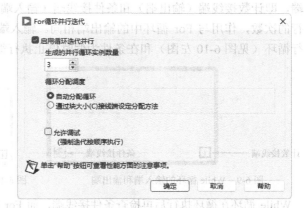

图 6-7 "For 循环并行迭代"对话框

该对话框包括以下部分。

（1）启用循环迭代并行：启用该选项后，在循环计数接线端下将显示并行实例接线端。在 For 循环上配置并行循环时，LabVIEW 将自动把移位寄存器转换为错误寄存器，从而遵循通过移位寄存器传输错误的最佳实践。错误寄存器是一种特殊形式的移位寄存器，它存在于启用了循环并行的 For 循环中，其数据类型是错误簇。

（2）生成的并行循环实例数量：确定程序编译时 LabVIEW 生成的 For 循环实例数量。生成的并行循环实例数量应当等于执行 VI 的逻辑处理器数量。若需要在多台计算机上发布 VI，生成的并行循环实例数量应当等于计算机的最大逻辑处理器数量。通过 For 循环的并行循环实例接线端可指定运行时的并行循环实例数量。若连线至"并行实例"接线端的值大于该对话框中输入的值，LabVIEW 将使用对话框中的值。

（3）允许调试：通过设置循环顺序执行，允许在 For 循环中进行调试，默认状态下，启用"启用循环迭代并行"功能后将无法进行调试。

通过并行循环实例接线端可指定 For 循环运行时的循环实例数量，如图 6-8 所示。若未连线并行实例接线端，LabVIEW 可确定 For 循环运行时

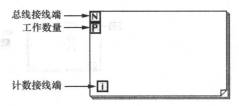

图 6-8 配置循环并行的 For 循环的输入端与输出端

可用逻辑处理器数量，同时为 For 循环创建相同数量的循环实例。通过 CPU 信息函数可确定计算机包含的可用逻辑处理器数量。但是，可以指定循环实例所在的处理器。

6.2.2 While 循环

While 循环位于"函数"选板的"编程"→"结构"子选板中，同 For 循环类似，用户可自行拖曳 While 循环来调整大小和为其定位。同 For 循环不同的是，While 循环无须指定循环次数，当且仅当满足退出循环条件时，才退出循环，所以如果用户不知道循环的运行次数，While 循环就很重要，例如，当程序想在一个正在执行的循环中跳转出去时，就可以通过某种逻辑条件跳出循环，即用 While 循环来代替 For 循环。

While 循环重复执行代码片段直到条件接线端接收到某一特定的布尔值为止。While 循环有两端，即计数接线端（输出端）和条件接线端（输入端），如图 6-9 所示。输出端记录循环已经执行的次数，作用与 For 循环中的输出端相同。输入端的设置分两种情况，在条件为真时继续执行循环（见图 6-10 左图）和在条件为假时停止执行循环（见图 6-10 右图）。

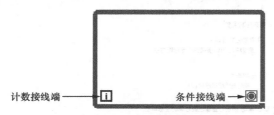

图 6-9　While 循环的输入端和输出端　　　　图 6-10　在条件为真时继续执行循环或停止执行循环

While 循环在循环执行后再检查条件接线端，而 For 循环在循环执行前就检查输入端是否符合条件，所以 While 循环至少执行一次。如果把控制条件接线端的控件放在 While 循环外，则根据初值的不同将出现两种情况——无限循环和仅执行一次循环。这是因为 LabVIEW 编程属于数据流编程。那么什么是数据流编程呢？数据流，即控制 VI 程序的运行方式。对一个节点而言，只有当它的所有输入端口上的数据都成为有效数据时，它才能被执行。当节点程序运行完毕后，它把结果数据传送给所有的输出端口，使之成为有效数据，并且数据很快从源端口传送到目的端口，这就是数据流编程的原理。在 LabVIEW 的循环结构中有"自动索引"这一概念。自动索引是指使循环体外的数据逐个进入循环体，或循环体内的数据累积成为一个数组后再被输出到循环体外。对于 For 循环，"自动索引"是默认打开的，如图 6-11 所示，输出的一段波形用 For 循环就可以直接实现。

因为 While 循环的"自动索引"功能是关闭的，所以，此时不可以直接执行 While 循环，需要在自动索引的方框■上单击鼠标右键，选择启用自动索引，使其变为回。

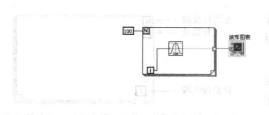
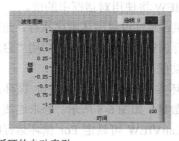

图 6-11　For 循环的自动索引

　　由于 While 循环是先执行再判断条件的，所以容易出现死循环的情况，若将一个真常量或假常量连接到条件接线端口，或出现了一个恒为真的条件，那么循环将永远执行下去，如图 6-12 所示。

　　因此为了避免死循环的出现，在编写程序时最好为其添加一个布尔控件，将它与控制条件相"与"后再连接到条件接线端口，如图 6-13 所示。这样，即使程序出现逻辑错误而导致死循环，也可以通过这个布尔控件强行结束程序的运行，等所有程序开发完成，检验无误后，再将布尔控件去除。当然，也可以通过按下窗口工具栏上的停止按钮来强行终止程序的运行。

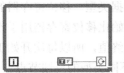
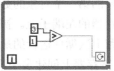
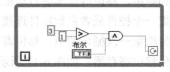

图 6-12　处于死循环状态的 While 循环　　　　图 6-13　添加了布尔控件的 While 循环

　　错误寄存器取代了并行运行的 For 循环上错误簇的移位寄存器，简化了启用循环迭代并行的 For 循环的错误处理。错误寄存器显示为在并行运行的 For 循环两侧的一对接线端，程序框图如图 6-14 所示。

　　左侧错误寄存器接线端的行为类似于不启用索引的输入隧道，每个循环产生相同的值。右侧错误寄存器接线端合并每个循环的值，使得来自最早的循环的错误或警告值（按索引）为错误寄存器的输出值。如果 For 循环执行零次，则连接到左侧隧道的值将移动到右侧隧道并输出。

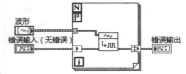

图 6-14　添加错误寄存器的程序框图

　　当在 For 循环上配置循环并行时，LabVIEW 将自动把移位寄存器转换为错误寄存器，从而遵循通过移位寄存器传输错误的最佳实践。此外，也可在隧道上单击鼠标右键并选择要创建的隧道类型来更改隧道类型。

6.2.3　移位寄存器

　　移位寄存器是 LabVIEW 循环结构中的一个附加对象，其功能是把当前循环完成后的某个数据传递至下一个循环的开始。移位寄存器的添加可以通过在单击循环结构的左边框或右边框上弹出的快捷菜单实现，在其中选择添加移位寄存器，图 6-15 所示为在 For 循环中添加移位寄存器，图 6-16 显示的是添加了移位寄存器的程序框图。

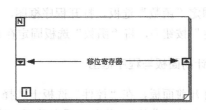

图 6-15　在 For 循环中添加移位寄存器　　　　图 6-16　添加了移位寄存器的程序框图

在每完成一次循环后，右端子会存储数据，移位寄存器将上次循环结束时存储的数据在下次循环开始时移动到左端子上，移位寄存器可以存储任何数据类型的数据，但连接在同一个寄存器端子上的数据必须是同一种数据类型，移位寄存器所存储数据的类型与第一个连接到其端子之一的对象的数据类型相同。

移位寄存器的原理是右端子存储了每次循环得到的数据，然后在下次循环开始之前被传送到移位寄存器的左端子上，再赋值给下次循环。移位寄存器传送数据的数据类型包括数字、布尔值、字符串和数组，移位寄存器会自动适应与它连接的第一个对象的数据类型。移位寄存器的初始化方法是把一个控件或者常数控件连接在移位寄存器的左端子上。初始化移位寄存器用于设置移位寄存器传给第一次循环的值。移位寄存器会保留上次循环运行的最终值，所以每次开始工作前必须初始化移位寄存器，如图 6-17 所示，在移位寄存器上创建多个不同类型的反馈节点。

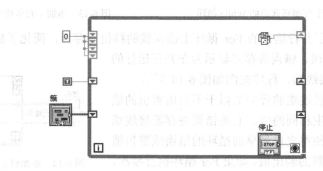

图 6-17　创建多个不同类型的反馈节点

6.2.4　操作实例——计算平均值

本实例演示使用移位寄存器计算平均值，程序框图如图 6-18 所示。

1. 设置工作环境

（1）新建 VI。选择菜单栏中的"文件"→"新建 VI"命令，新建一个 VI，一个空白的 VI 包括前面板及程序框图。

（2）保存 VI。选择菜单栏中的"文件"→"另存为"命令，输入 VI 名称"计算平均值"。

（3）固定"控件"选板。单击鼠标右键，在前面板上打开"控件"选板，单击选板左上角"固定"按钮📌，将"控件"选板固定在前面板界面上。

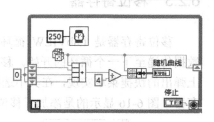

图 6-18　程序框图

（4）固定"函数"选板。打开程序框图，单击鼠标右键，打开"函数"选板，单击选板左上角"固定"按钮📌，将"函数"选板固定在程序框图界面上。

2. 设计前面板与程序框图

（1）打开前面板，在"控件"选板上选择"银色"→"图形"→"波形图表（银色）"，修改其名称为"随机曲线"，将其放置在前面板的适当位置上，并设置图例。

（2）打开程序框图，在"函数"选板上选择"编程"→"结构"→"While 循环"，新建一个 While 循环。

（3）在 While 循环左边框上单击鼠标右键，选择"添加移位寄存器"命令，在 While 循环左、右边框上添加一组移位寄存器，如图 6-19 所示。

（4）在最左侧的移位寄存器上单击鼠标右键，选择"添加元素"，添加两个元素，如图 6-20 所示。

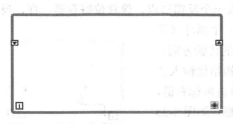 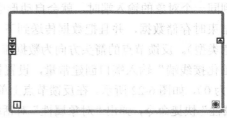

图 6-19　添加移位寄存器　　　　　　　　　图 6-20　添加元素

（5）在程序框图上，选择"编程"→"数值"→"复合运算""除""随机数（0-1）"函数，将其放置到程序框图中，并创建常量为 4。

（6）在程序框图上，选择"编程"→"簇、类与变体"→"捆绑"函数，将其放置到循环内部，并在该函数的输出端连接"随机曲线"控件。

（7）在程序框图上，选择"编程"→"定时"→"等待"函数，将其放置到循环内部，并创建常量为 250。

（8）在循环条件输入端上单击鼠标右键，弹出快捷菜单，选择"创建输入控件"命令，创建"停止"按钮，并对"显示为图标"进行取消，结果如图 6-18 所示。

（9）打开前面板，将"停止"按钮替换为"银色"选板中的"布尔"→"停止按钮（银色）"控件，并取消标签显示。

3．程序运行

（1）单击工具栏中的"整理程序框图"按钮，整理程序框图，结果如图 6-18 所示。

（2）在前面板窗口或程序框图窗口的工具栏中单击"运行"按钮，运行 VI，结果如图 6-21 所示。

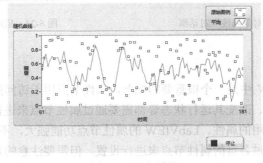

图 6-21　运行结果

6.2.5　反馈节点

反馈节点和只有一个左端子的移位寄存器的功能相同，同样用于在两次循环之间传输数据。

循环中一旦连线构成反馈，就会自动出现反馈节点箭头和初始化端子。使用反馈节点需要注意其在选项板上的位置。若在分支连接到数据输入端的连线之前把反馈节点放置在连线上，则反馈节点会把每个值都传递给数据输入端；若在分支连接到数据输入端的连线之后把反馈节点放置在连线上，反馈节点会把每个值都传回 VI 或函数，并把最新的值传递给数据输入端。

　　反馈节点是用于循环间传输数据的功能节点。当用户把循环内的子 VI、函数等对象的输出端连接到同一个对象的输入端时，就会自动形成一个反馈节点。像移位寄存器一样，反馈节点在循环结束时存储数据，并且把数据传送到下一个循环（可以是任意类型）。反馈节点的箭头方向为数据流的传输方向，在"初始化接线端"输入端口创建常量，设置初始化输入值（初始值为 0），如图 6-22 所示。在反馈节点上单击鼠标右键，选择"属性"快捷命令，弹出"对象属性"对话框，如图 6-23 所示，打开"配置"选项卡，设置延迟为"3"，如图 6-24 所示，反馈节点与移位寄存器功能相仿，并可以省去不必要的连线。

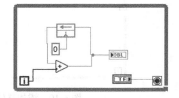

图 6-22　初始值为 0 的反馈节点

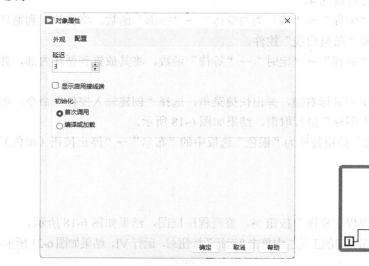

图 6-23　"对象属性"对话框

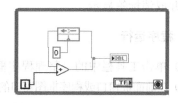

图 6-24　延迟为 3 的反馈节点

1．属性节点

　　属性节点在 LabVIEW 中是一个很重要的概念，属性节点用于访问控件的属性，例如需要改变控件在前面板上的大小、改变其运行状态等都需要通过属性节点来进行操作。若与引用结合，通过属性节点也可设置引用的属性。LabVIEW 的属性节点功能强大，不同的控件有不同的引用，这些不同的引用都可以通过各自的属性节点来进行设置，但需要注意的是，属性节点的执行效率比较低，甚至比全局变量的执行效率还要低，所以 NI 一般建议少用属性节点。

2．在层叠式顺序结构的帧之间传递数据

　　LabVIEW 编程的主要特点是数据流编程，这便于 VI 大量地按照并行方式运行，优化了程序的计算性能。而顺序结构却趋向于中断数据流编程，禁止程序并行运行，顺序结构还掩盖了

部分代码，所以用户在编程时应尽量不用或少用顺序结构。

只有连接到结构的数据到达结构，层叠式顺序结构才开始运行。只有当所有帧执行完毕后，各个帧才会返回数据。

例如，计算"1+2+3+4+5"的值，其是累加运算，因此使用移位寄存器。需要注意的是，由于 For 循环是从 0 执行到 $N-1$，所以为输入端赋予 6，为移位寄存器赋予初始值 0。具体程序框图和前面板显示如图 6-25 所示。

若在上例中不添加移位寄存器，则只输出 5（见图 6-26），因为此时程序没有累加功能。

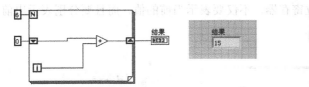
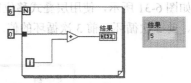

图 6-25　计算"1+2+3+4+5"的值　　　　　　　　　图 6-26　不添加移位寄存器的结果

以下求 0～99 中偶数的总和。

由于 For 循环的默认递增步长为 1，此时根据题目要求，递增步长应变为 2，具体程序框图和前面板如图 6-27 所示。

在使用移位寄存器时应注意初始值问题，如果不为移位寄存器指定明确的初始值，则移位寄存器的左端子将保留在其调用循环之间的数据，当多次调用包含循环结构的子 VI 时会出现这种情况，需要特别注意，否则，可能引起错误的程序逻辑。

一般情况下，应为移位寄存器的左端子提供明确的初始值，以免出错，但在某些场合，利用这一特性也可以实现比较特殊的程序功能。除非是显式的初始化移位寄存器，否则当第一次执行程序时移位寄存器将各类型数据初始化为默认值，若移位寄存器的数据类型是布尔型，初始值将为假，若移位寄存器数据类型是数值类型，初始值将为 0，但当第二次开始执行程序时，第一次执行程序时的值将为第二次执行时的初始值，以此类推。例如当图 6-28 中的移位寄存器不被赋予初始值时，在第一次执行程序时，输出为 2450，再执行程序时将输出 4900，因为移位寄存器的左端子在进行循环调用之间保留了数据。

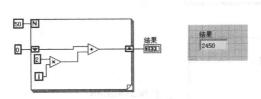
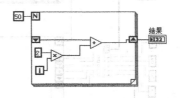

图 6-27　计算 0～99 中偶数的总和　　　　　　　　图 6-28　移位寄存器不赋初始值的情况

可以添加多个移位寄存器，可通过多个移位寄存器保存多个数据，如图 6-29 所示，该程序框图用于计算等差数列 $2n+2$ 中 n 取 0、1、2、3 时的乘积。

在编写程序时有时需要访问以前多次循环的数据，而层叠式移位寄存器可以存储以前多次循环的值，并将值传递到下一次循环中。创建层叠式移位寄存器，可以通过在左侧的接线端处单击鼠标右键，并从中选择添加元素来实现，如图 6-30 所示，层叠式移位寄存器只能位于循环左侧，因为右侧的接线端仅用于把当前循环的数据传递给下一次循环。

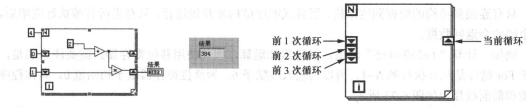

图 6-29　计算等差数列 2*n*+2 中 *n* 取 0、1、2、3 时的乘积　　　　图 6-30　层叠式移位寄存器

如图 6-31 所示，使用层叠式移位寄存器，不仅要表示当前的值，而且要分别表示出前 1 次循环、前 2 次循环、前 3 次循环的值。

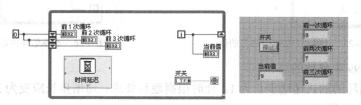

图 6-31　层叠式移位寄存器的使用

6.2.6　操作实例——设置延迟值

本实例演示如何设置反馈节点的延迟值，保存多个循环的数据，如图 6-32 所示。

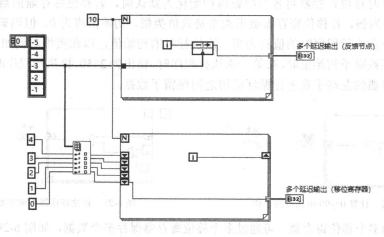

图 6-32　程序框图

1. 设置工作环境

（1）新建 VI。选择菜单栏中的"文件"→"新建 VI"命令，新建一个 VI，一个空白的 VI 包括前面板及程序框图。

（2）保存 VI。选择菜单栏中的"文件"→"另存为"命令，输入 VI 名称"设置延迟值"。

（3）固定"控件"选板。单击鼠标右键，在前面板上打开"控件"选板，单击选板左上角"固定"按钮，将"控件"选板固定在前面板界面上。

2. 设计前面板与程序框图

（1）打开前面板，在"控件"选板上选择"银色"→"图形"→"波形图（银色）"控件，修改该控件标签名称，将其放置到前面板的适当位置上，并将图例显示取消，如图 6-33 所示。

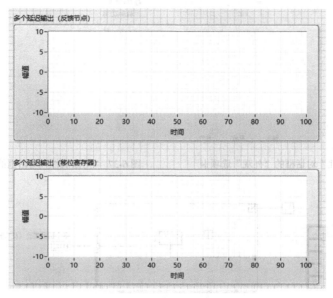

图 6-33 放置波形图

（2）打开程序框图，在"函数"选板上选择"编程"→"结构"→"For 循环"，放置到程序框图中。

（3）在 For 循环的输入端 N 上单击鼠标右键，选择"创建常量"选项，修改其值为 10，如图 6-34 所示。

（4）选择"编程"→"数组"→"数组常量"函数，将其放置到程序框图中，并选择"数值"子选板下的"数值常量"放到"数组常量"函数中，输入数值，如图 6-35 所示。

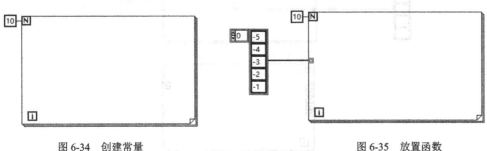

图 6-34 创建常量　　　　　　　　　　　　图 6-35 放置函数

（5）在"函数"选板上选择"编程"→"结构"→"反馈节点"，将其放置到 For 循环内，单击鼠标右键，在弹出的快捷菜单中选择"属性"命令，打开"对象属性"对话框，设置如图 6-36 和图 6-37 所示，最后连接函数，结果如图 6-38 所示。

（5）按照"确定"按钮，勾选标签可见，使显示图上打上"√"即可，此时设置完上述的"位置"、"标签"、"头部外观"、"箭头方向"，其设置对话框如图 6-37 所示。

2. 修改前面板和程序框图

（1）打开前面板，在"控件"选板上选择"新式"→"图形"→"波形图"，放置到前面板中，修改控件标签名称，将其移到程序框图需要显示的位置上，并将图形显示区在图 6-33 所示。

图 6-36 "对象属性"对话框的"外观"选项卡

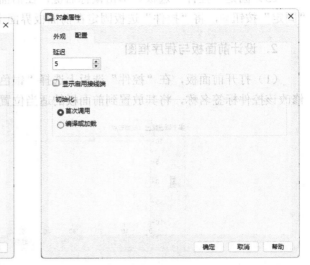

图 6-37 "对象属性"对话框的"配置"选项卡

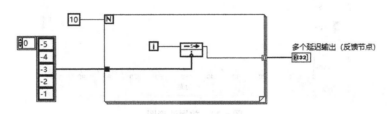

图 6-38 连接函数结果

（6）在"函数"选板上选择"编程"→"结构"→"For 循环"，将其放置到程序框图中，并在 For 循环上添加移位寄存器，如图 6-39 所示。

图 6-39 添加移位寄存器

（7）选择"编程"→"数组"→"索引数组"函数，将其放置到程序框图中，并创建常量，连接函数。

3．程序运行

（1）单击工具栏中的"整理程序框图"按钮 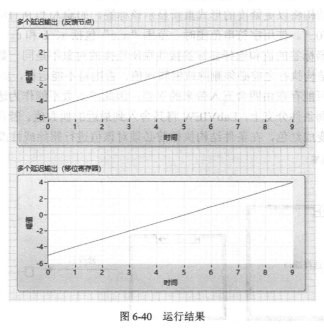，整理程序框图，结果如图 6-32 所示。

（2）在前面板窗口或程序框图窗口的工具栏中单击"运行"按钮 ，运行 VI，结果如图 6-40 所示。

图 6-40　运行结果

6.3 其他循环结构函数

在 LabVIEW 中，除常用的 For 循环和 While 循环外，还包括条件结构、顺序结构等。下面简单介绍这些循环结构函数。

6.3.1　条件结构

条件结构同样位于"函数"选板的"结构"子选板中，从"结构"子选板中选取"条件结构"，并在程序框图上拖曳以形成一个图框，如图 6-41 所示，图框中左边的数据端口是条件选择端口，通过其中的值选择到底哪个子图形代码被执行，默认值是布尔型，可以改变为其他数据类型。在改变为数值型时要考虑如果条件结构的选择端口最初接收的是数字输入，那么在代码中可能存在 n 个分支，当上述值为布尔型时分支 0 和 1 自动变为假和真，而分支 2、3 等却未丢失，在条件结构执行前，一定要明确地删除这些多余的分支，以免出错。条件结构图框的顶端是选择器标签，里面有所有可以被选择的条件，选择器标签两旁的按钮分别为减量按钮和增量按钮。

选择器标签的个数可以根据实际用户需要来确定，在选择器标签上选择在前面添加分支或在后面添加分支，就可以增加选择器标签的个数。

在选择器标签中可输入单个值、数值列表和数值范围。在使用数值列表时，数值之间用逗号隔开；在使用数值范围时，指定一个类似 10..20 的范围用于表示 10～20 的所有数字（包括10 和 20），而 "..100" 表示所有小于等于 100 的数字，"100.." 表示所有大于 100 的数字。当然也可以将数值列表和数值范围结合起来使用，如 "..6,8,9,16..."。若在同一个选择器标签中输入的数有重叠，条件结构将以更紧凑的形式重新显示该标签，如输入 "..9,..18,26,70..."，那么将自动更新为 "..18,26,70.."。使用字符串范围时，范围 "a..c" 包括 a、b 和 c。

如果输入选择器标签的值和选择器标签接线端所连接的对象不是同一数据类型，则该值将变成红色，在条件结构执行之前必须删除或编辑该值，否则将不能运行，如图 6-42 所示。同样由于浮点算术运算可能存在由四舍五入带来的误差，因此浮点数不能作为选择器标签的值，若将一个浮点数连接到条件分支上，LabVIEW 将其舍入到最近的偶数值。若在选择器标签中输入浮点数，则该值将变成红色，在条件结构执行前必须对该值进行删除或修改。

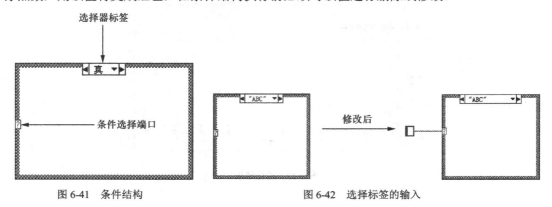

图 6-41　条件结构　　　　　　图 6-42　选择标签的输入

LabVIEW 的条件结构与其他语言的条件结构相比简单明了，结构简单，不仅相当于 Switch 语句，还可以实现 if...else 语句的功能。条件结构的边框通道和顺序结构的边框通道都没有自动索引与禁止索引这两种属性。

6.3.2　顺序结构

虽然 LabVIEW 的数据流编程为用户带来了很多方便，但在某些方面也存在不足。如果在 LabVIEW 程序框图中有两个节点同时满足节点执行的条件，那么这两个节点就会同时执行。但是若编程要求这两个节点按一定的先后顺序执行，那么数据流编程是无法满足该要求的，这时就必须使用顺序结构来明确节点的执行次序。

顺序结构被分为平铺式顺序结构和层叠式顺序结构，从功能上讲两者结构完全相同。两者都可以从 "结构" 子选板中创建。

LabVIEW 顺序框架的使用比较灵活，在编辑状态时可以很容易地改变层叠式顺序结构各框架的顺序。平铺式顺序结构各框架的顺序不能改变，但可以先将平铺式顺序结构转换为层叠式顺序结构，如图 6-43 所示。在层叠式顺序结构中改变各框架的顺序，如图 6-44 所示，再将层叠式顺序结构转换为平铺式顺序结构，这样就可以改变平铺式顺序结构各框架的顺序。

图 6-43　将平铺式顺序结构转换为层叠式顺序结构　　图 6-44　改变各框架的顺序

1. 平铺式顺序结构

平铺式顺序结构如图 6-45 所示。

顺序结构中的每个子框图都被称为一个帧，在刚建立顺序结构时，它只有一个帧，对于平铺式顺序结构，可以通过在帧边框的左右分别选择在前面添加帧和在后面添加帧来增加一个空白帧。

由于每个帧都是可见的，所以平铺式顺序结构不能添加局部变量，不需要借助局部变量这种机制在帧之间传输数据。

2. 层叠式顺序结构

层叠式顺序结构的表现形式与条件结构十分相似，它们都是在框图的同一位置层叠多个子框图，每个子框图都有自己的序号，在执行层叠式顺序结构时，按照序号由小到大逐个执行。条件结构与层叠式顺序结构的异同如下。

条件结构的每一个分支都可以为输出提供一个数据源，相反，在层叠式顺序结构中，输出隧道只能有一个数据源。输出可源自任何帧，但仅在执行完毕后数据才输出，数据才离开层叠式顺序结构，而不是在个别帧执行完毕后。层叠式顺序结构中的局部变量用于在帧间传送数据。对于输入隧道中的数据，所有帧都可能使用。层叠式顺序结构如图 6-46 所示。

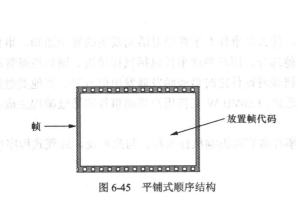

图 6-45　平铺式顺序结构　　　　　　图 6-46　层叠式顺序结构

在层叠式顺序结构中的局部变量用以在不同帧之间传递数据。例如，当层叠式顺序结构如图 6-46 所示时，就需要使用局部变量，各帧程序框图分别如图 6-47 所示。

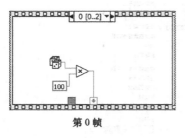

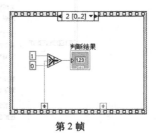

第 0 帧   第 1 帧   第 2 帧

图 6-47　程序框图

在使用 LabVIEW 编写程序时，应充分利用 LabVIEW 固有的并行机制，避免使用太多顺序结构。顺序结构虽然可以保证执行顺序但同时也阻止了并行操作。例如，如果不使用顺序结构，使用 PXI、GPIB、串口、DAQ 等 I/O 设备的异步任务也可以与其他操作并发运行。在需要控制执行顺序时，可以考虑建立节点间的数据依赖性。例如，数据流参数（如错误 I/O）可用于控制执行顺序。

不要在顺序结构的多个帧中更新同一个状态显示控件。例如，某个用于测试应用程序的 VI 可能含有一个状态显示控件，它用于显示测试过程中当前测试的名称。如果每个测试都是从不同帧调用的子 VI，则不能从每一帧中更新该状态显示控件，此时层叠式顺序结构中的连线是断开的。

由于层叠式顺序结构中的所有帧都在任意数据输出该结构之前执行，因此只能由其中某一帧将值传递给状态显示控件。条件结构中的每个分支相当于顺序结构中的某一帧。While 循环的每次循环将执行下一个分支。状态显示控件显示每个分支 VI 的状态，由于数据在每个分支执行完毕后才传出顺序结构，在调用相应子 VI 的前一个分支中将更新该状态显示控件。

与顺序结构不同，在执行任何分支时，条件结构都可传递数据终止 While 循环。例如，在运行第一个测试时发生错误，条件结构可以将假值传递至条件结构接线端从而终止循环。但是对于顺序结构，即使在执行过程中发生错误，顺序结构也必须执行完所有的帧。

6.3.3　事件结构

在讲解事件结构前，先介绍一下事件。什么是事件？事件是对活动发生的异步通知。事件可以来自用户界面、外部 I/O 或程序的其他部分。用户界面事件包括鼠标单击、键盘按键等动作。外部 I/O 事件指数据采集完毕或发生错误时硬件定时器或触发器发出信号等。其他类型的事件可通过编程生成并与程序的不同部分通信。LabVIEW 支持用户界面事件和通过编程生成的事件，但不支持外部 I/O 事件。

在事件驱动程序中，在系统中发生的事件将直接影响执行流程。与此相反，过程式程序按预定的自然顺序执行。事件驱动程序通常包含一个循环，该循环等待事件的发生并执行代码来响应事件，然后不断重复该过程以等待下一个事件的发生。程序如何响应事件取决于为该事件所编写的代码。事件驱动程序的执行顺序取决于具体发生的事件及事件发生的顺序。程序的某些部分可能因其所处理事件的频繁发生而频繁执行，而程序的其他部分也可能由于相应事件从未发生而根本不执行。

另外，使用事件结构可使前面板的用户操作与程序框图的执行保持同步。事件结构允许用户在执行某个特定操作时执行特定的事件分支。如果没有事件结构，程序框图必须在一个循环中轮询前面板对象的状态以检查是否发生任何变化。轮询前面板对象需要较多的 CPU 时间，且如果执行太快则可能检测不到变化。通过事件结构响应特定的用户操作则不必轮询前面板对象即可确定用户执行的操作。LabVIEW 将在指定的交互发生时主动通知程序框图。事件结构不仅可降低程序对 CPU 的需求、简化程序框图代码，还可以保证程序框图能对用户的所有交互进行响应。

使用通过编程生成的事件结构，可在程序中不存在数据流依赖关系的不同部分间进行通信。通过编程生成的事件具有许多与用户界面事件相同的优点，并且可共享相同的事件处理代码，从而更易于实现高级结构，如使用事件的队列式状态机。

事件结构是一种多选择结构，能同时响应多个事件，传统的选择结构没有这个能力，只能一次接收并响应一个选择。事件结构位于"函数"选板的"结构"子选板上。

事件结构的工作原理就像具有内置"等待通知"函数的条件结构。事件结构可包含多个分支，一个分支即一个独立的事件处理程序。一个分支配置可处理一个事件或多个事件，但每次只能发生这些事件中的一个事件。在事件结构执行时，将等待一个之前指定的事件发生，待该事件发生后立即执行事件相应的条件分支。一个事件处理完毕后，事件结构的执行也完成了。事件结构并不通过循环来处理多个事件。与"等待通知"函数相同，事件结构也会在等待事件通知的过程中超时。在发生这种情况时，将执行特定的超时分支。

事件结构由"事件超时"接线端、事件数据节点和事件选择标签组成，如图 6-48 所示。

"事件超时"接线端用于设定事件结构在等待指定事件发生时的超时时间，以毫秒为单位。当值为–1 时，事件结构处于永远等待状态，直到指定的事件发生为止。当值为大于 0 的整数时，事件结构会等待指定长度的时间，当事件在指定长度的时间内发生时，事件接收并响应该事件，若超过指定长度的时间，事件没发生，则事件会停止执行，并返回一个超时事件。通常情况下，应当为事件结构指定一个超时时间，否则事件结构将一直处于等待状态。

事件数据节点由若干个事件数据端子组成，增减数据端子可通过拖曳事件数据节点来进行，也可以在事件数据节点上单击鼠标右键选择添加或删除元素来进行。事件选择标签用于标识当前显示的子框图所处理的事件源，其增减与层叠式顺序结构和选择结构中的增减类似。

对于事件结构，无论是添加还是复制等操作，都会使用"编辑事件"对话框。可以通过在事件结构的边框上单击鼠标右键，从中选择"编辑本分支所处理的事件"，如图 6-49 所示。

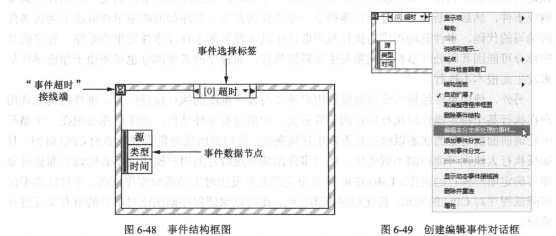

图 6-48 事件结构框图　　　　　　　　　　　图 6-49 创建编辑事件对话框

图 6-50 所示为一个"编辑事件"对话框。每个事件分支都可以配置为多个事件，当这些事件中有一个事件发生时，对应的事件分支代码都会得到执行。"事件说明符"的每一行都是一个配置好的事件，"事件说明符"的每一行都被分为左右两部分，左边列出事件源，右边列出该事件源产生事件的名称，即当前分支处理的所有事件的名称，如图 6-50 中分支 2 只指定了一个事件，事件源是"<本 VI>"，事件名称是"键按下"。

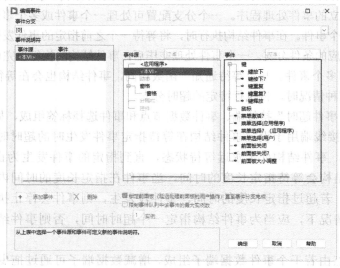

图 6-50 "编辑事件"对话框

事件结构能够响应的事件有两种类型，分别为通知事件和过滤事件。在"编辑事件"对话框的事件列表中，通知事件左边为绿色箭头，过滤事件左边为红色箭头。通知事件用于通知程序代码发生了某个用户界面事件，过滤事件用来控制用户界面的操作。

通知事件表明某个用户操作已经发生，如用户改变了控件的值。通知事件用于在事件发生且 LabVIEW 已对事件进行处理后对事件作出响应。可配置一个或多个事件结构对同一个对象上的同一个通知事件作出响应。在事件发生时，LabVIEW 会将该事件的副本发送到每个并行处理该事件的事件结构。

过滤事件将通知用户 LabVIEW 在处理事件之前已执行了某个操作，以便用户就程序如何与用户界面的交互作出响应并进行自定义。使用过滤事件参与事件处理可能会覆盖事件的默认行为。在过滤事件的事件结构分支中，可在 LabVIEW 结束处理该事件之前验证或改变事件数据，或完全放弃该事件以防止数据的改变影响 VI。例如，将一个事件结构配置为放弃前面板关闭事件可防止用户关闭 VI 的前面板。过滤事件的名称以问号结束，如"前面板关闭？"，以便与通知事件进行区分。多数过滤事件都有相关的同名通知事件，但没有问号。通知事件在过滤事件之后，若没有事件分支放弃该事件时由 LabVIEW 产生。

对于一个对象上的同一个过滤事件，可配置任意数量与其响应的事件结构。但 LabVIEW 将按自然顺序将过滤事件发送给为该事件所配置的每个事件结构。LabVIEW 向事件结构发送该事件的顺序取决于这些事件的注册顺序。在 LabVIEW 通知下一个事件结构之前，每个事件结构必须执行完该事件的所有事件分支。如果某个事件结构改变了事件数据，LabVIEW 会将改变后的值传递到整个执行过程中的每个事件结构。如果某个事件结构放弃了事件，LabVIEW 便不把该事件传递给其他事件结构。只有当所有已配置的事件结构处理完事件且未放弃任何事件时，LabVIEW 才能完成用户对触发事件的处理。

建议仅在希望参与处理用户操作时使用过滤事件，过滤事件可以放弃事件或修改事件数据。若仅需要知道用户执行的某一特定操作，应使用通知事件。

处理过滤事件的事件结构分支有一个事件过滤节点。可将新的数据值连接至这些接线端以改变事件数据。如果不对某一数据项进行连线，那么该数据项将保持不变。可将真值连接至"放弃？"接线端以完全放弃某个事件。

事件结构中的单个分支不能同时处理通知事件和过滤事件。一个分支可处理多个通知事件，但仅当所有事件数据项完全相同时才能处理多个过滤事件。

图 6-51 和图 6-52 给出了包含两种事件处理的程序框图示例，可以通过此示例来进一步了解事件结构。如图 6-51 所示，对于分支 0，在"编辑事件"对话框内，响应了数值控件上"键按下？"的过滤事件，用假常量连接了"放弃？"，这使得通知事件"键按下"得以顺利生成，若将真常量连接了"放弃？"，则表示完全放弃了这个事件，则通知事件"键按下"不会产生。如图 6-52 所示，对于分支 1，用于处理通知事件"键按下"，处理代码弹出内容为"通知事件"的消息框，图中 While 循环接入了一个假常量，所以循环只进行一次就退出，这样，"键按下"事件实际并没得到处理。若连接真常量，则执行。

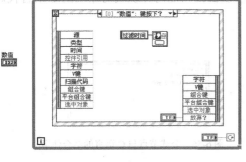

图 6-51　过滤事件

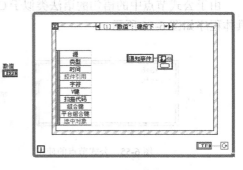

图 6-52　通知事件

6.3.4 公式节点

如果完全依赖图形代码实现一些复杂的算法，会过于烦琐。为此，在 LabVIEW 中还包含了以文本编程的形式实现程序逻辑的公式节点。

公式节点类似于其他结构，本身也是一个可调整大小的矩形框。当需要键入输入变量时可在公式节点的边框上单击鼠标右键，在弹出的菜单中选择"添加输入"命令，并且键入变量名称，如图 6-53 所示。

同理也可以添加输出变量，如图 6-54 所示。

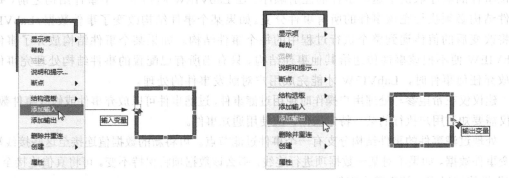

图 6-53　添加输入　　　　　　　　　　　图 6-54　添加输出

输入变量和输出变量的数目可以根据具体情况而定，设定的变量名称是大小写敏感的。

例如，输入 x 的值，求得相应的 y、z 的值，其中 $y=x3+6$，$z=5y+x$。

由题目可知，输入变量有 1 个，输出变量有 2 个，在使用公式节点时可直接将表达式写入其中，具体程序见图 6-55。

在输入表达式时需要注意公式节点中的表达式结尾应以分号表示结束，否则将产生错误。

公式节点中的语句的使用句法，类似于多数文本编程语言，并且也可以为语句添加注释，注释内容用一对"/*"封起来。

有一函数：当 $x<0$ 时，y 为–1；当 $x=0$ 时，y 为 0；当 $x>0$ 时，y 为 1。编写程序，输入一个 x 值，输出相应的 y 值。

由于公式节点中的语句的语法类似于 C 语言，所以在代码框内可以编写相应的 C 语言代码，具体程序如图 6-56 所示。

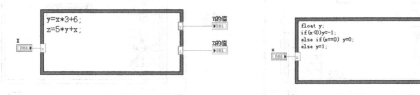

图 6-55　公式节点的使用　　　　　　　　图 6-56　公式节点与 C 语言的结合使用

图 6-57 显示了使用公式节点构建波形的程序框图，相应的前面板如图 6-58 所示。

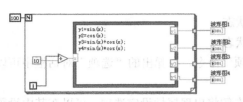

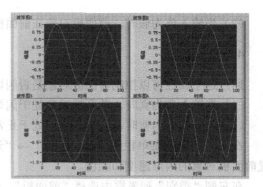

图 6-57　使用公式节点构建波形的程序框图　　　　图 6-58　使用公式节点构建波形的前面板显示

6.3.5　属性节点

属性节点可以实时改变前面板对象的颜色、大小和可见性等属性，从而达到最佳的人机交互效果。通过改变前面板对象的属性，可以在程序运行过程中动态改变前面板对象的属性。

有效地使用属性节点可以使用户设计的图形化人机交互界面更加友好、美观，操作更加方便。由于不同类型的前面板对象的属性种类繁多，很难一一介绍，所以下面仅以数值型控件来介绍部分属性节点的用法。

1.键选中属性

该属性用于控制所选对象是否处于焦点状态，其数据类型为布尔类型，如图 6-59 所示。

（1）当输入为真时，所选对象将处于焦点状态。

（2）当输入为假时，所选对象将处于一般状态。

2.禁用属性

通过这个属性，控制用户是否可以访问一个前面板，其数据类型为数值型，如图 6-60 所示。

（1）当输入值为 0 时，前面板对象处于正常状态，用户可以访问前面板对象。

（2）当输入值为 1 时，前面板对象处于正常状态，但用户不能访问前面板对象的内容。

（3）当输入值为 2 时，前面板对象处于禁用状态，用户也不可以访问前面板对象的内容。

3.可见属性

通过这个属性来控制前面板对象是否可见，其数据类型为布尔型，如图 6-61 所示。

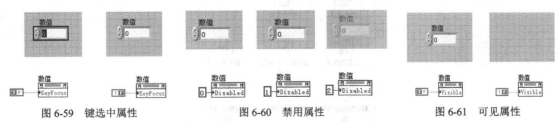

图 6-59　键选中属性　　　　　　图 6-60　禁用属性　　　　　　图 6-61　可见属性

（1）当输入值为真时，前面板对象在前面板上处于可见状态。

（2）当输入值为假时，前面板对象在前面板上处于不可见状态。

4．闪烁属性

通过这个属性可以控制前面板对象是否闪烁。

（1）当输入值为真时，前面板对象处于闪烁状态。

（2）当输入值为假时，前面板对象处于正常状态。

在 LabVIEW 菜单栏中选择"工具"→"选项"命令，在弹出的"选项"对话框中可以设置前面板对象的闪烁速度和颜色。

在左侧"类别"列表框中选择"前面板"，在右侧将出现属性设定选项，可以在其中设置闪烁速度，如图 6-62 所示。

图 6-62　设置前面板对象的闪烁速度

6.4　定时循环

定时循环和定时顺序结构都用于在程序框图上重复执行代码或在限时及延时条件下按特定顺序执行代码，定时循环和定时顺序结构都位于"定时结构"子选板中，如图 6-63 所示。

图 6-63　定时循环

6.4.1 定时循环和定时顺序结构

添加定时循环与添加普通的循环一样，通过定时循环用户可以设定精确的代码定时，协调多个对时间要求严格的测量任务，并定义不同优先级的循环，以创建多采样的应用程序。与While 循环不同，定时循环不要求与"停止"接线端相连接。如不把任何条件连接到"停止"接线端上，循环将无限运行。定时循环的执行优先级介于实时和高之间。这意味着在一个程序框图的数据流中，定时循环总是在优先级不是实时的 VI 执行前执行。若程序框图中同时存在优先级被设为实时的 VI 和定时顺序，将导致无法预计的定时行为。

对于定时循环，双击输入端子，或在输入节点处单击鼠标右键，并从快捷菜单中选择"配置输入节点"，可打开"配置定时循环"对话框，在该对话框中可以配置定时循环的参数，也可直接将各参数值连接至输入节点的输入端子进行定时循环的初始配置，如图 6-64 所示。图 6-65 为定时循环结构。

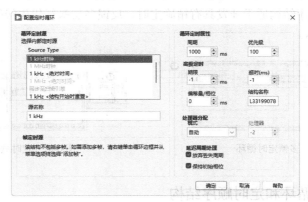

图 6-64   设置定时循环

定时循环的左数据端子用于返回各配置参数值并提供上一次循环的定时和状态信息，如循环是否延迟执行、循环实际起始执行时间、循环的预计执行时间等。可将各值连接至右数据端子的输入端，以动态配置下一次循环，或在右数据端子处单击鼠标右键，从快捷菜单中选择"配置输入节点"，弹出"配置下一次循环"对话框，输入各参数值。

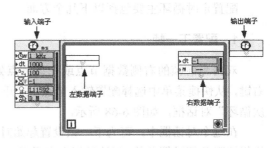

图 6-65   定时循环结构

输出端子返回由输入节点错误输入端输入的信息、执行中结构产生的错误信息，或在定时循环内执行的任务子程序框图所产生的错误信息。输出端子还返回定时和状态信息。

在输入端子的下侧有 6 个可能的端口，用鼠标指针附在输入端口可以看到其各自的名称，包括定时源、周期、优先级、期限、名称、模式。

定时源决定了循环能够执行的最高频率，默认为 1kHz。

周期为相邻两次循环之间的时间间隔，其单位由定时源决定。当采用默认定时源时，循环周期的单位为毫秒。

优先级为整数，数字越大，优先级越高。优先级是对在同一程序框图中有多个定时循环而言的，即在其他条件相同的前提下，优先级高的定时循环先被执行。

名称是定时循环的一个标志，一般作为停止定时循环执行的输入参数，或者用来标识具有相同启动时间的定时循环组。

执行定时循环的某一次循环的时间可能比指定的时间晚，模式决定了如何处理这些延迟的循环，处理方式可以有如下几种。

① 定时循环调度器可以继续执行已经定义好的调度计划。

② 定时循环调度器可以定义新的执行计划，并且立即启动。

③ 定时循环可以处理或丢弃循环。

当向定时循环添加帧时，可顺序执行多个子程序框图并指定循环中每次循环的周期，形成了一个多帧定时循环，如图 6-66 所示。多帧定时循环相当于一个带有嵌入顺序结构的定时循环。

定时顺序结构是由一个或多个子程序框图（帧）组成，在内部或外部定时源控制下按顺序执行的结构。定时顺序结构适于开发具有精确定时、反馈多层执行优先级等功能的 VI。定时顺序结构如图 6-67 所示。

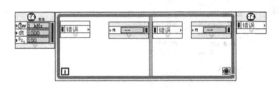
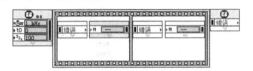

图 6-66　多帧定时循环　　　　　　　　　　图 6-67　定时顺序结构

6.4.2　配置定时循环和定时顺序结构

配置定时循环主要包括以下几个方面。

1. 配置下一帧

双击当前帧的右侧数据节点或在该节点处单击鼠标右键，从快捷菜单中选择配置输入节点，打开"配置下一次循环"对话框，如图 6-68 所示。

在这个对话框中，可为下一帧设置起始时间优先级、执行期限及超时等参数。起始时间指定了下一帧开始执行的时间。要指定一个相对于当前帧的起始时间值，其单位应与帧定时源的绝对单位一致。还可使用帧的右数据端子的输入端子动态配置下一次定时循环或动态配置下一帧。默认状态下，定时循环帧的右数据端子不显示所有可用的输出端子。若需要显示所有可用的输出端子，可调整右数据端子大小或在右数据端子处单击鼠标右键并从快捷菜单中选择显示隐藏的接线端。

图 6-68　"配置下一次循环"对话框

2．设置定时循环周期

周期指定各次循环间的时间长度，以定时源的绝对单位为单位。

图 6-69 所示的程序框图中的定时循环使用默认的 1 kHz 的定时源。循环 1 的周期（d*t*）为 1 000ms，循环 2 的周期（d*t*）为 2 000ms，这意味着循环 1 每秒执行一次，循环 2 每两秒执行一次。这两个定时循环均在 6 次循环后停止执行。循环 1 于 6s 后停止执行，循环 2 则在 12s 后停止执行。

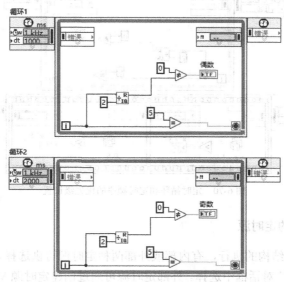

图 6-69 定时循环的简单使用

3．设置定时结构的优先级

定时结构的优先级指定了定时结构相对于程序框图上其他对象开始执行的时间。设置定时结构的优先级，可使应用程序中存在多个在同一 VI 中互相预占执行顺序的任务。定时结构的优先级越高，它相对于程序框图中其他定时结构的优先级便越高。优先级的输入值必须为 1～65 535 的正整数。

程序框图中的每个定时结构均会创建和运行含有单一线程的自有执行系统，因此不会出现并行执行的任务。定时循环的执行优先级介于实时和高之间。这意味着在一个程序框图的数据流中，定时循环总是在优先级不是实时的 VI 执行前执行。所以，如同前面所说，若程序框图中同时存在优先级被设为实时的 VI 和定时顺序，将导致出现无法预计的定时行为。

用户可为每个定时顺序或定时循环的帧指定优先级。在运行包含定时结构的 VI 时，LabVIEW 将检查程序框图中所有可执行帧的优先级，并从优先级为实时的帧开始执行。

使用定时循环时，可将一个值连接至循环最后一帧的右数据端子的"优先级"输入端，以动态设置定时循环后续各次循环的优先级。对于定时结构，可将一个值连接至当前帧的右数据端子，以动态设置下一帧的优先级。默认状态下，帧的右数据端子不显示所有可用的输出端子。如需要显示所有可用的输出端子，可调整右数据端子的大小或在右数据端子处单击鼠标右键并从快捷菜单中选择显示隐藏的接线端子。

如图 6-70 所示，程序框图包含了一个定时循环及定时顺序。定时顺序第一帧的优先级（100）高于定时循环的优先级（100），因此定时顺序的第一帧先执行。定时顺序第一帧执行完毕后，LabVIEW 将比较其他可执行的结构或帧的优先级。定时循环的优先级（100）高于定时顺序第二帧（50）的优先级。LabVIEW 将执行一次定时循环，再比较其他可执行的结构或帧的优先级。在本例中，定时循环将在定时顺序第二帧执行前执行完毕。

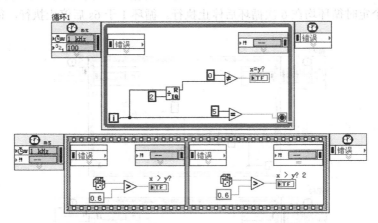

图 6-70　定时循环和定时顺序的优先级设置

4．选择定时结构的定时源

定时源控制着定时结构的执行，有内部或外部两种定时源可供选择。内部定时源可在定时结构输入节点的"配置"对话框中选择。外部定时源可通过创建定时源 VI 及 DAQmx 中的数据采集 VI 来创建。

内部定时源用于控制定时结构的内部定时，包括操作系统自带的 1 kHz 时钟及实时（RT）终端的 1MHz 时钟。通过"配置定时循环"对话框、"配置定时顺序"对话框或"配置多帧定时循环"对话框的循环定时源或顺序定时源，可选择一个内部定时源。

1kHz 时钟：默认状态下，定时结构以操作系统的 1kHz 时钟为定时源。若使用 1kHz 时钟，定时结构每1毫秒执行一次循环。所有可运行定时结构的 LabVIEW 平台都支持 1kHz 定时源。

1MHz 时钟：终端可使用终端处理器的 1MHz 时钟来控制定时结构。若使用 1MHz 时钟，定时结构每1微秒执行一次循环。若终端没有系统所支持的处理器，便不能选择使用 1MHz 时钟。

1kHz 时钟<结构开始时重置>：与 1kHz 时钟相似的定时源，每次定时结构循环后重置为 0。

1MHz 时钟<结构开始时重置>：与 1MHz 时钟相似的定时源，每次定时结构循环后重置为 0。

外部定时源用于创建控制定时结构的外部定时。创建定时源层次结构 VI 通过编程选中一个外部定时源。另有几种类型的 DAQmx 定时源可用于控制定时结构，如频率、数字边缘计数器、数字改动检测和任务源生成的信号等。通过 DAQmx 的数据采集 VI 可创建以下用于控制定时结构的 DAQmx 定时源。可使用次要定时源控制定时结构中各帧的执行。例如，以 1kHz 时钟控制定时循环，以 1MHz 时钟控制每次循环中各个帧的定时。

5. 设置执行期限

执行期限指执行一个子程序框图，或一帧所需要的时间。执行期限与帧的起始时间相对。通过设置执行期限可设置子程序框图执行的时限。如子程序框图未能在执行期限前完成执行，下一帧的左数据端子将在"延迟完成？"输出端返回真值并继续执行。指定一个执行期限，其单位与帧定时源的单位一致。

在图6-71中，定时顺序中首帧的执行期限已设置为50。执行期限指定子程序框图需要在1kHz时钟走满50下前结束执行，即在50ms前完成执行。而子程序框图耗时100ms完成执行。当帧无法在指定的最后期限前结束执行时，第二帧的"延迟完成？"输出端将返回真值。

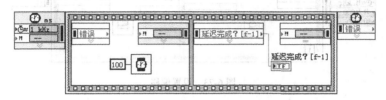

图6-71 设置执行期限

6. 设置超时

"超时"指子程序框图开始执行前可等待的最长时间，以ms为单位。超时与循环起始时间或上一帧的结束时间相对。若子程序框图未能在指定的超时前开始执行，定时循环将在该帧的左数据端子的"唤醒原因"输出端中返回超时。

如图6-72所示，定时顺序的第一帧耗时50ms执行，第二帧配置为定时顺序开始51ms后再执行。将第二帧的超时设置为10ms，这意味着该帧将在第一帧执行完毕后等待10ms再开始执行。若第二帧未能在10ms后开始执行，定时结构将继续执行余下的非定时循环，而第二帧则在左数据端子的"唤醒原因"输出端中返回超时。

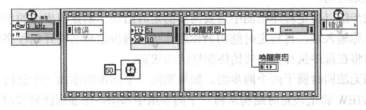

图6-72 设置超时

余下各帧的定时信息与发生超时的帧的定时信息相同。若定时循环必须再完成一次循环，则循环执行会停止于发生超时的帧，等待最初的超时事件。

定时结构第一帧的超时默认值为–1，即无限等待子程序框图或帧的执行开始。其他帧的超时默认值为0，即保持上一帧的超时值不变。

7. 设置偏移

偏移是相对于定时结构起始时间的时间长度，这种结构等待第一个子程序框图或帧执行开始。偏移的单位与结构定时源的单位一致。

还可在不同定时结构中使用与定时源相同的偏移，对齐不同定时结构的相位，如图 6-73 所示，定时循环都使用相同的 1kHz 定时源，且偏移（$t0$）值为 500，这意味着循环将在定时源触发循环开始执行后等待 500ms。

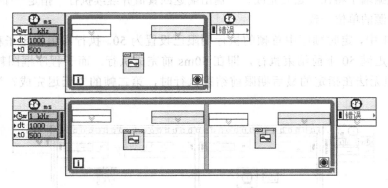

图 6-73   设置偏移

在定时循环的最后一帧中，可使用右数据端子动态改变下一次循环的偏移。然而，在动态改变下一次循环的偏移时，必须将值连接至右侧数据节点的模式输入端以指定一个模式值。

对齐两个定时结构无法保证二者的执行起始时间相同。使用同步定时结构，可以令定时结构的执行起始时间同步。

6.4.3   同步开始定时结构和中止定时结构的执行

同步开始定时结构用于将程序框图中各定时结构的执行起始时间同步。例如，使两个定时结构根据相对于彼此的同一时间表来执行。例如，令定时结构甲首先执行并生成数据，定时结构乙在定时结构甲完成循环后处理生成的数据。令上述定时结构的起始时间同步，以确保二者具有相同的起始时间。

可创建同步组以指定程序框图中需要同步的定时结构。创建同步组的步骤如下。将名称连接至同步组名称输入端，再将定时结构名称组连接至同步定时结构开始程序的定时结构名称输入端。同步组将在程序执行完毕前始终保持活动状态。

定时结构无法同时属于两个同步组。如果要向一个同步组添加一个已属于另一同步组的定时结构，LabVIEW 将把该定时结构从前一个同步组中移除，添加到新同步组。可将同步定时结构开始程序的替换输入端设为假，防止已属于某个同步组的定时结构被移动。若移动该定时结构，LabVIEW 将报错。

使用定时结构停止 VI 可通过程序中止定时结构的执行。将字符串常量或控件中的结构名称连接至定时结构停止 VI 的名称输入端，指定需要中止的定时结构的名称。例如，在图 6-74 所示的程序框图中，低定时循环含有定时结构停止 VI，运行高定时循环并显示已完成循环的次数。若单击位于前面板的"中止实时循环"按钮，左数据端子的"唤醒原因"输出端将返回"已中止"，同时弹出对话框，单击对话框的"确定"按钮后，VI 将停止运行。

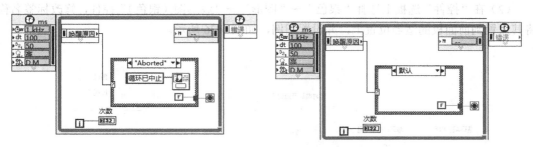

图 6-74　中止定时循环的程序框图

6.4.4　操作实例——设置定时循环偏移量

本实例演示设置定时循环偏移量，如图 6-75 所示。

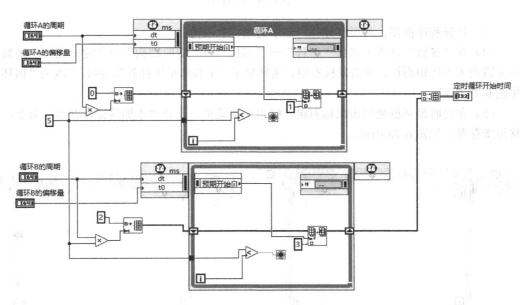

图 6-75　程序框图

1. 设置工作环境

（1）新建 VI。选择菜单栏中的"文件"→"新建 VI"命令，新建一个 VI，一个空白的 VI 包括前面板及程序框图。

（2）保存 VI。选择菜单栏中的"文件"→"另存为"命令，输入 VI 名称"设置定时循环偏移量"。

2. 设计前面板与程序框图

（1）打开前面板，在"控件"选板上选择"银色"→"数值"→"数值输入控件（银色）"

控件，将其放置到前面板的适当位置上，并修改标签名称。

（2）在"控件"选板上选择"银色"→"图形"→"波形图（银色）"控件，修改标签名称，将其放置到前面板的适当位置上，并设置图例，如图 6-76 所示。

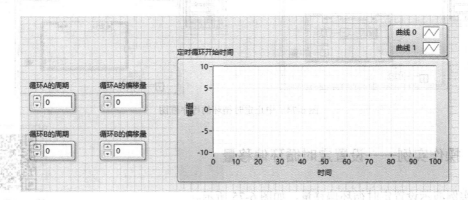

图 6-76　放置控件

（3）打开程序框图，将所有控件"显示为图标"取消。

（4）在"函数"选板上选择"编程"→"结构"→"定时结构"→"定时循环"函数，拖曳出适当大小的矩形框，单击鼠标右键，选择显示"子程序框图标签"，将其修改为"循环 A"，如图 6-77 所示。

（5）在定时循环框处单击鼠标右键，弹出快捷菜单，选择"添加移位寄存器"命令，添加移位寄存器，如图 6-78 所示。

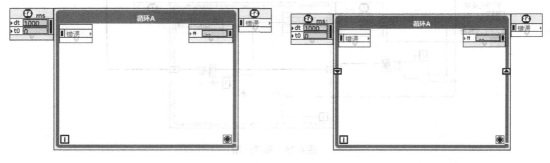

图 6-77　放置"定时循环"函数　　　　　图 6-78　添加移位寄存器

（6）在"函数"选板上选择"编程"→"数值"→"乘"函数，在"乘"函数处单击鼠标右键，弹出快捷菜单，选择"创建常量"选项，修改其值为5，连接"循环 A 的周期"控件。

（7）在"函数"选板上选择"编程"→"比较"→"小于？"函数，将其放置到循环 A 内。

（8）在"函数"选板上选择"编程"→"数组"→"初始化数组""替换数组子集""创建数组"函数，将它们放置到程序框图中，连接控件和函数，并在"替换数组子集"函数的"新元素/子数组"输入端处选择"创建常量"选项，将其值修改为1，如图 6-79 所示。

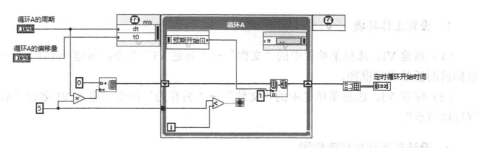

图 6-79　循环 A 程序

（9）将循环 A 复制，将"子程序框图标签"修改为循环 B，并修改对应的常量，连接循环 A。

3．程序运行

（1）单击工具栏中的"整理程序框图"按钮，整理程序框图，如图 6-75 所示。

（2）打开前面板，在控件"数值输入控件（银色）"中分别输入初始值，单击"运行"按钮，运行 VI，在"波形图（银色）"控件中显示运行结果，如图 6-80 所示。

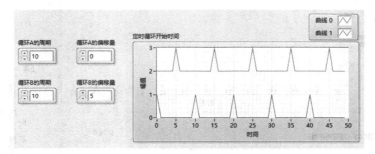

图 6-80　运行结果

6.5 综合演练——启用接线端控制反馈节点

本实例演示启用接线端控制反馈节点的执行，程序框图如图 6-81 所示。

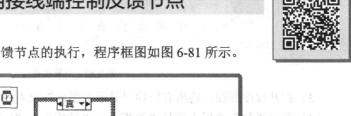

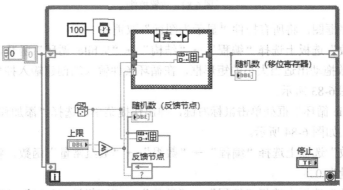

图 6-81　程序框图

1．设置工作环境

（1）新建 VI。选择菜单栏中的"文件"→"新建 VI"命令，新建一个 VI，一个空白的 VI 包括前面板及程序框图。

（2）保存 VI。选择菜单栏中的"文件"→"另存为"命令，输入 VI 名称"启用接线端控制反馈节点"。

2．设计前面板与程序框图

（1）打开前面板，在"控件"选板上选择"银色"→"图形"→"波形图（银色）"控件，将其放置到前面板中，修改标签名称。

（2）在"控件"选板上选择"银色"→"数值"→"垂直指针滑动杆（银色）"控件，将其放置到前面板中，修改标签名称并调整大小，如图 6-82 所示。

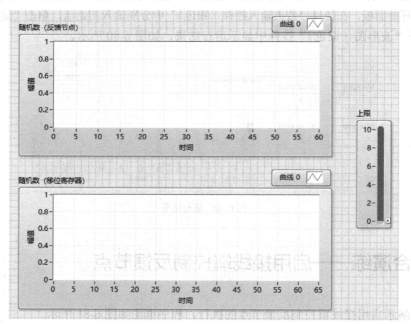

图 6-82　放置控件

（3）打开程序框图，将所有控件"显示为图标"取消。

（4）在"函数"选板上选择"编程"→"结构"→"While 循环"函数，在程序框图上将"While 循环"函数拖动出适当大小的矩形框，在循环条件输入端创建输入控件，并将"显示为图标"取消，如图 6-83 所示。

（5）在"While 循环"框处单击鼠标右键，弹出快捷菜单，选择"添加移位寄存器"命令，添加移位寄存器，如图 6-84 所示。

（6）在"函数"选板上选择"编程"→"数组"→"数组常量"函数，将其放置到程序框图中，并设置常量为 0。

（7）在"函数"选板上选择"编程"→"数值"→"随机数（0-1）"函数，将其放置到程序框图中。

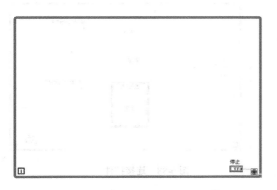

图 6-83 放置 "While 循环" 函数 　　　　　　　　　图 6-84 添加移位寄存器

（8）在"函数"选板上选择"编程"→"比较"→"大于等于?"函数，将其放置到程序框图中，并连接"上限"控件，如图 6-85 所示。

（9）在"函数"选板上选择"编程"→"结构"→"条件结构"，创建条件结构，条件结构的选择器标签包括"真""假"两种，当选择"真"时，放置"创建数组"函数，连接移位寄存器，如图 6-86 所示。

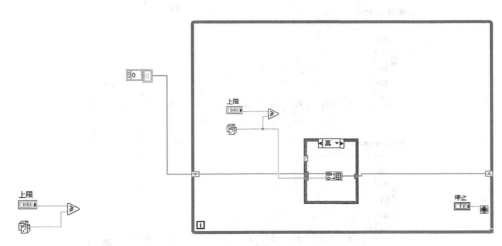

图 6-85 连接"上限"控件 　　　　　　　　　图 6-86 创建条件结构

（10）在"函数"选板上选择"编程"→"数组"→"创建数组"函数，将其放置到程序框图中。

（11）在"函数"选板上选择"编程"→"结构"→"反馈节点"，将其放置到程序框图中，单击鼠标右键，在弹出的快捷菜单中选择"显示启用接线端"选项，如图 6-87 所示。

（12）使用同样的方法，在快捷菜单中选择"将初始化器移出一层循环"命令，此时在"While循环"框处显示"初始化接线端"图标，并且连接"随机数（反馈节点）"控件，如图 6-88 所示。

（13）在"函数"选板上选择"编程"→"定时"→"等待"函数，将其放置到程序框图中，并选择"创建常量"选项将其值修改为 100。

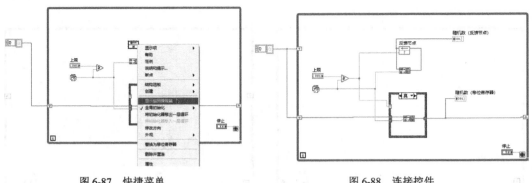

图 6-87　快捷菜单　　　　　　　　　　　图 6-88　连接控件

（14）打开前面板，将"停止"按钮替换为"银色"选板中的"布尔"→"停止按钮（银色）"控件，并对标签显示进行取消。

3. 程序运行

（1）单击工具栏中的"整理程序框图"按钮，整理程序框图，结果如图 6-81 所示。

（2）打开前面板，设置上限值，单击"运行"按钮，运行 VI，运行结果如图 6-89 所示。

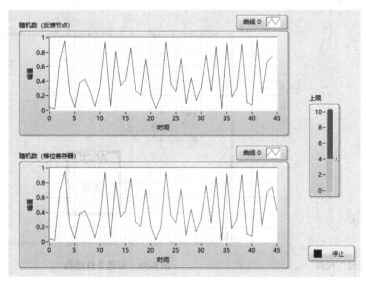

图 6-89　运行结果

第 7 章

数组与簇

数组和簇是 LabVIEW 中比较复杂的数据类型。数组与其他编程语言中的数组概念是相同的，簇相当于 C 语言中的结构数据类型。

知识重点

☑ 数组
☑ 簇

任务驱动&项目案例

7.1 数组

在程序设计语言中,"数组"是一种常用的数据结构,是相同数据类型数据的集合,是一种存储和组织相同数据类型数据的良好方式。与其他程序设计语言一样,LabVIEW 中的数组是数值型、布尔型、字符串型等多种数据类型中的同类数据的集合,前面板上的数组对象往往由一个盛放数据的容器和数据本身构成,在程序框图上则体现为一个一维矩阵或多维矩阵。数组中的每一个元素都有其唯一的索引值,可以通过索引值来访问数组中的数据。下面详细介绍数组数据及处理数组数据的方法。

7.1.1 数组的组成与创建

数组是由同一数据类型数据元素组成的大小可变的集合。当有一串数据需要处理时,它们可能是一个数组。当需要频繁地对一批数据进行绘图处理时,使用数组将会受益匪浅。数组作为组织绘图数据的一种机制十分有用。当执行重复计算或解决能自然描述成矩阵向量符号的问题时,数组也是很有用的,如解答线形方程组。在 VI 中使用数组能够压缩程序框图代码,并且由于具有大量的内部数组函数和 VI,代码开发变得更加容易。

可通过以下两步来实现数组输入控件或数组显示控件的创建。

① 从"控件"选板中选取"数据容器"控件,再选取其中的数组并将其拖入前面板中,如图 7-1 所示。

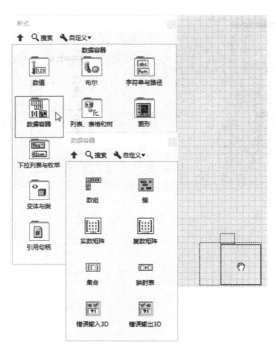

图 7-1 数组创建第一步

② 将需要的有效数据对象拖入数组中。切记此要点，如果不分配数组的数据类型，该数组将显示为黑色边框。

如图 7-2 所示，数组 1 未分配数据类型，数组 2 为布尔类型数组，所以此时边框显示为绿色。

图 7-2　数组创建第二步

在数组框图的左端或左上角为数组的索引值，显示在数组左边方框中的索引值对应数组中第一个可显示的元素。通过索引值的组合可以访问数组中的每一个元素。LabVIEW 中的数组与其他编程语言相比比较灵活，任何一种数据类型的数据（数组本身除外）都可以组成数组。其他的编程语言（如 C 语言）在使用一个数组时，必须首先定义数组的长度，但 LabVIEW 会自动确定数组的长度。在内存允许的情况下，数组中每一维的元素最多可以达 231–1 个。数组中元素的数据类型必须完全相同，如都是无符号 16 位整数，或全为布尔型等。当数组中有 n 个元素时，元素的索引号从 0 开始，到 $n-1$ 结束。

7.1.2　使用循环创建数组

经常要使用一个循环来创建数组，其中 For 循环是最适用的，这是因为 For 循环的循环次数是预先指定的，在循环开始前它已分配好了内存。而 While 循环却无法做到这一点，因为无法预先知道 While 循环将循环多少次。

图 7-3 所示为使用 For 循环自动索引创建 8 个元素的数组。在 For 循环的每次迭代中创建数组的下一个元素。若将循环计数器设置为 n，那么将创建一个有 n 个元素的数组。循环执行完成后，将数组从循环内输出到输出控件中。

若在边框上弹出的快捷菜单中选择"禁用索引"，那么将仅从循环中输出最后一个值，并且其与输出显示的连线变细，如图 7-4 所示。

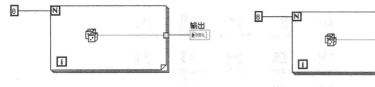

图 7-3　使用 For 循环自动索引创建 8 个元素的数组　　　　图 7-4　禁用索引

对 For 循环来说，默认状态下是允许进行自动索引的，所以在图 7-3 中可以直接连接显示控件。但对于 While 循环，默认状态下自动索引被禁用，若希望能够进行自动索引，需要从 While 循环隧道上弹出的快捷菜单中选择"启用索引"。当不知道数组的具体长度时，使用 While 循环是最合适的，用户可以根据需要设定循环终止条件。

图 7-5 所示为使用 While 循环创建随机函数产生的数组，当按下终止键或数组长度超过 100 时将退出循环的执行。

创建二维数组可以直接在数组控件的索引号上单击鼠标右键，从弹出的对话框内选择"添加维度"，如图 7-6 所示。也可以使用两个嵌套的 For

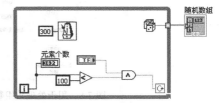

图 7-5　使用 While 循环创建随机函数产生的数组

循环来创建，使用外循环创建行，使用内循环创建列。

图 7-7 所示为使用 For 循环创建的一个 8 行 8 列的二维数组的程序框图。

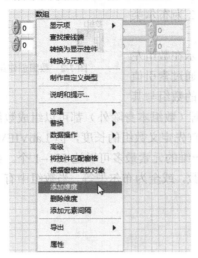

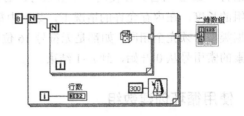

图 7-6　选择"添加维度"　　　　　　　　图 7-7　使用 For 循环创建的二维数组的程序框图

7.1.3　数组函数

可对一个数组进行很多操作，如求解数组的长度、对数组进行排序、查找数组中的某一元素、替换数组中的元素等。传统的编程语言主要依靠各种数组函数来实现这些操作，而在 LabVIEW 中，这些数组函数是以功能函数节点的形式来表现的。LabVIEW 中用于处理数组数据的"函数"选板中的"数组"子选板，如图 7-8 所示。

图 7-8　用于处理数组数据的"函数"选板中的"数组"子选板

下面将介绍几种常用的数组函数。

1."数组大小"函数

"数组大小"函数的节点图标及端口定义如图 7-9 所示,"数组大小"函数用于返回输入数组的元素个数,节点的输入为一个 n 维数组,输出为该数组各维包含元素的个数。当 $n=1$ 时,节点的输出为一个标量;当 $n>1$ 时,节点的输出为一个一维数组,数组的每个元素对应输入数组中每一维的

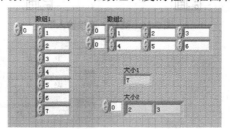

图 7-9 "数组大小"函数的节点图标及端口定义

长度。图 7-10 和图 7-11 所示分别为求一个一维数组和一个二维数组长度的程序框图和前面板。

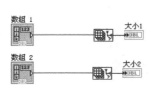

图 7-10 "数组大小"函数使用的程序框图

图 7-11 "数组大小"函数使用的前面板

2."创建数组"函数

"创建数组"函数的节点图标及端口定义如图 7-12 所示。"创建数组"函数用于合并多个数组或为数组添加元素。函数有两种类型的输入,即标量和数组,因此函数可以接收数组和单值元素输入。节点将从左侧端口输入的元素或数组按从上到下的顺序组成一个新数组。图 7-13 所示为使用"创建数组"函数创建一维数组。

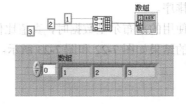

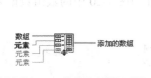

图 7-12 "创建数组"函数的节点图标及端口定义　图 7-13 使用"创建数组"函数创建一维数组

当两个数组需要连接时,可以将数组看成整体,即看作一个元素。图 7-14 所示为将两个一维数组合并成一个二维数组的程序框图。相应的前面板如图 7-15 所示。

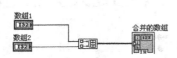

图 7-14 将两个一维数组合并成一个二维数组的程序框图　图 7-15 将两个一维数组合并成一个二维数组的前面板

有时可能会根据需要使用"创建数组"函数,即不是将两个一维数组合并成一个二维数组,而是将两个一维数组连接成一个更长的一维数组;或者不是将两个二维数组合并成一个三维数

组，而是将两个二维数组连接成一个新的二维数组。在这种情况下，需要利用创建数组节点的连接输入功能。在创建数组的节点上单击鼠标右键，在出现的快捷菜单中选择"连接输入"，创建数组的图标也有所改变，如图 7-16 所示。

若将图 7-14 所示程序框图改为图 7-17 所示，则前面板显示如图 7-18 所示，即将两个一维数组连接成了一个更长的一维数组。

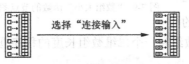

图 7-16　选择"连接输入"

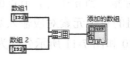

图 7-17　合并数组的程序框图

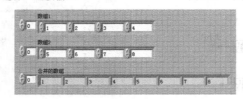

图 7-18　合并数组的前面板显示

3．"一维数组排序"函数

"一维数组排序"函数的节点图标及端口定义如图 7-19 所示，此函数可以对输入的数组按升序排序，若用户想按降序排序，可以将其与反转一维数组函数组合，实现对数组按降序排序。

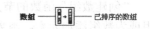

图 7-19　"一维数组排序"函数的节点图标及端口定义

图 7-20 和图 7-21 所示分别为对一个已知一维数组进行升序排序和降序排序。

当数组使用的是布尔型数据时，真值比假值大，因此当图 7-20 中的数组数据类型为布尔型时，则相应的结果如图 7-22 和图 7-23 所示。

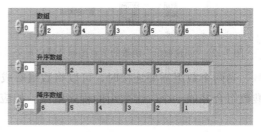

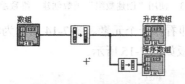

图 7-20　对一维数组进行升序排序和降序排序的程序框图

图 7-21　对一维数组进行升序排序和降序排序的前面板

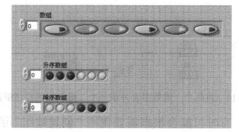

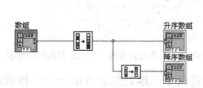

图 7-22　布尔型数据排序的程序框图

图 7-23　布尔型数据排序的前面板

4．"索引数组"函数

"索引数组"函数的节点图标及端口定义如图 7-24 所示。"索引数组"函数用于访问数组的一个元素，使用输入索引指定要访问的数组元素。第 *n* 个元素的索引号是 *n*–1，如索引到的是第 3 个元素，如图 7-25 所示，索引号是 2。

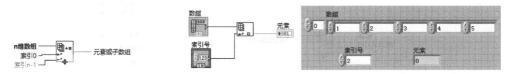

图 7-24　"索引数组"函数的节点图标及端口定义　　　图 7-25　一维数组的索引

"索引数组"函数会自动调整大小以匹配连接的输入数组维数，若将一维数组连接到"索引数组"函数，那么函数将显示一个索引输入，若将二维数组连接到"索引数组"函数，那么将显示两个索引输入，即索引（行）和索引（列）。当索引输入仅连接索引行输入时，则抽取完整的一维数组的那一行；若仅连接索引列输入，那么将抽取完整的一维数组的那一列；若连接了索引行输入和索引列输入，那么将抽取数组的单个元素。每个输入数组都是独立的，可以访问任意维度数组的任意部分。如图 7-26 所示，对一个 4 行 4 列的二维数组进行索引，分别取其中的完整行、单个元素、完整列。图 7-27 所示为多维数组索引的前面板及运行结果。

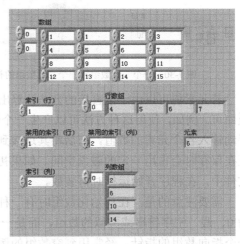

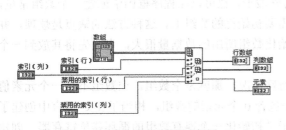

图 7-26　多维数组索引的程序框图　　　　　图 7-27　多维数组索引的前面板及运行结果

5．"初始化数组"函数

"初始化数组"函数的节点图标及端口定义如图 7-28 所示。"初始化数组"函数的功能是创建 *n* 维数组。数组维数由函数左侧的维数大小端口的个数决定。创建数组之后，每个元素的值都与输入元素端口的值相同。函数刚被放在程序框图上时，只有一个维数大小输入端，此时创建的是指定大小的一维数组，可以通过拖曳下边缘或在维数大小端口的右键快捷菜单中选择"添加维度"，来添加维数大小端口，如图 7-29 所示。

图 7-30 所示为一个一维数组和一个二维数组的初始化。

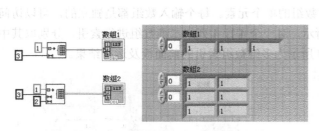

图 7-28　"初始化数组"函数的节点图标及端口定义　　图 7-29　添加数组大小端口

在 LabVIEW 中，数组的初始化还有其他方法。若数组中的元素都是相同的，使用一个带有常数的 For 循环即可实现数组的初始化，这种方法的缺点是在创建数组时要占用一定的时间。图 7-31 所示为创建一个元素为 1、长度为 3 的一维数组。

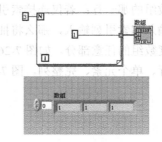

图 7-30　一个一维数组和一个二维数组的初始化　　图 7-31　创建一个元素为 1、长度为 3 的一维数组

若元素值可以由一些直接的方法计算出来，把公式放到前一种方法的 For 循环中取代其常数即可。例如，使用这种方法可以产生一个特殊波形，也可以在程序框图中创建一个数组常量，手动输入各个元素的数值，而后将其连接到需要初始化的数组上。这种方法的缺点是烦琐，并且在保存时会占用一定的磁盘空间。如果初始化数组所用的数据量很大，可以先将其放到一个文件中，在程序开始运行时再装载。

需要注意的是，在初始化数组时有一种特殊情况，那就是空数组。空数组不是一个元素值为 0、假、空字符串或类似的数组，而是一个包含 0 个元素的数组，相当于在 C 语言中创建了一个指向数组的指针。经常用到空数组的例子是初始化一个连有数组的循环移位寄存器。创建一个空数组有以下几种方法，即用一个数组大小端口不连接数值或输入值为 0 的初始化函数来创建；创建一个 n 为 0 的 For 循环，在 For 循环中放入所需要数据类型的常量。For 循环将执行 0 次，但在其框架通道上将产生一个相应数据类型的空数组。但是不能用"创建数组"函数来创建空数组，因为它的输出至少包含一个元素。

6. "替换数组子集"函数

"替换数组子集"函数的节点图标及端口定义如图 7-32 所示。"替换数组子集"函数是从"新元素/子数组"端口输入，去替换其中一个元素或部分元素。"新元素/子数组"端口输入

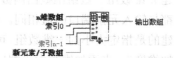

图 7-32　"替换数组子集"函数的节点图标及端口定义

的数据类型必须与输入的数组的数据类型一致。

图 7-33 和图 7-34 所示分别为替换二维数组中的某一个元素和某一行元素。

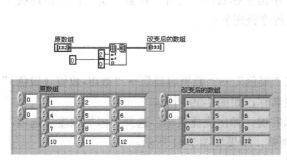

图 7-33 替换二维数组中的某一个元素

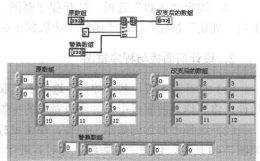

图 7-34 替换二维数组中的某一行元素

7. "删除数组元素"函数

"删除数组元素"函数的节点图标及端口定义如图 7-35 所示。"删除数组元素"函数用于从数组中删除指定数目的元素，索引端口用于指定所删除元素的起始元素的索引号，长度端口用于指定所删除元素的数目。图 7-36 和图 7-37 所示分别为从一维数组和二维数组中删除元素。

图 7-35 "删除数组元素"函数的节点图标及端口定义

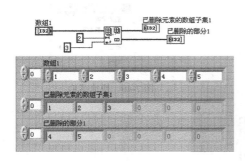

图 7-36 从一维数组中删除元素

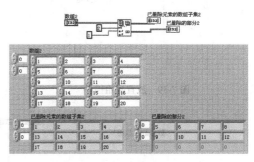

图 7-37 从二维数组中删除元素

7.1.4 操作实例——创建数组

本实例演示如何使用"创建数组"函数，如图 7-38 所示。

1. 设置工作环境

（1）新建 VI。选择菜单栏中的"文件"→"新建 VI"命令，新建一个 VI，一个空白的 VI 包括前面板及程序框图。

（2）保存 VI。选择菜单栏中的"文件"→"另存为"命令，输入 VI 名称"创建数组"。

图 7-38 程序框图

（3）固定"控件"选板。单击鼠标右键，在前面板上打开"控件"选板，单击选板左上角"固定"按钮，将"控件"选板固定在前面板界面上。

（4）固定"函数"选板。打开程序框图，单击鼠标右键，打开"函数"选板，单击选板左上角"固定"按钮，将"函数"选板固定在程序框图界面上。

2. 设计前面板与程序框图

（1）打开前面板，从"控件"选板中选取"银色"→"数据容器"→"数组-数值（银色）"控件，将其拖入前面板中，并修改对应的标签名称，如图 7-39 所示。

（2）选择"添加的数组"控件，单击鼠标右键，弹出快捷菜单，选择"添加维度"选项，如图 7-40 所示，创建二维数组，并对其进行调整，结果如图 7-41 所示。

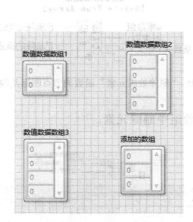

图 7-39　放置数组控件

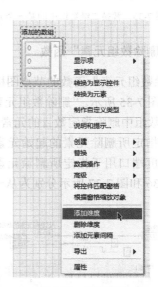

图 7-40　快捷菜单

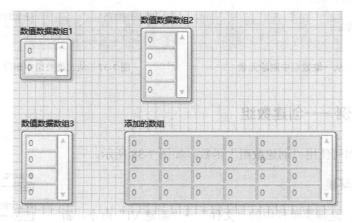

图 7-41　添加维度

（3）切换到程序框图，对所有控件的"显示为图标"进行取消，并设置表示法为"I32"，如图 7-42 所示。

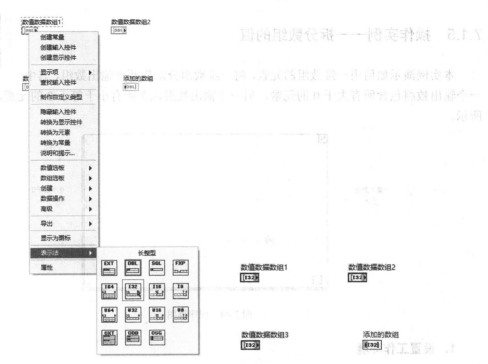

图 7-42　设置表示法

（4）在"函数"选板下的"数组"子选板中选择"创建数组"函数，同时在函数接线端分别连接控件图标的输出端与输入端。

3．程序运行

（1）单击工具栏中的"整理程序框图"按钮 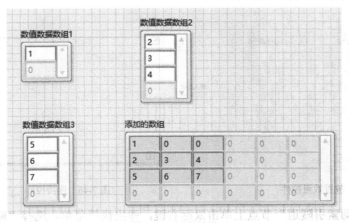，整理程序框图，如图 7-38 所示。

（2）打开前面板，在"数值数据数组 1""数值数据数组 2""数值数据数组 3"控件中分别输入初始值，单击"运行"按钮，运行 VI，"添加的数组"控件中会显示运行结果，如图 7-43 所示。

图 7-43　运行结果

7.1.5 操作实例——拆分数组的值

本实例演示如何用一维数组的元素，将一维数组分割为两个输出数组，其中一个输出数组包含所有大于 0 的元素，另一个输出数组包含所有小于等于 0 的元素，如图 7-44 所示。

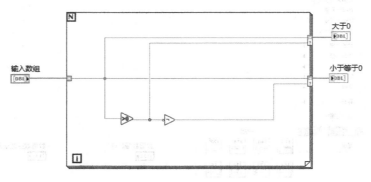

图 7-44　程序框图

1. 设置工作环境

（1）新建 VI。选择菜单栏中的"文件"→"新建 VI"命令，新建一个 VI，一个空白的 VI 包括前面板及程序框图。

（2）保存 VI。选择菜单栏中的"文件"→"另存为"命令，输入 VI 名称"拆分数组的值"。

2. 设计前面板与程序框图

（1）打开前面板，从"控件"选板中选取"银色"→"数据容器"→"数组-数值（银色）"控件，拖入前面板中，并修改对应的标签名称，如图 7-45 所示。

（2）切换到程序框图，在"函数"选板上选择"编程"→"结构"→"For 循环"函数，拖动出适当大小的矩形框并连接控件，如图 7-46 所示。

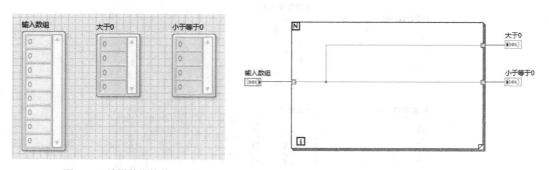

图 7-45　放置数组控件　　　　　图 7-46　连接控件

（3）在"自动索引隧道"节点上单击鼠标右键，弹出快捷菜单，选择"隧道模式"→"条件"选项，如图 7-47 所示。

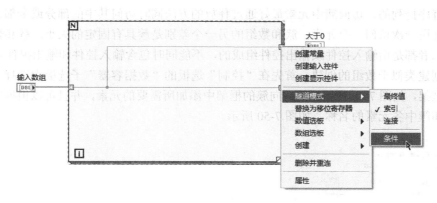

图 7-47　在快捷菜单上选择"隧道模式"→"条件"选项

（4）在"函数"选板上选择"编程"→"比较"→"大于 0"函数，将其放置到 For 循环内。

（5）在"函数"选板上选择"编程"→"布尔"→"非"函数，将其放置到 For 循环内，在函数接线端分别连接控件图标的输出端与输入端。

3．程序运行

（1）单击工具栏中的"整理程序框图"按钮，整理程序框图，如图 7-44 所示。

（2）打开前面板，在"输入数组"控件中输入初始值，单击"运行"按钮，运行 VI，显示运行结果，如图 7-48 所示。

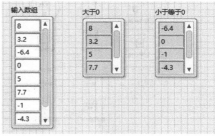

图 7-48　运行结果

7.2　簇

簇是 LabVIEW 中一种特殊的数据类型，是由不同数据类型的数据构成的集合。在使用 LabVIEW 编写程序的过程中，不仅需要相同数据类型的集合——数组来进行数据的组织，有时候也需要将不同数据类型的数据组合起来以更加有效地行使其功能。在 LabVIEW 中，簇这种数据类型得到了广泛的应用。

7.2.1　簇的组成与创建

簇可以将几种不同的数据类型集中到一个单元中形成一个整体，类似于 C 语言中的结构。

簇通常用于对出现在程序框图上的有关数据元素进行分组管理。因为簇在程序框图中仅用唯一的连线表示，所以可以减少连线混乱和子 VI 需要的连接器端子个数。使用簇有着积极的效果，可以将簇看作一捆连线，其中每根连线均表示簇不同的元素。在程序框图上，只有当簇具有相同元素类型、相同元素数量和相同元素顺序时，才可以将簇的端子连接。

簇和数组的异同如下。

簇可以包含不同数据类型的数据，而数组仅可以包含相同数据类型的数据，簇和数组中的元素都是有序排列的，访问簇中元素最好通过释放的方法同时访问其中的部分或全部元素，而不是通过索引一次访问一个元素；簇和数组的另一个差别是簇具有固定的大小。簇和数组的相似之处是二者都是由输入控件或输出控件组成的，不能同时包含输入控件和输出控件。

簇的创建类似于数组的创建。首先在"控制"选板的"数据容器"子选板中选择"簇"以创建簇的框架，如图 7-49 所示。然后向簇的框架中添加所需要的元素，并且可以根据需要更改簇的名称和簇中各元素的名称，如图 7-50 所示。

图 7-49　簇的创建第一步

图 7-50　簇的创建第二步

一个簇变为输入控件簇或显示控件簇取决于放进簇中的第一个元素，若放进簇的框架中的第一个元素是布尔控件，那么后来为簇添加的任何元素都将变成输入对象，簇变为输入控件簇，并且当从任何簇元素的快捷菜单中选择"转换为输入控件""转换为显示控件"时，簇中的所有元素都将发生变化。

在簇的框架上单击鼠标右键，在弹出的快捷菜单的"自动调整大小"中的 3 个选项可以用来调整簇框架的大小及簇元素的布局，如"调整为匹配大小"选项用来调整簇框架的大小，以适合簇所包含的所有元素；"水平排列"选项用于水平压缩排列簇包含的所有元素；"垂直排列"选项用于垂直压缩排列簇包含的所有元素。图 7-51 所示为簇元素的调整。

图 7-51　簇元素的调整

簇的元素有一定的排列顺序，簇的元素按照它们被放入簇中的先后顺序排列，而不是按照簇的框架内的物理顺序排列，簇的框架中的第一个对象标记为 0，第二个对象标记为 1，依次排列。在簇中删除元素时，剩余元素的排列顺序将自行调整，在簇的解除捆绑和捆绑函数中，簇顺序决定了元素的显示顺序。如果要访问簇中的单个元素，必须记住簇顺序，因为簇中的单个元素是按顺序访问的，图 7-52 中的顺序是先是字符串常量 ABC，再是数值常量 1，最后是布尔常量。在使用了水平排列和垂直排列后，分别按顺序号从左向右和从上到下排列这 3 个簇元素。

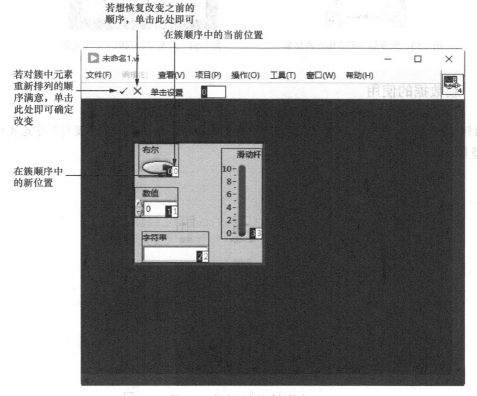

图 7-52　簇中元素的重新排序

在前面板的簇边框上单击鼠标右键，在弹出的快捷菜单中选择"重新排序簇中控件"，可以检查和改变簇内元素的排列顺序，此时图中的工具变成了一组新按钮，簇的背景也有变化，鼠标指针也改变为簇排序指针。在选择"重新排序簇中控件"后，簇中每一个元素右下角均出现了并排的框——白框和黑框，白框指出该元素在簇顺序中的当前位置，黑框指出在用户改变顺序的新位置。在此顺序改变前，白框和黑框中的数字是一样的，用簇排序指针单击某个元素，该元素在簇顺序中的位置就会变成顶部工具条显示的数字，单击⊠按钮后可恢复到以前的排列顺序，如图 7-52 所示。

例如，按照图 7-52 所示的簇顺序（用户改变顺序前）创建显示控件，可以正常输出，如图 7-53 的上图所示。当改变为图 7-54 所示的排列顺序时，显示控件和输入控件不能正常连接，如图 7-53 的下图所示。因为改变顺序前，第一个组件是布尔控件，而改变顺序后的第一个组件是数值型控件。在使用簇时应当遵循的原则是在一个高度交互的面板中，不要把一个簇既作为输入又作为输出。

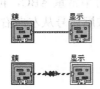

图 7-53　改变簇中元素顺序的结果

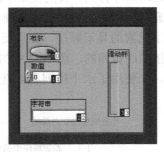

图 7-54　改变了排列顺序的簇元素

7.2.2　簇数据的使用

对簇数据进行处理的函数位于"函数"选板的"编程"→"簇、类与变体"子选板中，如图 7-55 所示。

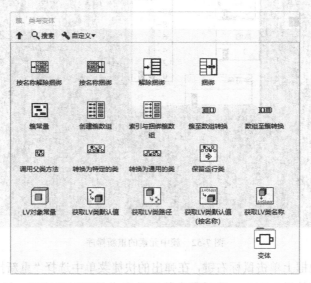

图 7-55　用于处理簇数据的函数

1."解除捆绑"函数和"按名称解除捆绑"函数

"解除捆绑"函数的节点图标及端口定义如图 7-56 所示。"解除捆绑"函数用于从簇中提取单个元素，并将解除后的数据成员作为函数的结果输出。当"解除捆绑"函数未接入输入参数时，右端只有两个输出端口，当接入一个簇时，"解除捆绑"函数会自动检测输入簇的元素个数，生成相应个数的输出端口。图 7-57 和图 7-58 所示分别为将一个含有数值型数据、布尔型数据、旋钮型数据和字符串型数据的簇解除捆绑的程序框图和前面板。

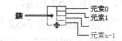

图 7-56　"解除捆绑"函数的节点图标及端口定义

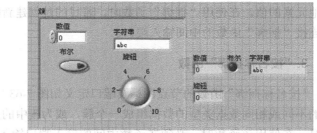

图 7-57 簇解除捆绑的程序框图　　　　图 7-58 簇解除捆绑的前面板

"按名称解除捆绑"函数的节点图标及端口定义如图 7-59 所示。"按名称解除捆绑"函数用于把簇中的元素按标签解除捆绑。只有对有标签的簇元素，"按名称解除捆绑"函数的输出端才能弹出带有标签的簇元素的标签列表。对于没有标签的簇元素，输出端不弹出其标签列表，输出端口的个数不限，可以根据需要添加任意数目的输出端口。如图 7-60 所示，由于簇中的布尔型数据没有标签，所以输出端没有它的标签列表，输出的是其他的有标签的簇元素。

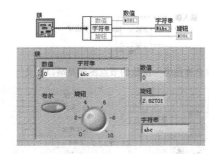

图 7-59 "按名称解除捆绑"函数的节点图标及端口定义　　图 7-60 "按名称解除捆绑"函数的使用

2. "捆绑"函数

"捆绑"函数的节点图标及端口定义如图 7-61 所示。"捆绑"函数用于将若干基本数据类型的数据元素合成为一个簇数据，也可以替换现有簇中元素的值，簇中元素的排列顺序和"捆绑"函数的输入顺序相同。顺序的定义是从上到下，即连接到顶部的元素变为元素 0，连接到第二个端子的元素变为元素 1。如图 7-62 所示，使用"捆绑"函数将数值型数据、布尔型数据、字符串型数据组成了一个簇。

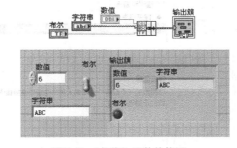

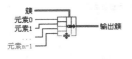

图 7-61 "捆绑"函数的节点图标及端口定义　　　图 7-62 "捆绑"函数的使用

"捆绑"函数除了左侧的输入端口，在中间还有一个输入端口，这个输入端口是连接一个已知簇的，这时可以改变簇中的部分元素或全部元素的值，当改变部分元素的值时，不影响簇中其他元素的值。在使用"捆绑"函数时，若目的是创建新的簇而不是改变一个已知簇，则不需要连接"捆绑"函数的中间输入端口。

3. "按名称捆绑" 函数

"按名称捆绑"函数的节点图标及端口定义如图 7-63 所示。"按名称捆绑"函数可以将有关联的不同或相同数据类型的数据组成一个簇，或为簇中的某些元素赋值。与"捆绑"函数不同的是，在使用该函数时，必须在函数中间的输入端口输入一个簇，确定输出簇的元素的组成。由于该函数是按照元素名称进行整理的，所以簇左端的输入端口不必像"捆绑"函数那样有明确的顺序，只要在簇左端输入端口弹出的选择菜单中按照所选的元素名称接入相应数据即可，如图 7-64 和图 7-65 所示。对于不需要改变的元素，在簇左端输入端不应显示其输入端口，否则将出现错误，若将图 7-64 所示程序框图改为图 7-66 所示，即未改变字符串却显示了字符串的输入端口，则出现连线错误，如图 7-67 所示。

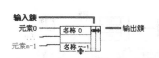

图 7-63　"按名称捆绑"函数的节点图标及端口定义

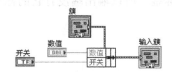

图 7-64　使用"按名称捆绑"函数的程序框图

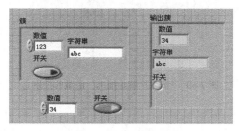

图 7-65　使用"按名称捆绑"函数的前面板

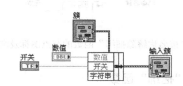

图 7-66　"按名称捆绑"函数的错误使用

图 7-67　显示错误

4."创建簇数组"函数

"创建簇数组"函数的节点图标及端口定义如图 7-68 所示。"创建簇数组"函数的用法与"创建数组"函数的用法类似,与"创建数组"函数不同的是其输入端口的分量元素可以是簇。函数会首先将输入端口的每个分量元素转成化簇,然后再将这些簇组成一个簇数组。输入参数可以都为数组,但要求这些数组维数相同。要注意的是,所有从分量元素端口输入的数据的数据类型必须相同,分量元素端口的数据类型与第一个连接的数据类型相同。如图 7-69 所示,第一个输入的是字符串型数据,则剩下的分量元素输入端口将自动变为紫色,即表示字符串型数据,所以当输入数值型数据或布尔型数据时将发生错误。

图 7-68 "创建簇数组"函数的节点图标及端口定义　图 7-69 "创建簇数组"函数的错误使用

图 7-70 和图 7-71 所示为将两个簇(簇 1 和簇 2)合并成一个簇数组的程序框图和前面板。

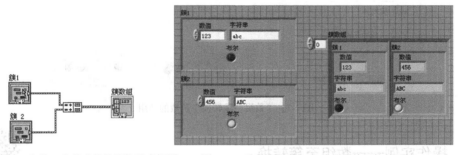

图 7-70 将簇 1 和簇 2 合并成簇数组的程序框图　图 7-71 将簇 1 和簇 2 合并成簇数组的前面板

5."簇至数组转换"函数和"数组至簇转换"函数

"簇至数组转换"函数的节点图标及端口定义如图 7-72 所示。

"簇至数组转换"函数要求输入簇的所有元素的数据类型必须相同,函数按照簇中元素的编号顺序将这些元素组成一个一维数组。如图 7-73 所示,通过使用"簇至数组转换"函数可将一个含有布尔型数据元素的簇转换一维布尔数组。

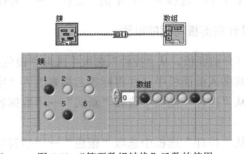

簇 ━━━▣━━━┈┈ 数组

图 7-72 "簇至数组转换"函数的节点图标及端口定义　图 7-73 "簇至数组转换"函数的使用

"数组至簇转换"函数的节点图标及端口定义如图 7-74 所示。

"数组至簇转换"函数是"簇至数组转换"函数的逆过程。将数组转换为簇需要注意的是，"数组至簇转换"函数并不是将数组中所有的元素都转换为簇，而是将数组中的前 n 个元素组成一个簇，n 由用户自己设置，默认为 9。当 n 大于数组的长度时，函数会自动补充簇中的元素，元素值为默认值。如果把图 7-73 所示运算直接进行逆过程，则出现图 7-75 所示的情况。

此时应在"数组至簇转换"函数的图标上单击鼠标右键，从弹出的快捷菜单中选择簇大小，并将"簇中元素的数量"改为 6，再运行就可得到正确的输出，如图 7-76 所示。

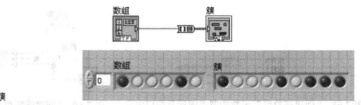

数组 ━━▭▤◖━━ 簇

图 7-74 "数组至簇转换"函数的节点图标及端口定义　　图 7-75 默认时"数组至簇转换"函数的使用

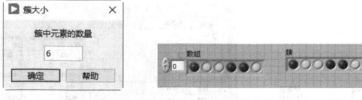

图 7-76 "数组至簇转换"函数的使用

7.2.3 操作实例——数组至簇转换

本实例演示"数组至簇转换"函数的使用，程序框图如图 7-77 所示。

1. 设置工作环境

（1）新建 VI。选择菜单栏中的"文件"→"新建 VI"
命令，新建一个 VI，一个空白的 VI 包括前面板及程序框图。

字符串数组 ━━▭▤◖━━ 簇

图 7-77 程序框图

（2）保存 VI。选择菜单栏中的"文件"→"另存为"命令，输入 VI 名称"数组至簇转换"。

2. 设计前面板与程序框图

（1）打开前面板，从"控件"选板中选取"银色"→"数据容器"→"数组-字符串（银色）"控件，将其拖入前面板中，并将标签名称修改为"字符串数组"。

（2）从"控件"选板中选取"新式"→"数据容器"→"簇"控件，调整大小，如图 7-78 所示。

（3）从"控件"选板中选取"银色"→"字符串与路径"→"字符串显示控件（银色）"，将其放置到簇中，如图 7-79 所示。

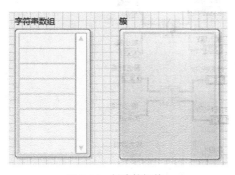

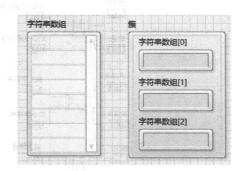

图 7-78　创建簇控件　　　　　　　　　图 7-79　放置字符串显示控件

（4）切换到程序框图，在"函数"选板上选择"编程"→"簇、类与变体"→"数组至簇转换"函数，将其放置到程序框图中，连接控件，如图 7-80 所示。

（5）由于"簇"显示控件没有包含对应的元素个数，所以 VI 将会断开。在"数组至簇转换"函数处单击鼠标右键，从弹出的快捷菜单中选择"簇大小"选项，弹出"簇大小"对话框，将"簇中元素的数量"修改为 3，如图 7-81 所示，此时 VI 将正确连接，结果如图 7-77 所示。

3．程序运行

（1）单击工具栏中的"整理程序框图"按钮，整理程序框图。

（2）打开前面板，在"字符串数组"控件中分别输入初始值，单击"运行"按钮，运行 VI，在"簇"控件中显示运行结果，如图 7-82 所示。

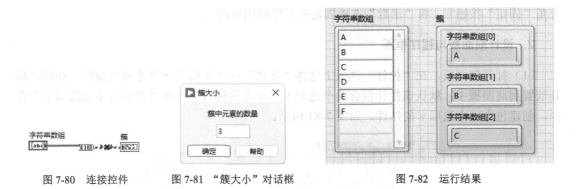

图 7-80　连接控件　　　　图 7-81　"簇大小"对话框　　　　图 7-82　运行结果

7.3　综合演练——设置最大值与最小值

本实例演示"最大值与最小值"函数如何处理不同的数据类型，程序框图如图 7-83 所示。

图 7-83　程序框图

1. 设置工作环境

（1）新建 VI。选择菜单栏中的"文件"→"新建 VI"命令，新建一个 VI，一个空白的 VI 包括前面板及程序框图。

（2）保存 VI。选择菜单栏中的"文件"→"另存为"命令，输入 VI 名称"设置最大值与最小值"。

（3）固定"控件"选板。单击鼠标右键，在前面板上打开"控件"选板，单击选板左上角"固定"按钮 📌，将"控件"选板固定在前面板界面上。

（4）固定"函数"选板。打开程序框图，单击鼠标右键，打开"函数"选板，单击选板左上角"固定"按钮 📌，将"函数"选板固定在程序框图界面上。

2. 设计前面板与程序框图

（1）打开前面板，在"控件"选板上选择"新式"→"布局"→"选项卡控件"控件，将其放置到前面板中，默认该控件包含两个选项卡，单击鼠标右键选择"在后面添加选项卡"命令，创建包含 6 个选项卡的控件，如图 7-84 所示。

图 7-84　放置"选项卡控件"

（2）在"控件"选板上选择"银色"→"数值"→"数值输入控件（银色）""数值显示控件

（银色）"控件，将它们放置到"数值"选项卡内，并双击标签修改对应的内容，如图 7-85 所示。

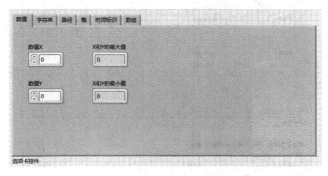

图 7-85　放置数值类控件

（3）使用同样的方法，切换到"字符串"选项卡，在"控件"选板上选择"银色"→"字符串与路径"→"字符串输入控件（银色）""字符串显示控件（银色）"控件，将它们放置到"字符串"选项卡内，并双击标签修改对应的内容。

（4）切换到"路径"选项卡，在"控件"选板上选择"银色"→"字符串与路径"→"文件路径输入控件（银色）"控件，将其放置到"路径"选项卡内，并双击标签修改对应的内容。

（5）切换到"簇"选项卡，在"控件"选板上选择"银色"→数据容器→"簇（银色）"，将其放置到"簇"选项卡内，并在"簇"控件内分别放置数值类和字符串类的控件，双击标签修改对应的内容。

（6）切换到"时间标识"选项卡，在"控件"选板上选择"银色"→"数值"→"时间标识输入控件（银色）"控件，将其放置到"时间标识"选项卡内，并双击标签修改对应的内容。

（7）切换到"数组"选项卡，在"控件"选板上选择"银色"→"数据容器"→"数组-数值（银色）"控件，将其放置到"数组"选项卡内，并双击标签修改对应的内容。

（8）切换到程序框图，在"函数"→"编程"→"比较"子选板中选择"最大值与最小值"函数，将其放置到程序框图中，连接控件的输入/输出端。

3. 程序运行

（1）单击工具栏中的"整理程序框图"按钮，整理程序框图，如图 7-83 所示。

（2）打开前面板，在输入控件中输入初始值，单击"运行"按钮，运行 VI，显示结果如图 7-86 所示。

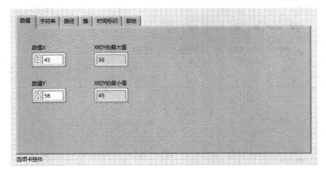

图 7-86　运行结果

图 7-86 运行结果（续）

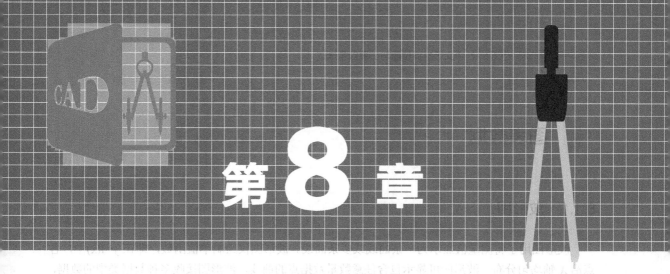

第 **8** 章

波形显示

　　LabVIEW 强大的显示功能增强了用户界面的表达能力，极大地方便了用户对 VI 的学习和掌握，本章将介绍波形显示的相关内容。

知识重点

☑　图表数据
☑　强度图和强度图表
☑　三维图形
☑　波形数据

任务驱动&项目案例

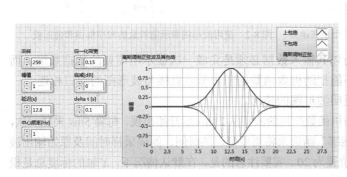

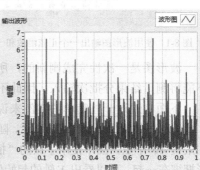

8.1 图表数据

8.1.1 波形图

波形图用于将测量值显示为一条曲线或多条曲线。波形图仅绘制单值函数，即在 $y=f(x)$ 中，各点沿 X 轴均匀分布。波形图可显示包含任意数量数据点的曲线。波形图接收多种数据类型的数据，从而最大限度减少数据在显示为图形前进行数据类型转换的工作量。波形图显示波形是以批量数据一次刷新的方式进行的，数据输入基本形式是数据数组（一维或二维数组）、簇或波形数据。

图 8-1 所示为使用波形图输出一个正弦函数和一个余弦函数。

图 8-2 所示为使用波形图显示 40 个随机数的程序框图和前面板。

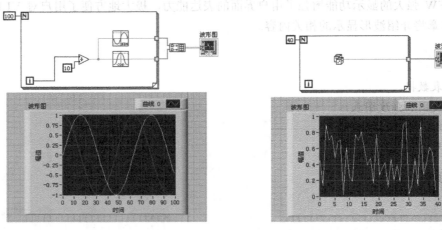

图 8-1　使用波形图输出一个正弦函数和一个余弦函数　　图 8-2　使用波形图显示随机数的程序框图和前面板

波形图是一次性完成刷新的，所以其输入数据必须是完成一次显示所需要的数据数组，而不能将测量结果分批次输入，因此不能把随机数函数的输出节点直接与波形图的端口相连。

下面将通过一些简单的实例来说明波形图的使用。

波形图的使用 1 如图 8-3 所示，随机函数产生的波形从 20ms 后开始出现，每隔 5ms 采样一次，共采集 40 个点。图中使用了簇的"捆绑"函数来将需要延迟的时间、间隔采样时间及原始输出波形捆绑在一起，可以看出 X 轴的起始位置为 20。需要注意的是，在默认情况下，X 轴的标度总是根据起始位置、步长及数据数组的长度自动调整的，并且数据捆绑的顺序不能出错，必须以起始位置、步长、数据数组的顺序进行。在 Y 轴上，如果配置为默认配置，Y 轴将根据所有显示数据的最大值、最小值之间的范围进行自动标度，一般情况下，默认设置可满足大多数的应用。

波形图的使用 2 如图 8-4 所示，其输出的是一个随机函数产生的波形图，即由每个采样点和其前 3 个点的平均值产生的波形图，波形图显示两条波形曲线。若没有特殊要求，则只要把两组数据波形组成一个二维数组，再把这个二维数组送入波形显示控件，即可实现在同一波形图中显示多曲线波形。

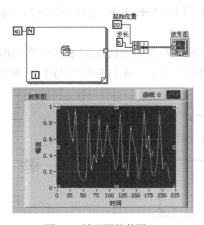

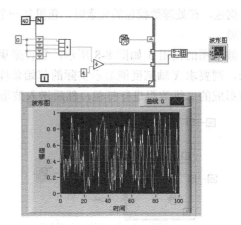

图 8-3　波形图的使用 1　　　　　　　　　图 8-4　波形图的使用 2

波形图显示的每条波形，其数据都必须是一个一维数组，这是波形图的特点，所以要显示 n 条波形就必须有 n 组数据。至于这些数据数组如何组织，用户可以根据不同的需要来确定。

波形图的使用 3 结合了波形图的使用 1 和波形图的使用 2，如图 8-5 所示。

波形图的使用 4 如图 8-6 所示，在同一时间内两个随机函数发生器产生了两组数据，一组采集了 20 个点，另一组采集了 40 个点，用波形图来显示结果。

LabVIEW 在构建一个二维数组时，若两个数组的长度不一致，整个数组的存储长度将以较长的那个数组的长度为准，而数据较少的那组数组在所有的数据存储完后，余下的空间将被 0 填充，所以若直接使用"创建数组"函数，将出现如图 8-6 所示的情况。

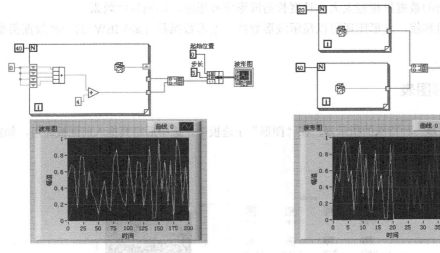

图 8-5　波形图的使用 3　　　　　　　　　图 8-6　波形图的使用 4

图 8-6 中，白线在采集点超过 20 时变为了值为 0 的直线。为了解决这个问题，可以使用"捆绑"函数，先把数据数组打包，然后再组成显示时所需的一个二维数组，其程序框图和前面板如图 8-7 所示。

从图 8-7 中可以看出，波形图已正确显示。这种改进的方法可以这样理解，因为这个二维数组中的元素不是两个一维数组而是两个数据包，所以程序不会对数组进行直接处理，而是单独处理每个数据包，在处理数据包的元素时，包里是一个一维数组，所以 LabVIEW 会将其处理为一条单独的波形。

波形图的使用 5 如图 8-8 所示，假设采集两个随机函数都有相同的起始采样位置和相同的步长，则要求 X 轴刻度能显示实际的起始采样位置和相应的步长。本例的做法与上一例类似，即对形成的二维数组进行打包，然后送入波形。

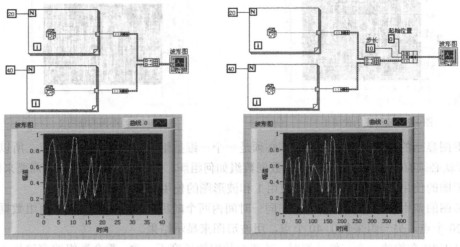

图 8-7　波形图的改进　　　　　　　　图 8-8　波形图的使用 5

应当注意的是，如果不同曲线间的数据量或数据的大小差距太大，则并不适合用一个波形图来显示，这是因为波形图总是要在一个屏内把一个数组的数据完全显示出来，如果一组数据与另一组数据的数据量相差太大，长度长的波形将被压缩，影响显示效果。

除了数组和簇，波形图还可以显示波形数据。波形数据是 LabVIEW 的一种数据类型，本质上还是簇。

8.1.2　波形图表

波形图表是一种特殊的指示器，在"图形"子选板中，选中后将其拖入前面板即可，如图 8-9 所示。

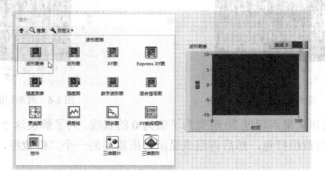

图 8-9　波形图表位于"图形"子选板中

波形图表在交互式数据显示中有 3 种刷新模式，即示波器图表、带状图表、扫描图。用户单击鼠标右键，在快捷菜单的"高级"中选择"刷新模式"即可，如图 8-10 所示。

示波器图表、带状图表和扫描图在处理数据时略有不同。带状图表有一个滚动显示屏，当新的数据到达时，整个曲线会向左移动，最原始的数据点移出视野，而最新的数据则会被添加到曲线的最右端。这一过程与实验中常见的纸带记录仪的运行方式非常相似，如图 8-11 所示。

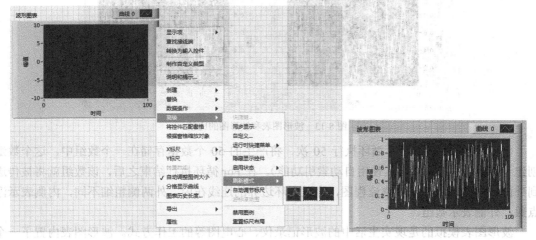

图 8-10 示波器图表、带状图表、扫描图　　　　图 8-11 带状图表

示波器图表、扫描图这 2 种刷新模式和示波器的工作方式十分相似。当数据点多到足以使曲线到达示波器图表绘图区域的右边界时，将清除整个曲线，并从绘图区的左侧开始重新绘制曲线。扫描图和示波器图表非常类似，不同之处在于当曲线到达绘图区的右边界时，不是将旧曲线清除，而是用一条移动的红线标记新曲线的开始，并随着新数据的不断增加，曲线在绘图区域中逐渐移动，如图 8-12 所示。示波器图表和扫描图比带状图表运行得更快。

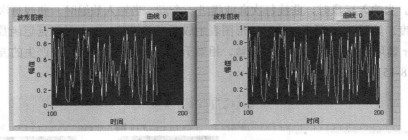

图 8-12 示波器图表和扫描图

波形图表和波形图的不同之处在于波形图表保存了旧数据，所保存旧数据的长度可以自行指定。新传给波形图表的数据被接续在旧数据的后面，这样就可以在保持显示一部分旧数据的同时显示新数据。也可以把波形图表的这种工作方式想象为先进先出的队列，新数据到来之后，会把同样长度的旧数据从队列中挤出去。波形图表和波形图的比较如图 8-13 所示。

波形图表和波形图显示的运行结果是一样的，但实现方法和过程不同。在流程图中可以看出，波形图表产生在循环内，每得到一个数据点，就立刻显示一个；而波形图在循环之外，50 个数都产生之后，跳出循环，然后一次显示整条数据曲线。从运行过程可以清楚地看到这一点。

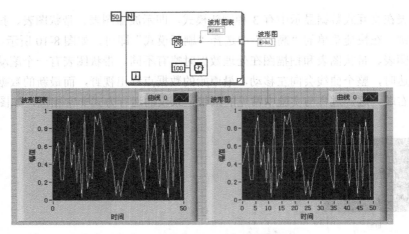

图 8-13　波形图表和波形图的比较

值得注意的还有，For 循环执行 50 次，将产生的 50 个数据存储在一个数组中，这个数组创建于 For 循环的边界上（使用自动索引功能）。在 For 循环执行结束之后，该数组就将被传送到外面的波形图。仔细观察流程图，穿过循环边界的连线在内、外两侧粗细不同，内侧表示浮点数，外侧表示数组。

波形图表模拟的是现实生活中的波形记录仪、心电图等的工作方式。波形图表内置了一个显示缓冲器，用来保存一部分历史数据，并接收新数据。这个显示缓冲区的数据存储按照先进先出的规则管理，它决定了该控件的最大显示数据长度。在默认情况下，这个缓冲区大小为 1KB，即最大的数据显示长度为 1024 个二进制位，显示缓冲区容不下的旧数据将被舍弃。波形图表适合实时测量中的参数监控，而波形图适合测量后的数据显示和分析。即波形图表是实时趋势图，波形图是事后记录图。

当绘制单曲线时，波形图表可以接收的数据格式有标量和数组。标量和数组在旧数据的后面连续显示。当输入标量时，曲线每次向前推进一个点。当输入数组时，曲线每次推进的点数等于数组长度。如图 8-14 所示，使用波形图表生成两组随机数。由于时间延迟函数在 While 循环中，而 For 循环能一次产生 10 个随机数，相当于缩短了延迟时间，所以产生的波形图是不一样的，如图 8-15 所示。

图 8-14　使用波形图表生成两组随机数

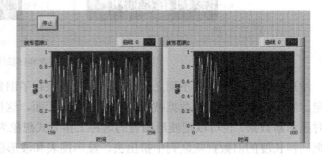

图 8-15　While 循环和 For 循环产生的波形图

当创建多曲线时，可以接收的数据格式也有两种。第一种是将每条曲线的一个新数据点（数据类型）打包成簇，即把每条曲线测量的一个新数据点打包在一起，然后输入波形图表，这时波形图表为所有曲线同时推进一个点，这是最简单也是最常用的方法，如图 8-16 所示。第二种是将每条曲线的一个数据点打包成簇，将若干个这样的簇作为元素构成数组，再把数组传送到波形图表中，如图 8-17 所示。这两种方法的前面板显示如图 8-18 所示。

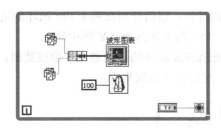

图 8-16　创建多曲线的程序框图（方法一）

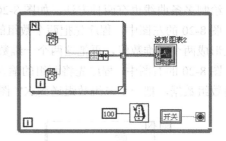

图 8-17　创建多曲线的程序框图（方法二）

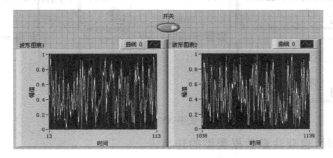

图 8-18　创建多曲线的前面板显示

8.1.3　XY 图

波形图和波形图表只能用于显示一维数组中的数据或是一系列单点数据，对于需要显示横、纵坐标对的数据就无能为力了。前面讲述的波形图的 Y 值对应实际的测量数据，X 值对应测量点的序号，适合显示等间隔数据序列的变化，如按照一定采样时间采集数据的变化，但是它不适合用来描述 Y 值随 X 值变化的曲线，也不适合绘制两个相互依赖的变量（如 Y/X）。对于这种曲线，LabVIEW 专门设计了 XY 图。

与波形图相同的是 XY 图也是一次性完成波形显示刷新，不同的是 XY 图的输入数据是由两组数据打包构成的簇，簇的每一对数据都对应一个显示数据点的 X、Y 坐标。

使用 XY 图绘制单曲线有两种方法，如图 8-19 所示。

图 8-19 中的左图所示为把两组数据数组打包后送到 XY 图，此时两个数据数组里具有相同序号的两个数组组成一个点，而且必定是数据包里的第一个数组对应 X 轴，第二个数组对应 Y 轴。使用这种方法来组织数据要确保数据长度相同。如果两个数据的长度不一样，XY 图将以长度较短的那组为参考，而长度较长的那组多出来的数据将被抛弃。

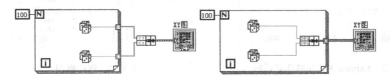

图 8-19　使用 XY 图绘制单曲线

图 8-19 中的右图所示为先把每一对坐标点（X，Y）打包，然后用这些坐标点形成的数据包组成一个数组，再送到 XY 图中显示。这种方法可以确保两组数据的长度一致。

绘制多条曲线也有两种方法，如图 8-20 所示。

图 8-20 的左图中，程序先把两个数组的各个数据打包，然后分别在两个 For 循环的边框通道上形成两个一维数组，再把这两个一维数组组成一个二维数组送到 XY 图中显示。

图 8-20 的右图中，程序先将两组的输入/输出数据在 For 循环的边框通道上形成数组，然后打包数组数据，把一个二维数组送到 XY 图中显示，这种方法比较直观。

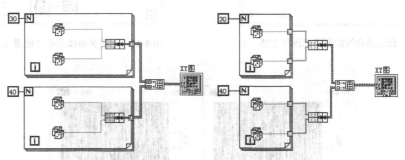

图 8-20　使用 XY 图绘制多曲线

在使用 XY 图时，也要注意数据类型的转换。绘制一个半径为 1 的圆（单位圆），如图 8-21 所示。这个程序框图使用了 Express VI 中的 Express XY 图，For 循环输出的两个数组接入 X 输入和 Y 输入时，自动实现了转换为动态数据函数的调用，若数据源提供的数据是波形数据类型，则不需要调用转换至数据函数，而是直接连接到其输入端。

对于 Express XY 图，可以双击打开"创建 XY 图属性［创建 XY 图］"对话框，如图 8-22 所示，在该对话框中可以设置是否在每次调用时清除数据。

绘制单位圆也可使用两个正弦波来实现，其程序框图如图 8-23 所示。

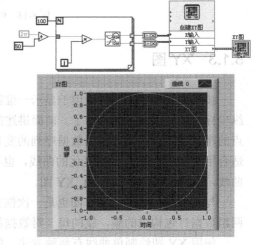

图 8-21　绘制单位圆

图 8-22　Express XY 图属性对话框

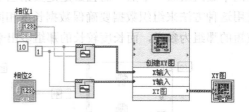

图 8-23　程序框图

当输入相位 1 和相位 2 的相位差为 90°或 270°时，输出波形与图 8-21 所示相同，显示了单位圆，如图 8-24 所示。

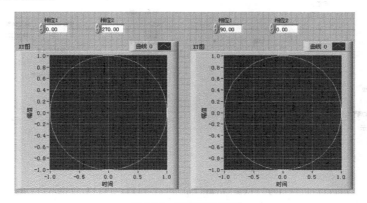

图 8-24　单位圆的显示

当相位差为 0°时，绘制的图形为直线，当相位差不为 0°、90°、270°时，绘制的图形为椭圆，如图 8-25 所示。

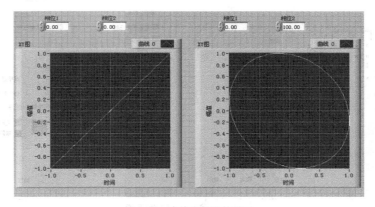

图 8-25　直线和椭圆的显示

8.1.4　设置图形控件的属性

图形控件是 LabVIEW 中相对比较复杂的专门用于进行数据显示的控件，如波形图表和波形图。这类控件的属性相对于数值型控件、文本型控件和布尔控件更加复杂，其使用方法在后面的章节中将详细介绍，这里只对其常用的一些属性及属性的设置方法进行简略说明。

如同前面 3 种控件，图形控件的属性可以通过"属性"对话框进行设置。下面以图形控件波形图为例，介绍设置图形控件属性的方法。

1．属性设置

波形图的"图形属性：波形图"对话框，包括"外观"选项卡、"显示格式"选项卡、"曲线"选项卡、"标尺"选项卡、"游标"选项卡、"说明信息"选项卡、"数据绑定"选项卡、"快捷键"共 8 个选项卡，如图 8-26 所示。

图 8-26　波形图的属性选项卡

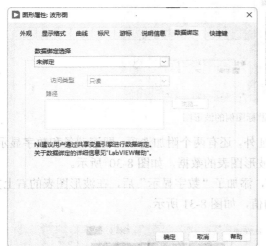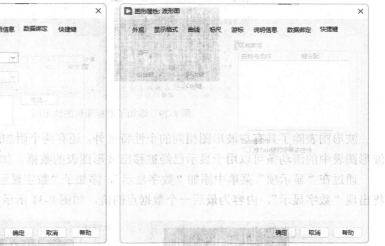

图 8-26 波形图的属性选项卡（续）

其中，在"外观"选项卡中，用户可以设定是否需要显示控件的一些外观参数选项，如"标签""标题""启用状态""显示图形工具选板""显示标尺图例""显示游标图例"等。在"显示格式"选项卡中，用户可以在"默认编辑模式"和"高级编辑模式"之间进行切换，用于设置图形控件所显示的数据的格式与精度。"曲线"选项卡用于设置图形控件绘图时需要用到的一些参数，包括数据点的表示方法、曲线的线型及颜色等。在"标尺"选项卡中，用户可以设置图形控件有关标尺的属性，如是否显示标尺，标尺的风格、颜色及栅格的颜色、风格等。在"游标"选项卡里，用户可以选择是否显示游标，以及显示游标的风格等。

在一般情况下，LabVIEW 2022 中文版中的大部分控件的属性对话框中都会有"说明信息"选项卡。在该选项卡中，用户可以设置对控件的注释及提示。当用户将鼠标指针指向前面板上的控件时，程序将会显示该提示。

2．个性化设置

在使用波形图时，为了便于进行分析和观察，经常使用"显示项"中的"游标图例"，如图 8-27 所示。

游标可以在"游标图例"菜单的"创建游标"子菜单中创建，如图 8-28 所示。

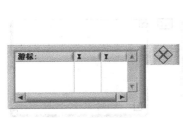
图 8-27 游标图例

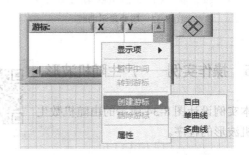
图 8-28 游标的创建

图 8-29 所示为添加了游标图例的波形图。

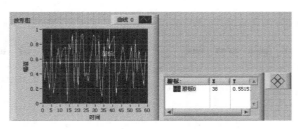

图 8-29　添加了游标图例的波形图

波形图表除了具有与波形图相同的个性特征外，还有两个附加选项，即滚动条和数字显示。波形图表中的滚动条可以用于显示已经被移出波形图表的数据，如图 8-30 所示。

通过在"显示项"菜单中添加"数字显示"，添加了"数字显示"后，在波形图表的右上方将出现"数字显示"，内容为最后一个数据点的值，如图 8-31 所示。

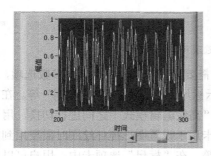

图 8-30　使用了滚动条的波形图表

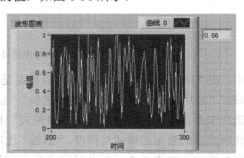

图 8-31　添加了"数字显示"的波形图表

当波形图表是多曲线时，则可以选择层叠或重叠模式，即分格显示曲线或层叠显示曲线，如图 8-32 和图 8-33 所示。

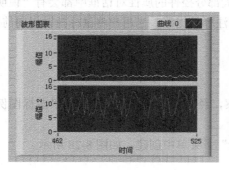

图 8-32　层叠显示曲线

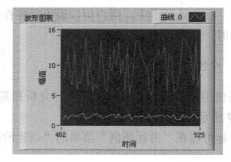

图 8-33　分格显示曲线

8.1.5　操作实例——产生随机波形

本实例设计图 8-34 所示的由随机数生成随机波形的程序。

1. 设置工作环境

（1）新建 VI。选择菜单栏中的"文件"→"新建

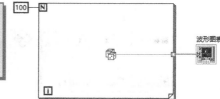

图 8-34　程序框图

VI"命令，新建一个 VI，一个空白的 VI 包括前面板及程序框图。

（2）保存 VI。选择菜单栏中的"文件"→"另存为"命令，输入 VI 名称"产生随机波形"。

（3）固定"控件"选板。单击鼠标右键，在前面板上打开"控件"选板，单击选板左上角"固定"按钮，将"控件"选板固定在前面板界面上。

（4）固定"函数"选板。打开程序框图，单击鼠标右键，打开"函数"选板，单击选板左上角"固定"按钮，将"函数"选板固定在程序框图界面上。

2．设计前面板与程序框图

（1）打开程序框图，在"函数"选板上选择"编程"→"结构"→"For 循环"函数，拖动出适当大小的矩形框，在 For 循环总线连线端创建循环次数为 100。

（2）在"函数"选板上选择"编程"→"数值"→"随机数"函数，将其放置到 For 循环内部。

（3）打开前面板，在"控件"选板上选择"新式"→"图形"→"波形图表"控件，创建波形图表控件。

（4）将循环的随机数连接到波形图表中，波形连续显示。

3．程序运行

（1）单击工具栏中的"整理程序框图"按钮，整理程序框图，结果如图 8-34 所示。

（2）在前面板窗口或程序框图窗口的工具栏中单击"运行"按钮，运行 VI，在前面板显示运行结果，如图 8-35 所示。

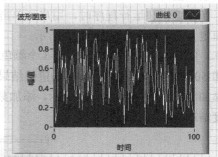

图 8-35　运行结果

8.2　强度图和强度图表

强度图和强度图表使用一个二维的显示结构来表示三维数据。它们之间的差别主要是刷新方式不同。本节将对强度图和强度图表的使用方法进行介绍。

8.2.1　强度图

强度图是 LabVIEW 提供的另一种波形显示方式，它用一个二维强度图表示三维数据。典型的强度图如图 8-36 所示。

从图 8-36 中可以看出，强度图与前面介绍过的曲线显示工具在外形上的最大区别是强度图具有标签为幅值的颜色控制组件。如果把标签为时间和频率的坐标轴分别理解为 X 轴和 Y 轴，则幅值组件相当于 Z 轴。

在介绍强度图前先介绍一下"颜色梯度"，"颜色梯度"在"控制"选板的"经典"→"经典数值"子选板中，当把这个控件放在前面板上时，默认建立一个"颜色梯度"指示器，如

图 8-37 所示。

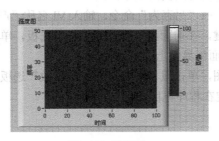

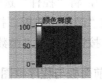

图 8-36　强度图　　　　　　　　　　图 8-37　前面板上的"颜色梯度"指示器

可以看到"颜色梯度"指示器的左边有个颜色条，颜色条上有数字刻度，当"颜色梯度"指示器得到数值型输入数据时，根据数字刻度，将输入值对应的颜色显示在控件右侧的颜色框中。若输入值不在颜色条上的数字刻度值范围内，则当输入值超过 100 时，显示颜色条上方小矩形内的颜色，默认为白色；当超过下界时，显示颜色条下方小矩形内的颜色，默认为红色。当输入值为 100 和–1 时，分别显示为白色和红色，如图 8-38 所示。

在编辑和运行程序时，用户可单击上下两个小矩形，这时会弹出颜色拾取器，用户可在里面定义超界颜色，如图 8-39 所示。

实际上，颜色梯度只包含 3 个颜色值，即 0 对应黑色，50 对应蓝色，100 对应白色。0～50和 50～100 对应的颜色都是插值的结果。在颜色条上弹出的快捷菜单中选择"添加刻度"可以添加新的刻度，如图 8-40 所示。添加刻度之后，可以改变新刻度对应的颜色，这样就为颜色梯度增加了一个数值颜色对。

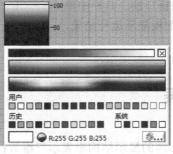

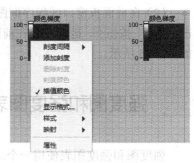

图 8-38　默认值超界时的颜色　　　图 8-39　定义超界颜色　　　图 8-40　添加刻度

在使用强度图时，要注意其排列顺序，如图 8-41 所示。原数组的第 0 行在强度图中对应最左边的一列，而且元素对应色块按从下到上的顺序排列。当幅值为 100 时，对应的白色在强度图左上方；当幅值为 0 时，对应的黑色在强度图底端的中间。

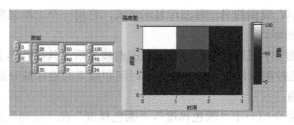

图 8-41　原数组在强度图中的排列顺序

图 8-42 所示为一个简单强度图的程序框图和前面板,在这个程序框图中,利用两个 For 循环构造了一个 5 行 10 列的数组。

强度图的颜色也可以通过设置强度图属性节点中的色码表来实现,这个节点输入一个大小为 256 的整数数组,这个数组其实是一张颜色列表,它与 Z 轴的刻度一起决定了颜色条上数值与颜色的对应关系。在颜色条上可以定义上溢出和下溢出的数值大小,颜色列表数组中序号为 0 的单元里的数据对应下溢出的颜色,序号为 255 的单元里的数据对应上溢出的颜色,而序号为 1~254 的数据以在颜色条中的最大值与最小值之间按插值的方法进行对应。

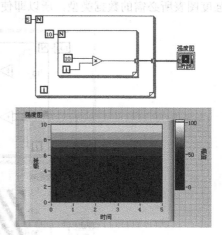

8.2.2 强度图表

与强度图一样,强度图表也是用一个二维的显示结构来表达三维数据,强度图和强度图表之间的主要区别

图 8-42 简单强度图的程序框图和前面板

在于图像的刷新方式不同,强度图接收到新数据时会自动清除旧数据的显示,而强度图表在接收到新数据时则会把新数据接续到旧数据后面显示。这也是波形图表和波形图之间的区别。

强度图的数据格式为一个二维的数据数组,它可以一次性把这些数据显示出来。虽然强度图表也接收一个二维的数据数组,但它显示的方式不一样,它可以一次性显示一列或几列图像,它在屏幕及缓冲区内保存一部分旧的图像和数据,每次在接收到新数据时,新图像紧接着在原有图像的后面显示,当下一列图像超出显示区域时,将有一列或几列旧图像被移出屏幕。数据缓冲区同波形图表一样,数据处理方式也是按照先进先出的原则,大小可以自己定义,但结构与波形图表(二维)不一样,强度图表的缓冲区结构是一维的。这个缓冲区的大小是可以自己设定的,默认为 128 个数据点。若想改变缓冲区的大小,可以在强度图表上单击鼠标右键,从弹出的快捷菜单中选择“图表历史长度”命令,即可改变缓冲区的大小,如图 8-43 所示。

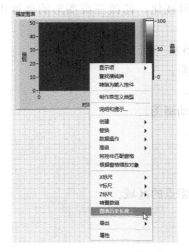

图 8-43 设置图表历史长度

强度图表的使用如图 8-44 所示。在这个程序中，首先正弦函数在循环的边框通道上形成了一个一维数组，然后再形成一个列数为 1 的二维数组并发送到控件中去显示。因为二维数组是强度图表所必需的数据类型，所以即使只有一行，这一步骤也是必要的。

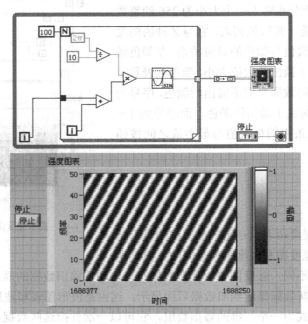

图 8-44　强度图表的使用

8.3　三维图形

在很多情况下，把数据绘制在三维空间里会更形象和更有表现力。在实际应用中，如某个平面的温度分布分析、联合时频分析（JTFA）、飞机的运动分析等，都需要在三维空间中可视化显示数据。三维图形可令三维数据可视化，修改三维图形的属性可改变数据的显示方式。

在 LabVIEW 中包含以下三维图形（见图 8-45）。

➢　散点图：显示两组数据的统计趋势和关系。

➢　杆图：显示冲激响应并按分布组织数据。

➢　彗星图：创建数据点周围有圆圈环绕的动画图。

➢　曲面图：在相互连接的曲面上绘制数据。

➢　等高线图：绘制等高线图。

➢　网格图：绘制有开放空间的网格曲面。

➢　瀑布图：绘制数据曲面和 y 轴上低于数据点的区域。

➢　箭头图：生成向量图。

➢　带状图：生成平行线组成的带状图。

➢　条形图：生成垂直条带组成的条形图。

> ➤ 饼图：生成饼状图。
> ➤ 三维曲面图形：在三维空间绘制一个曲面。
> ➤ 三维参数图形：在三维空间中绘制一个参数图。
> ➤ 三维线条图形：在三维空间绘制线条。

◀》注意：
　　只有安装了 LabVIEW 完整版和专业版开发系统才可使用三维图片控件。

> ➤ ActiveX 三维曲面图形：使用 ActiveX 技术，在三维空间绘制一个曲面。
> ➤ ActiveX 三维参数图形：使用 ActiveX 技术，在三维空间绘制一个参数图。
> ➤ ActiveX 三维曲线图形：使用 ActiveX 技术，在三维空间绘制一条曲线。

　　前 14 项位于"控件"选板的"新式"→"图形"→"三维图形"子选板中，如图 8-45 左图所示；后 3 项位于"经典"→"经典图形"子选板中，如图 8-45 右图第 3 行所示。

图 8-45　三维图形

◀》注意：
　　　ActiveX 三维图形控件仅在 Windows 操作系统平台上的 LabVIEW 完整版和专业版开发系统上可用。

　　与其他 LabVIEW 控件不同，这 3 个三维图形控件不是独立的。实际上，这 3 个三维图形控件都是包含了 ActiveX 控件的 ActiveX 容器与某个三维绘图函数的组合。

8.3.1　三维曲面图

　　三维曲面图用于显示三维空间的一个曲面。在前面板上单击鼠标右键，在"控件"选板上选择"经典"→"经典图形"→"ActiveX 三维曲面图形"，放置一个三维曲面图，此时程序框图将出现两个图标，如图 8-46 所示，可以看出，三维曲面图相应的程序框图由两部分组成，即 3D Surface 和三维曲面。其中 3D Surface 只负责图形显示，作图则由三维曲面来完成。

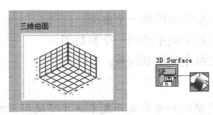

图 8-46 "经典"选板中的"ActiveX 三维曲面图形"

　　三维曲面的图标和端口如图 8-47 所示。三维图形输入端口是 ActiveX 控件输入端，该端口的下面是两个一维数组输入端，用以输入 x、y 坐标值。z 矩阵端口的数据类型为二维数组，用以输入 z 坐标。三维曲面在作图时采用的是描点法，即根据输入的 x、y、z 坐标在三维空间内确定一系列数据点，然后通过插值得到曲面。在作图时，三维曲面根据 x 和 y 的坐标数组在 xy 平面上确定一个矩形网络，每个网格节点都对应着三维曲线上的一个点在 xy 坐标平面上的投影。z 矩阵数组给出了每个网格节点所对应的曲面点的 z 坐标，三维曲面根据这些信息就能够完成作图。三维曲面不能显示三维空间的封闭图形，如果显示三维空间的封闭图形应使用三维参数曲面。

　　图 8-48 所示为使用三维曲面图输出的正弦信号。

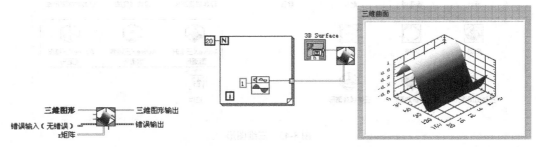

图 8-47　三维曲面的图标和端口　　　　　　图 8-48　使用三维曲面图输出的正弦信号

　　需要注意的是，此时能用的是"信号处理"子选板中的信号生成的正弦信号，而不是波形生成中的正弦波形，因为正弦波形函数输出的是簇，而 z 矩阵输入端口接收的是二维数组。图 8-49 所示为三维曲面图的错误使用。

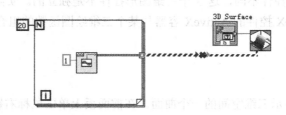

图 8-49　三维曲面图的错误使用

　　图 8-50 所示为使用三维曲面图显示的曲面 $z=\sin(x)\cos(y)$。其中，x 和 y 取值范围在 0～2π，x、y 坐标轴上的步长为 π/50。

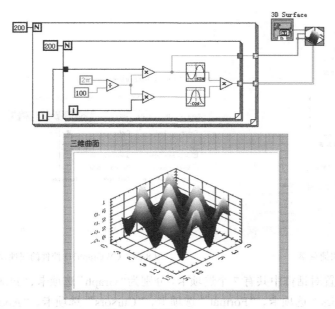

图 8-50　曲面 $z=\sin(x)\cos(y)$

程序框图中 For 循环边框的自动索引功能将 z 坐标组成了一个二维数组。但对输入 x 向量和 y 向量的端口来说，由于端口要求的不是二维数组，所以程序框图中应禁止使用 For 循环的自动索引功能，否则将出错，如图 8-51 所示。

对于前面板上的三维曲面图，按住鼠标左键并移动鼠标指针可以改变视点位置，使三维曲面图发生旋转，在松开鼠标左键后将显示新视点的观察图形，如图 8-52 所示。

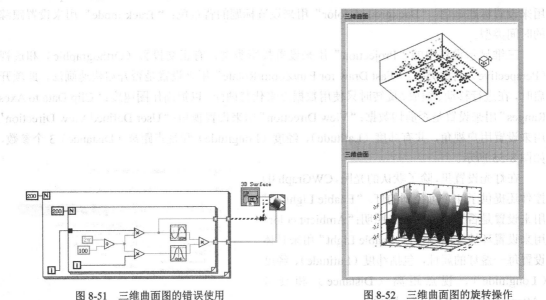

图 8-51　三维曲面图的错误使用　　　　　　图 8-52　三维曲面图的旋转操作

在 LabVIEW 中可以更改三维曲面图的显示方式，方法是在三维曲面图上单击鼠标右键，从弹出的快捷菜单中选择"CWGraph3D"，再从下一级菜单中选择"属性"，如图 8-53 所示，弹出 CWGraph 控件的属性设置对话框，同时会出现一个小的 CWGraph3D 控件面板，如图 8-54 所示。

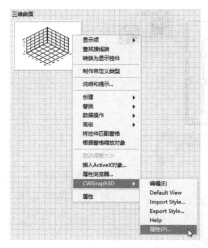

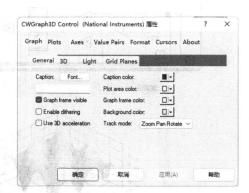

图 8-53　快捷菜单　　　　　　　　　图 8-54　CWGraph3D 控件的属性设置对话框

在上述属性设置对话框中共有 7 个选项卡，分别为"Graph"选项卡、"Plots"选项卡、"Axes"选项卡、"Value Pairs"选项卡、"Format"选项卡、"Cursors"选项卡、"About"选项卡。下面对常用的几个选项卡进行介绍，其他各个选项卡的属性设置方法相似。

"Graph"选项卡中包含 General、3D、Light、Grid Planes 4 部分，即常规属性设置、三维显示设置、灯光设置、网格平面设置。

常规属性设置用来设置 CWGraph3D 控件的标题。其中"Font"用来设置标题的字体；"Graph frame visible"用来设置图像边框的可见性；"Enable dithering"用来设置是否开启抖动，开启抖动可以使颜色过渡更为平滑；"Use 3D acceleration"用来设置是否使用 3D 加速；"Caption color"用来设置标题颜色；"Background color"用来设置标题的背景色；"Track mode"用来设置跟踪的时间类型。

三维显示设置中的"Projection"用来设置投影类型，有正交投影（Orthographic）和透视（Perspective）两种类型。"Fast Draw for Pan/Zoom/Rotate"用来设置是否开启快速画法，此项开启时，在进行移动、缩放、旋转时只使用数据点来代替画面，以提高作图速度；"Clip Data to Axes Ranges"用来设置是否剪切数据；"View Direction"用来设置视角；"User Defined View Direction"用来设置用户视角，共有纬度（Latitude）、经度（Longitude）和视点距离（Distance）3 个参数，如图 8-55 所示。

在灯光设置里，除了默认的光照，CWGraph3D 控件还提供了 4 个可控制的灯。"Enable Lighting"用来设置是否开启辅助灯光照明；"Ambient color"用来设置环境光的颜色；"Enable Light"用来具体设置每一盏灯的属性，包括纬度（Latitude）、经度（Longitude）、视点距离（Distance）和衰减（Attenuation），如图 8-56 所示。

例如，若想添加光影效果，可单击"Enable Light"图标。添加光影效果后的正弦曲面如图 8-57 所示。

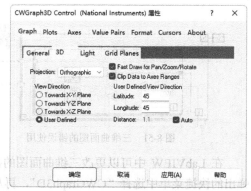

图 8-55　"3D"选项卡

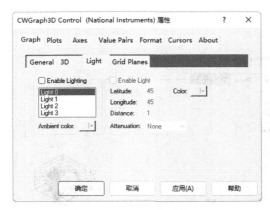

图 8-56 "Light"选项卡   图 8-57 添加光影效果后的正弦曲面

在网格平面设置里，"Show Grid Plane"用来设定显示网格的平面，"Smooth grid lines"用来平滑网格线；"Grid frame color"用来设置网格边框的颜色，如图 8-58 所示。

CWGraph3D 的"Plots"选项可以更改图形的显示风格。"Plots"选项卡如图 8-59 所示。

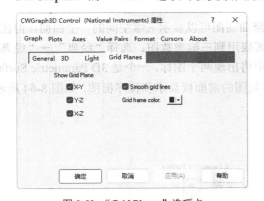

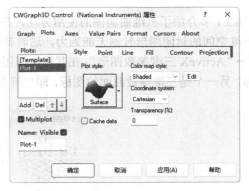

图 8-58 "Grid Planes"选项卡   图 8-59 "Plots"选项卡

若要改变图形的显示风格，可单击"Plot style"，将显示 9 种风格，默认为"Surface"，如图 8-60 所示。若选择"Surf+Line"将出现新的图形显示风格，如图 8-61 所示。

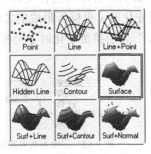

图 8-60 图形的显示风格   图 8-61 "Surf+Line"显示风格

在三维曲面图中，经常会使用到光标，用户可在 CWGraph3D 的"Cursors"选项中设置。添加方法是单击"Add"按钮，设置需要的坐标即可，如图 8-62 所示。添加了光标的三维曲面图如图 8-63 所示。

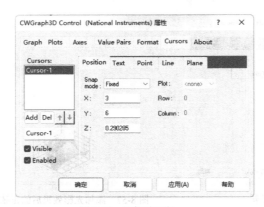

图 8-62　光标的添加　　　　　　　　　图 8-63　添加了光标的三维曲面图

8.3.2　三维参数图

8.3.1 节介绍了三维曲面图的使用方法，三维曲面图可以显示三维空间的一个曲面，但在显示三维空间的封闭图形时则无能为力，这时就需要用到三维参数图。选择"经典"→"经典图形"→"ActiveX 三维参数图形"，在其程序框图中将出现两个图标，一个是 3D Parametric Surface 图标，另一个是三维参数曲面的图标，即三维参数图的前面板显示和程序框图，如图 8-64 所示。

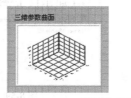

"经典"选板

图 8-64　"经典"选板中的"ActiveX 三维参数图形"

图 8-65 所示为三维参数曲面的图标和端口。三维参数曲面各端口的含义如下，"三维图形"表示 3D Parametric Surface 输入端，"x 矩阵"表示参数变化时 x 坐标所形成的二维数组，"y 矩阵"表示参数变化时 y 坐标所形成的二维数组，"z 矩阵"表示参数变化时 z 坐标所形成的二维数组。三维参数曲面的使用较为复杂，但借助参数方程的形式则容易理解，需要 3 个方程，分别为 $x=fx(i, j)$、$y=fy(i, j)$、$z=fz(i, j)$。其中，x、y、z 是图形中点的三维坐标，i、j 是两个参数。

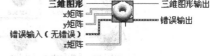

图 8-65　三维参数曲面的图标和端口

8.3.3　三维曲线图

三维曲线图用于显示三维空间中的一条曲线。选择"经典"→"经典图形"→"ActiveX 三维曲线图形"，程序框图中将出现两个图标，一个是 3D Curve 图标，另一个是三维曲线的图标，三维曲线图的前面板显示和程序框图如图 8-66 所示。

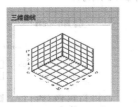

"经典"选板

图 8-66 "经典"选板中的"ActiveX 三维曲线图形"

如图 8-67 所示,三维曲线有 3 个重要的输入数据端口,分别是 x 向量、y 向量和 z 向量,分别对应曲线的 3 个坐标向量。在编写程序时,只要分别在 3 个坐标向量上连接一维数组数据就可以显示三维曲线。

图 8-68 所示为使用三维曲线图显示的三维余弦曲线。

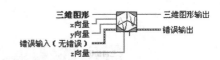

图 8-67 三维曲线图的图标及其端口

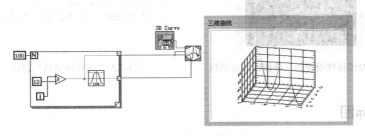

图 8-68 三维余弦曲线

三维曲线图在绘制三维的数学图形时是比较方便的,如绘制螺旋线,即 $x=\cos\theta$,$y=\sin\theta$,$z=\theta$。其中 θ 取值为 $0\sim2\pi$,步长为 $\pi/12$。具体的程序框图如图 8-69 所示,相应的前面板如图 8-70 所示。

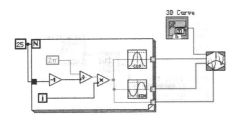

图 8-69 绘制螺旋线的程序框图

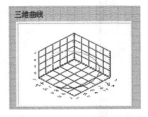

图 8-70 绘制螺旋线的前面板

三维曲线图的特性设置与三维曲面图的设置类似。对于特性对话框中的"General"选项,将其中的"Plot area color"设置为黑色,将"Grid Planes"中的"Grid frame color"设置为红色。对于"Axes"选项,将其中的"Grid"的子选项"Major Grid"的"Color"设置为绿色。对于"Plots"选项,将"Style"的"Color map style"设置为"Color Spectrum"。经过特性设置的三维曲线图前面板如图 8-71 所示。

三维曲线图有"属性浏览器"窗口,通过属性浏览器窗口,用户可以很方便地浏览并修改对象的属性。在三维曲线图上单击鼠标右键,从弹出的快捷菜单中选择"属性浏览器",将弹出三维曲线图的"属性浏览器"窗口，如图 8-72 所示。

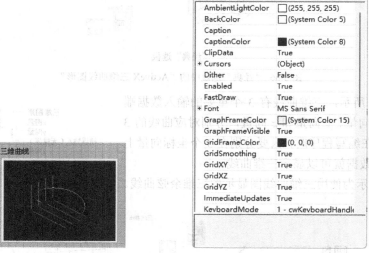

图 8-71 经过特性设置的三维曲线图前面板

图 8-72 "属性浏览器"窗口

8.3.4 极坐标图

极坐标图实际上是一个图片控件，极坐标的使用相对简单，极坐标图的前面板和程序框图如图 8-73 所示。

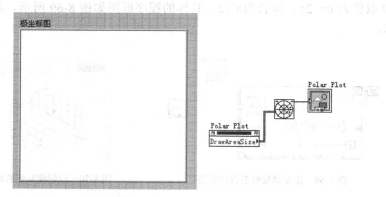

图 8-73 极坐标图的前面板和程序框图

在使用极坐标图时，需要提供以极径、极角方式表示的数据点的坐标。极坐标图的图标和端口如图 8-74 所示。数据数组［大小、相位（度）］端口连接点的坐标数组，尺寸（宽度、高度）端口设置极坐标图的尺寸。在默认设置下，该尺寸等于新图的尺寸。极坐标属性端口用于设置极坐标图的图形颜色、网格颜色和显示象限等属性。

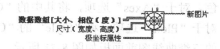

图 8-74 极坐标图的图标和端口

图 8-75 为数学函数$\rho=\sin3\alpha$的极坐标图。在极坐标属性端口创建簇输入控件，以创建极坐标图属性，为了方便观察，可以将其中的网格颜色设置为红色。

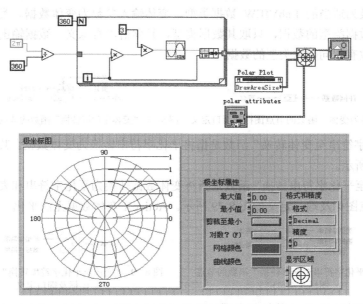

图 8-75　使用极坐标图绘制$\rho=\sin3\alpha$

8.4　波形数据

与其他基于文本的编程语言不同，在 LabVIEW 中有一类被称为波形数据的数据类型，这种数据类型的结构类似于"簇"的结构，它由一系列数据类型不同的数据构成，但是波形数据具有与"簇"不同的特点，如它可以由一些波形生成函数产生，可以作为采集数据后的数据进行显示和存储。本节将介绍创建波形数据和处理波形数据的方法。

8.4.1　波形数据的组成

波形数据是一类特殊的"簇"，但是用户不能利用"簇"模块中的"簇"函数来处理波形数据，波形数据具有预定义的固定结构，只能使用专用的函数来处理，如簇中的"捆绑"函数和"解除捆绑"函数相当于波形中的"创建波形"和"获取波形成分"函数。波形数据的引入，可以为测量数据的处理带来极大的方便。在具体介绍波形数据之前，先介绍变体数据类型和时间标识数据类型。

变体数据类型位于程序框图的"簇、类与变体"子选板中。任何数据类型都可以被转化为变体类型，然后为其添加属性，并在需要时转换回原来的数据类型。当用户需要独立于数据本身的类型并对数据进行处理时，变体这一数据类型就成为很好的选择了。

① "转换为变体"函数的节点图标及端口定义如图 8-76 所示。"转换为变体"函数可完成 LabVIEW 中任意数据类型的数据到变体数据的转换，也可以将 ActiveX 数据（在程序框图的"互

连接口"子选板中）转化为变体数据。

② "变体至数据转换"函数的节点图标及端口定义如图 8-77 所示。"变体至数据转换"函数是把变体转换为适当的 LabVIEW 数据类型。变体输入参数为变体数据。类型输入参数为需要转换的目标数据类型的数据，只取其数据类型，具体值没有意义。数据输出参数为转换之后与类型输入参数有相同数据类型的数据。

图 8-76 "转换为变体"函数的节点图标及端口定义　图 8-77 "变体至数据转换"函数的节点图标及端口定义

③ "平化字符串至变体转换"函数是指将平化字符串转换为变体数据。其节点图标及端口定义如图 8-78 所示。

④ "变体至平化字符串转换"函数是指将变体数据转换为平化字符串和表示数据类型的整数数组，其节点图标及端口定义如图 8-79 所示。ActiveX 变体数据无法平化。

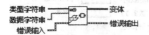
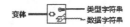

图 8-78 "平化字符串至变体转换"函数的节点　　　图 8-79 "变体至平化字符串转换"函数的节点
　　　　　　　图标及端口定义　　　　　　　　　　　　　图标及端口定义

⑤ "获取变体属性"函数的节点图标及端口定义如图 8-80 所示。"获取变体属性"函数获取变体类型输入数据的属性值。变体输入参数为想要获得的变体类型，名称输入参数为想要获取的属性名称，默认值（空变体）定义了属性值的类型和默认值。若没有找到目标属性，则在值中返回默认值，输出参数值为找到的属性值。

⑥ "设置变体属性"函数的节点图标及端口定义如图 8-81 所示。"设置变体属性"函数用于添加或修改变体类型输入数据的属性。变体输入参数为变体类型，名称输入参数为字符串类型的属性名称，值输入参数为任意类型的属性值。若相关属性已经存在，则完成对该属性的修改，并且替换输出值为真，否则完成新属性的添加工作，替换输出值为假。

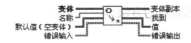

图 8-80 "获取变体属性"函数的节点图标及端口定义　图 8-81 "设置变体属性"函数的节点图标及端口定义

任何数据都可以转化为变体，类似于簇，可以转换为不同的数据类型，所以在遇到变体时应注意事先定义其类型。如图 8-82 所示，当直接创建变体常量时，将弹出一个框图（见图 8-82 中的正方形框图），这时需要向其中填充所要的数据类型，图 8-83 所示为向其中填充了三角波。

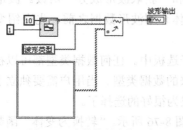
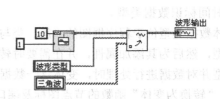

图 8-82　变体的创建第一步　　　　　　　图 8-83　变体的创建第二步

下面对时间标识数据类型进行介绍。

时间标识常量可以在"函数"→"编程"→"定时"子选板中获得,"时间标识输入控件""时间标识显示控件"在"控件"选板→"数值"子选板中可以获得。如图 8-84 所示,左边为时间标识常量,中间为"时间标识输入控件",右边为"时间标识显示控件",中间的小图标为"时间浏览"按钮。

图 8-84 时间标识

时间标识对象的默认显示时间值为 0。"在时间标识输入控件"上单击"时间浏览"按钮可以弹出"设置时间和日期"对话框,在这个对话框中用户可以手动修改时间和日期,如图 8-85 所示。

下面介绍波形数据。

如图 8-86 所示,通常情况下,波形数据包含 4 个组成部分,即"t0"为时间标识类型数据,标识波形的起始时刻;"dt"为双精度浮点数,标识波形相邻数据点之间的时间距离,以 s 为单位;"Y"为双精度浮点数组,按照时间顺序给出整个波形的所有数据点;"属性"为变体类型数据,用于携带任意的属性信息。

波形控件位于"函数"→"编程"→"波形"子选板中。默认情况下显示 3 个元素,分别为 t0、dt 和 Y。在波形控件上单击鼠标右键,弹出快捷菜单,选择"显示项"→"属性",可以打开波形控件的变体类型元素"属性"的显示。

图 8-85 "设置时间和日期"对话框

图 8-86 波形类型控件

8.4.2 波形数据的使用

在 LabVIEW 中,与处理波形数据相关的函数主要位于"函数"选板的"波形"子选板和"信号处理"子选板中,如图 8-87 和图 8-88 所示。

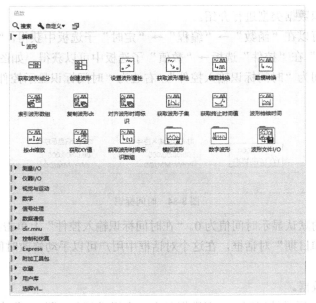

图 8-87 "波形"子选板

图 8-88 "信号处理"子选板

下面主要介绍一些基本的波形数据运算函数的使用方法。

1. "获取波形成分"函数

"获取波形成分"函数可以从一个已知波形中获取一些内容,包括波形的起始时刻(t)、波形采样时间间隔(dt)、波形数据(Y)和属性。"获取波形成分"函数的节点图标及端口定义如图 8-89 所示。

图 8-90 所示为"获取波形成分"函数的部分程序框图,使用基本函数发生器产生正弦信号,并且获得这个正弦波形的起始时刻、波形采样时间间隔和波形数据。由于要获取波形的

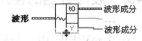

图 8-89 "获取波形成分"函数的
节点图标及端口定义

信息,所以可使用"获取波形成分"函数,将获取的正弦波形接入"获取波形成分"函数,其前面板如图 8-91 所示。

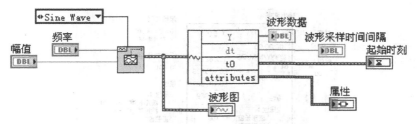

图 8-90　"获取波形成分"函数的部分程序框图

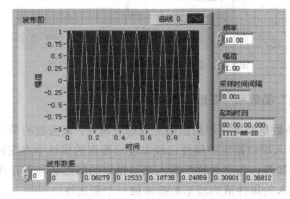

图 8-91　"获取波形成分"函数的前面板

2. "创建波形"函数

"创建波形"函数用于建立或修改已有的波形,当上方的波形端口没有连接波形数据时,该函数创建一个新的波形数据。当上方的波形端口连接了一个波形数据时,该函数根据输入的值来修改这个波形数据中的值,并输出修改后的波形数据。"创建波形"函数的节点图标及端口定义如图 8-92 所示。

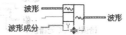

图 8-92　"创建波形"函数的节点图标及端口定义

图 8-92 所示为"创建波形"函数的节点图标及端口定义,其具体功能为创建一个正弦波形,并输出该波形的波形成分。具体的程序框图如图 8-93 所示。注意要在第一个"设置变体属性"函数上创建一个空常量。

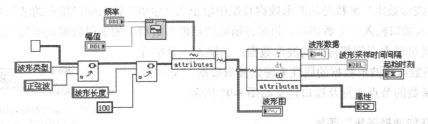

图 8-93　创建正弦波形并获取正弦波形的波形成分的程序框图

在图 8-93 中,当加入波形类型和波形长度时,需要使用"设置变体属性"函数,也可以使用"设置波形属性"函数,相应的前面板如图 8-94 所示。需要注意的是,创建的波形属性一开始是隐藏的，在默认状态下只显示波形数据中的前 3 个元素（波形数据、起始时刻、采样时间间隔），可以在前面板的输出波形上单击鼠标右键，在弹出的快捷菜单里选择"显示项"中的"属性"。

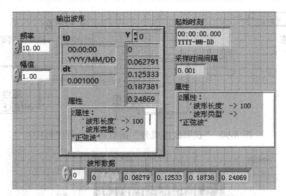

图 8-94　创建波形并获取波形成分的前面板

3．"设置波形属性"函数和"获取波形属性"函数

"设置波形属性"函数是指为波形数据添加或修改属性，该函数的节点图标及端口定义如图 8-95 所示。当"名称"输入端口指定的属性已经在波形数据的属性中存在时，该函数将根据"值"端口的输入来修改这个属性；当"名称"输入端口指定的属性名称不存在时，该函数将根据这个名称及"值"端口输入的属性值为波形数据添加一个新属性。

"获取波形属性"函数从波形数据中获取属性名称和相应的属性值，在输入端的"名称"输入端口输入一个属性名称后，若函数找到了"名称"输入端口的属性名称，则从"值"端口返回该属性的属性值（即在"值"端口创建显示控件）。返回值的数据类型为变体，需要用"变体至数据转换"函数将其转化为属性值所对应的数据类型之后才可以使用和处理。"获取波形属性"函数的节点图标及端口定义如图 8-96 所示。

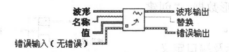
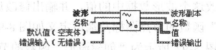

图 8-95　"设置波形属性"函数的节点图标及端口定义　　图 8-96　"获取波形属性"函数的节点图标及端口定义

4．"索引波形数组"函数

"索引波形数组"函数是从波形数据数组中取出由"索引"输入端口指定的波形数据。当从"索引"输入端口输入一个数字时，此时该函数的功能与数组中的索引数组功能类似，即通过输入的数字就可以索引到想得到的波形数据；当输入一个字符串时，该函数按照波形数据的属性来搜索波形数据。"索引波形数组"函数的节点图标及端口定义如图 8-97 所示。

图 8-97　"索引波形数组"函数的
节点图标及端口定义

5．"获取波形子集"函数

"起始采样/时间"端口用于指定子波形的起始位置，"持续期"端口用于指定子波形的长度。"开始/持续期格式"端口用于指定取出子波形时采用的模式，当选择相对时间模式时，按照波形中数据的相对时间取出数据；当选择采样模式时，按照数组的波形数据中的元素的索引取出数据。"获取波形子集"函数的节点图标及端口定义如图 8-98 所示。

图 8-99 所示为取一个已知波形的子集的程序框图，采用相对时间模式取一个已知波形的子集，注意要在输出的波形图的属性中选择不忽略时间标识。

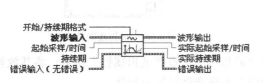

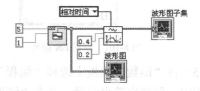

图 8-98 "获取波形子集"函数的节点图标及端口定义　　图 8-99 取一个已知波形的子集的程序框图

8.4.3 操作实例——创建波形

本实例演示通过"创建波形"函数和"设置波形属性"函数创建波形数据的方法，程序框图如图 8-100 所示。

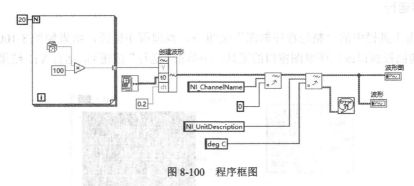

图 8-100 程序框图

1. 设置工作环境

（1）新建 VI。选择菜单栏中的"文件"→"新建 VI"命令，新建一个 VI，一个空白的 VI 包括前面板及程序框图。

（2）保存 VI。选择菜单栏中的"文件"→"另存为"命令，输入 VI 名称"创建波形"。

2. 设计前面板与程序框图

（1）在"函数"选板上选择"编程"→"结构"→"For 循环"函数，创建循环次数为 20 的 For 循环，放置的 For 循环如图 8-101 所示。

（2）在"函数"选板上选择"编程"→"数值"→"随机数（0-1）""乘"函数，将它们放置到循环内部，选择"创建常量"选项，修改其值为 100，如图 8-102 所示。

（3）在"函数"选板上选择"编程"→"波形"→"创建波形"函数，将其放置到程序框图中，选择"创建常量"选项，修改其值为 0.2。

（4）在"函数"选板上选择"编程"→"定时"→"获取日期/时间（秒）"函数，将其放置到程序框图中，连接"创建波形"函数"t0"的输入端。

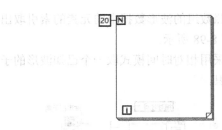
图 8-101　放置 For 循环

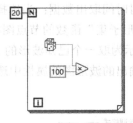
图 8-102　放置数值类函数

（5）在"函数"选板上选择"编程"→"波形"→"设置波形属性"函数，将其放置到程序框图中，创建字符串常量，并在"波形输出"输出端创建显示控件。

（6）在"函数"选板上选择"编程"→"对话框与用户界面"→"简易错误处理器"函数，将其放置到程序框图中，连接"设置波形属性"函数的错误输出端。

（7）切换到前面板，在"控件"选板上选择"新式"→"图形"→"波形图"控件，将其放置到前面板中。

（8）打开程序框图，对"波形图"控件"显示为图标"进行取消，连接"设置波形属性"函数。

3．程序运行

（1）单击工具栏中的"整理程序框图"按钮，整理程序框图，结果如图 8-100 所示。

（2）在前面板窗口或程序框图窗口的工具栏中单击"运行"按钮，运行 VI，结果如图 8-103 所示。

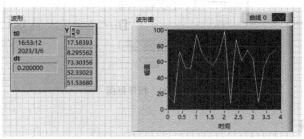
图 8-103　运行结果

8.5　综合演练——设置归一化波形

本实例演示如何设置归一化波形，程序框图如图 8-104 所示。

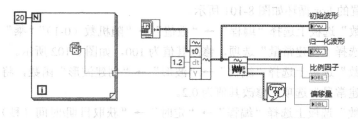
图 8-104　程序框图

1. 设置工作环境

（1）新建 VI。选择菜单栏中的"文件"→"新建 VI"命令，新建一个 VI，一个空白的 VI 包括前面板及程序框图。

（2）保存 VI。选择菜单栏中的"文件"→"另存为"命令，输入 VI 名称"设置归一化波形"。

2. 设计前面板与程序框图

（1）打开前面板，在"控件"选板上选择"银色"→"图形"→"波形图（银色）"控件，将其放置到前面板中，双击标签修改内容。

（2）在"控件"选板上选择"银色"→"数值"→"数值显示控件（银色）"控件，将其放置到前面板中，双击标签修改内容，如图 8-105 所示。

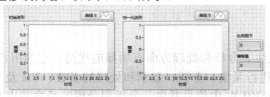

图 8-105 放置控件

（3）切换到程序框图，在"函数"选板上选择"编程"→"结构"→"For 循环"函数，创建循环次数为 20。

（4）在"函数"选板上选择"编程"→"数值"→"随机数（0-1）"函数，将其放置到循环内部。

（5）在"函数"选板上选择"编程"→"波形"→"创建波形"函数，将其放置到程序框图中，选择"创建"常量选项，修改其值为 1.2。

（6）在"函数"选板上选择"编程"→"定时"→"获取日期/时间（秒）"函数，将其放置到程序框图中，连接"创建波形"函数"t0"的输入端。

（7）在"函数"选板上选择"编程"→"波形"→"模拟波形"→"归一化波形"函数，将其放置到程序框图中，连接"创建波形"函数的输出端和所有控件的输入端。

（8）在"函数"选板上选择"编程"→"对话框与用户界面"→"简易错误处理器"函数，将其放置到程序框图中，连接"归一化波形"函数的错误输出端。

3. 程序运行

（1）单击工具栏中的"整理程序框图"按钮 ，整理程序框图，结果如图 8-104 所示。

（2）在前面板窗口或程序框图窗口的工具栏中单击"运行"按钮 ，运行 VI，结果如图 8-106 所示。

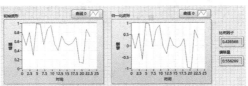

图 8-106 运行结果

第 9 章

信号分析与处理

　　LabVIEW 在信号发生、分析和处理方面有明显的优势，它为用户提供了非常丰富的信号发生函数，以及对信号进行采集、分析、显示和处理的函数、VIs 及 Express VIs。

　　本章将主要介绍 LabVIEW 中信号发生、分析和处理的函数节点及使用方法。

知识重点

☑　信号和波形生成

☑　波形调理与波形测量

☑　信号运算

☑　滤波器与逐点

任务驱动&项目案例

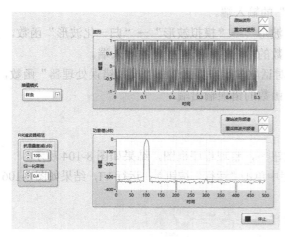

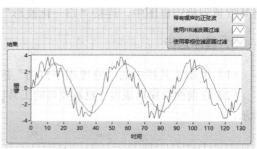

9.1 信号和波形生成

现实中数字信号无处不在。因为数字信号具有高保真、低噪声和便于处理的优点，所以得到了广泛的应用。例如，电话公司使用数字信号传输语音，广播、电视和高保真音响系统也都在逐渐数字化；太空中的卫星将测得的数据以数字信号的形式发送到地面接收站；对遥远星球和外部空间拍摄的照片也是采用数字方式进行处理，去除干扰，获得有用的信息；可以采用数字信号的形式获得经济数据、人口普查结果、股票市场价格等；可用计算机处理的信号都是数字信号。

目前，对于实时分析系统，高速浮点运算和数字信号处理已经变得越来越重要。这些系统被广泛应用到生物医学数据处理、语音识别、数字音频和图像处理等各个领域中。数据分析的重点在于消除噪声干扰，纠正由于设备故障而遭到破坏的数据，或者补偿环境影响。一个噪声消除前后信号处理实例如图 9-1 所示。

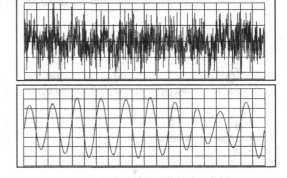

图 9-1 噪声消除前后信号处理实例

用于信号分析和处理的 VI 执行的典型测量任务如下。

① 计算信号中存在的总谐波失真。

② 决定系统的脉冲响应函数或脉冲传递函数。

③ 估计系统的动态响应参数，如上升时间和超调量等

④ 计算信号的幅频特性和相频特性。

⑤ 估计信号中含有的交流成分和直流成分。

所有这些任务都要求在数据采集的基础上进行信号处理。

由数据采集得到的测量信号是等时间间隔的离散数据序列，LabVIEW 提供了专门描述它们的数据类型——波形数据。由离散数据序列提取出所需要的测量信息，可能需要经过数据拟合抑制噪声，减小测量误差，然后在频域或时域上经过适当的处理才会得到所需要的结果。另外，一般在构造这个测量波形时已经包含了后续处理的要求（如采样率的大小和样本数的多少等）。

LabVIEW 提供了大量的信号分析函数和信号处理函数。这些函数节点在"函数"选板的"信号处理"子选板中，如图 9-2 所示。

另外在 Express VI 中也有很多信号分析函数和信号处理函数节点，如图 9-3 所示。

合理利用这些函数，会使测试任务达到事半功倍的效果。

下面对在信号的分析和处理中用到的函数节点进行介绍。

对于任何测试来说，信号的生成都是非常重要的。例如，当现实世界中的真实信号很难得到时，可以用仿真信号对其进行模拟，向数模转换器提供信号。

图 9-2 "信号处理"子选板

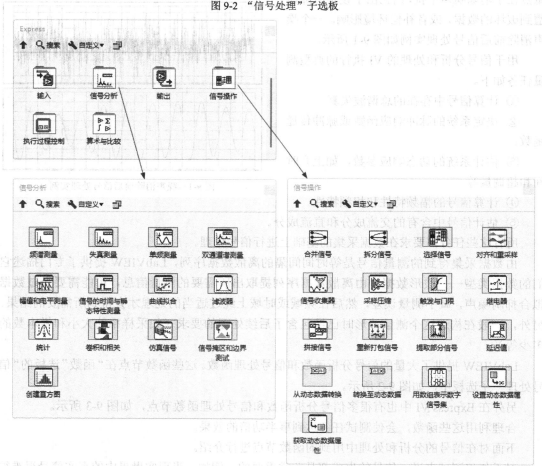

图 9-3 Express VI 中的"信号分析"子选板和"信号操作"子选板

　　常用的测试信号包括正弦波、方波、三角波、锯齿波、各种噪声信号及由多种正弦波合成的多频信号。

在音频测试中最常见的是正弦波。正弦波常用来判断系统的谐波失真度。合成正弦波广泛应用于测量互调失真或频率响应。

9.1.1　波形生成

LabVIEW 提供了大量的"波形生成"函数节点，它们位于"函数"选板的"信号处理"→"波形生成"子选板中，如图 9-4 所示。

使用这些"波形生成"函数可以生成不同类型的波形信号和合成波形信号。

下面对这些"波形生成"函数的节点图标及使用方法进行介绍。

1."基本函数发生器"函数

"基本函数发生器"函数产生并输出指定类型的波形。该 VI 会记住前一个波形的时间标识，并在前一个波形的时间标识后面继续增加时间标识。它将根据信号类型、采样信息、占空比及频率的输入量来产生波形。"基本函数发生器"函数的节点图标及端口定义如图 9-5 所示。

图 9-4　"波形生成"子选板

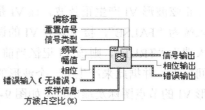

图 9-5　"基本函数发生器"函数的节点图标及端口定义

➢ 偏移量：信号的直流偏移量。默认值为 0.0。
➢ 重置信号：如果该端口的输入为"TRUE"，将根据相位输入信息重置相位，并且将时间标识重置为 0。默认为"FALSE"。
➢ 信号类型：所产生的信号波形的类型。包括正弦波、三角波、方波和锯齿波。
➢ 频率：产生信号的频率，以 Hz 为单位。默认值为 10。
➢ 幅值：波形的幅值。幅值也是峰值电压。默认值为 1.0。
➢ 相位：波形的初始相位，以度（°）为单位。默认值为 0。如果重置信号输入为"FALSE"，

VI 将忽略相位输入值。

➤ 采样信息：输入值为簇，包含了采样的信息。包括 F_s 和采样数。F_s 是以每秒采样的点数表示的采样频率，默认为值 1 000。采样数是指波形中所包含的采样点数，默认值为 1 000。

➤ 方波占空比（%）：在一个周期中高电平相对于低电平所占的时间百分比。只有当信号类型输入端选择方波时，该端子才有效。默认值为 50。

➤ 信号输出：所产生的信号波形。

➤ 相位输出：波形的相位，以度（°）为单位。

2．公式波形 VI

公式波形 VI 生成公式字符串所规定的波形信号。公式波形 VI 的节点图标及端口定义如图 9-6 所示。

➤ 公式：用来产生信号输出波形。默认为 $\sin(w \times t) \times \sin(2 \times pi(1) \times 10)$。表 9-1 列出了公式波形 VI 中已定义的变量名称。

图 9-6 公式波形 VI 的节点图标及端口定义

表 9-1 公式波形 VI 中已定义的变量名称

f	"频率"输入端输入的频率
a	"幅值"输入端输入的幅值
w	$w = 2 \times \pi \times f$
n	到目前为止产生的样点数
t	已运行的时间
F_s	"采样信息"输入端输入的 F_s，即采样频率

3．正弦波形 VI

正弦波形 VI 产生正弦波。该 VI 是重入的，因此可用来仿真连续采集信号。如果重置信号输入端为"FALSE"，接下来对 VI 的调用将产生下一个包含 n 个采样点的波形。如果重置信号输入端为"TRUE"，则该 VI 记忆当前 VI 的相位信息和时间标识，并据此来产生下一个波形的相关信息。正弦波形 VI 的节点图标及端口定义如图 9-7 所示。

4．基本混合单频 VI

基本混合单频 VI 产生多个正弦信号的叠加波形。所产生的信号的频率谱在特定频率处是脉冲，而在其他

图 9-7 正弦波形 VI 的节点图标及端口定义

频率处是 0。根据频率和采样信息产生单频信号。单频信号的相位是随机的，它们的幅值相等。最后对这些单频信号进行合成。基本混合单频 VI 的节点图标及端口定义如图 9-8 所示。

➤ 幅值：合成波形的幅值，是合成信号的幅值中绝对值的最大值。默认值为–1。将波形输出到模拟通道时，幅值的选择非常重要。如果硬件支持的最大幅值为 5V，那么应将幅值端口接 5。

➤ 重置信号：如果输入为"TRUE"，则将相位重置为相位输入端的相位值，并将时间标识重置为0。默认为"FALSE"。

➤ 单频个数：在输出波形中出现的单频的个数。

➤ 起始频率：产生的单频的最小频率。该频率必须为采样频率和采样数之比的整数倍。默认值为10。

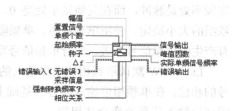

图9-8 基本混合单频VI的节点图标及端口定义

➤ 种子：如果将"相位关系"的输入选择为线性，将忽略该输入值。

➤ Δf：两个单频之间频率的间隔幅度。Δf必须是采样频率和采样数之比的整数倍。

➤ 采样信息：包含 Fs 和采样数，是一个簇数据类型。Fs 是以每秒采样的点数表示的采样频率，默认值为1 000。采样数是指波形中所包含的采样点数，默认值为1 000。

➤ 强制转换频率？：如果该输入为"TRUE"，特定单频的频率将被强制设置为最相近的 Fs/n 的整数倍。

➤ 相位关系：所有正弦单频的相位分布方式。该分布影响整个波形的峰值与平均值的比。包括 random（随机）和 linear（线性）两种方式。随机方式，相位是在0～360°中随机选择的。线性方式，会给出最佳的峰值与平均值的比。

➤ 信号输出：产生的波形信号。

➤ 峰值因数：输出信号的峰值电压与电压平均值的比。

➤ 实际单频信号频率：如果强制频率转换为"TRUE"，则输出强制转换频率后的单频频率。

5. 混合单频与噪声波形 VI

混合单频与噪声波形 VI 产生一个包含正弦单频、噪声及直流分量的波形信号。混合单频与噪声波形 VI 的节点图标及端口定义如图9-9所示。

➤ 噪声（rms）：所添加高斯噪声的 rms 水平。默认值为0.0。

6. 基本带幅值混合单频 VI

图9-9 混合单频与噪声波形 VI 的节点图标及端口定义

基本带幅值混合单频 VI 产生多个正弦信号的叠加波形。所产生信号的频率谱在特定频率处是脉冲而在其他频率处是0。单频的数量由单频幅值数组的大小决定。根据频率、幅值、采样信息的输入值产生单频。单频间的相位关系由"相位关系"的输入决定。最后对这些单频信号进行合成。基本带幅值混合单频 VI 的节点图标及端口定义如图9-10所示。

➤ 单频幅值：是一个数组，数组的元素代表一个单频的幅值。单频幅值数组的大小决定了所产生单频信号的数目。

7. 混合单频信号发生器 VI

混合单频信号发生器VI产生正弦单频信号的合成信号波形。所产生的信号的频率谱在特

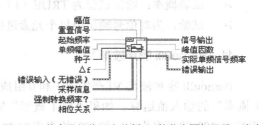

图9-10 基本带幅值混合单频 VI 的节点图标及端口定义

定频率处是脉冲，而在其他频率处是 0。单频的个数由单频频率、单频幅值及单频相位端口输入数组的大小决定。使用单频频率、单频幅值和单频相位端口输入的信息产生正弦单频。最后将所有产生的单频信号合成。混合单频信号发生器 VI 的节点图标及端口定义如图 9-11 所示。

LabVIEW 默认单频相位端口输入的是正弦信号的相位。如果单频相位端口输入的是余弦信号的相位，在单频相位输入信号的基础上增加 90° 即可。图 9-12 所示的代码说明了怎样使用单频相位输入信息改变余弦相位。

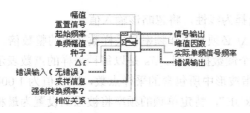
图 9-11 混合单频信号发生器 VI 的节点图标及端口定义

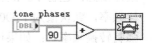
图 9-12 单频相位输入信息改变余弦相位

8. 均匀白噪声波形 VI

均匀白噪声波形 VI 产生伪随机白噪声。均匀白噪声波形 VI 的节点图标及端口定义如图 9-13 所示。

9. 周期性随机噪声波形 VI

周期性随机噪声波形 VI 输出数组包含了一个完整周期的所有频率。每个频率成分的幅度谱由幅度谱的输入决定，且相位是随机的。输出的数组也

图 9-13 均匀白噪声波形 VI 的节点图标和端口定义

可以认为是具有相同幅值随机相位的正弦信号的叠加和。周期性随机噪声波形 VI 的节点图标及端口定义如图 9-14 所示。

10. 二项分布的噪声波形 VI

二项分布的噪声波形 VI 的节点图标及端口定义如图 9-15 所示。

图 9-14 周期性随机噪声波形 VI 的节点图标及端口定义　图 9-15 二项分布的噪声波形 VI 的节点图标及端口定义

- ➢ 试验概率：给定试验为 TRUE（1）时的概率。默认值为 0.5。
- ➢ 试验：为对信号输出中每个元素进行试验的数量。默认值为 1.0。

11. Bernoulli 噪声波形 VI

Bernoulli 噪声波形 VI 产生由 1 和 0 组成的伪随机模式。信号输出的每一个元素均经过"取1 概率"的输入值运算。如果"取 1 概率"输入端输入的值为 0.7，那么信号输出的每一个元素将有 70%的概率为 1，有 30%的概率为 0。Bernoulli 噪声波形 VI 的节点图标及端口定义如

图 9-16 所示。

12．仿真信号 Express VI

仿真信号 Express VI 可仿真正弦波、方波、三角波、锯齿波和噪声。该 VI 还存在于"函数"

图 9-16　Bernoulli 噪声波形 VI 的节点图标及端口定义

选板的"Express"→"信号分析"子选板中。仿真信号 Express VI 的节点图标和端口如图 9-17 所示。在"配置仿真信号［仿真信号］"对话框中选择默认选项后，其图标会发生变化。图 9-18 所示为添加噪声后的节点图标及端口定义。另外，在图标上单击鼠标右键，在弹出的快捷菜单中选择"显示为图标"，可以以图标的形式显示仿真信号 Express VI，如图 9-19 所示。

图 9-17　仿真信号 Express VI 的节点图标及端口定义　图 9-18　仿真信号 Express VI 添加噪声后的节点图标及端口定义

将仿真信号 Express VI 放置在程序框图上后，弹出图 9-20 所示的"配置仿真信号［仿真信号］"对话框。在该对话框中可以对仿真信号 Express VI 的参数进行配置。在仿真信号 Express VI 的图标上双击也会弹出该对话框。

图 9-19　以图标的形式显示仿真信号 Express VI

下面对"配置仿真信号［仿真信号］"对话框中的选项进行详细介绍。

（1）信号

➢ 信号类型：模拟的波形类型。可模拟正弦波、矩形波、锯齿波、三角波或噪声（直流）。
➢ 频率（Hz）：以 Hz 为单位的波形频率。默认值为 10.1。
➢ 相位（度）：以度（°）为单位的波形初始相位。默认值为 0。
➢ 幅值：波形的幅值。默认值为 1。
➢ 偏移量：信号的直流偏移量。默认值为 0。

➢ 占空比（%）：矩形波在一个周期内高电平所占的百分比。默认值为 50。

➢ 添加噪声：向模拟波形添加噪声。

➢ 噪声类型：指定向波形添加的噪声类型。只有勾选了"添加噪声"复选框，才可使用该选项。

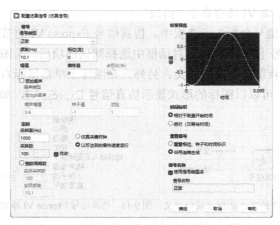

图 9-20 "配置仿真信号［仿真信号］"对话框

可添加的噪声类型如下。

➢ 均匀白噪声：生成一个包含均匀分布伪随机序列的信号，该序列值的范围是[-a:a]，其中 a 是幅值的绝对值。

➢ 高斯白噪声：生成一个包含高斯分布伪随机序列的信号，该序列的统计分布图为 (μ,sigma)=(0,s)，其中 s 是标准差的绝对值。

➢ 周期性随机噪声：生成一个包含周期性随机噪声的信号。

➢ Gamma 噪声：生成一个包含伪随机序列的信号，该序列的值是等待在一个均值为 1 的泊松过程中发生阶数次事件的时间。

➢ 泊松噪声：生成一个包含伪随机序列的信号，该序列的值是一个速度为 1 的泊松过程在指定的时间均值中发生离散事件的次数。

➢ 二项分布的噪声：生成一个包含二项分布伪随机序列的信号，其值为某个随机事件在重复实验中发生的次数，其中事件发生的概率和重复的次数事先给定。

➢ Bernoulli 噪声：生成一个包含 0 和 1 伪随机序列的信号。

➢ MLS 序列：生成最大长度的 0、1 序列，该序列由阶数为多项式阶数的模 2 本原多项式生成。

➢ 逆 F 噪声：生成一个包含连续噪声的波形，其频率谱密度在指定的频率范围内与频率成反比。

➢ 噪声幅值：信号可达的最大绝对值。默认值为 0.6。只有选择"噪声类型"下拉菜单中的"均匀白噪声"或"逆 F 噪声"时该选项才可用。

➢ 标准差：生成噪声的标准差。默认值为 0.6。只有选择"噪声类型"下拉菜单中的"高斯白噪声"时该选项才可用。

➢ 频谱幅值：指定仿真信号的频域的幅值。默认值为 0.6。只有选择"噪声类型"下拉菜单中的"周期性随机噪声"时该选项才可用。

➢ 阶数：指定均值为 1 的泊松过程中的事件发生次数。默认值为 0.6。只有选择"噪声类型"下拉菜单中的"Gamma 噪声"时该选项才可用。

➢ 均值：指定速率为 1 的泊松过程的间隔。默认值为 0.6。只有选择"噪声类型"下拉菜单中的"泊松噪声"时该选项才可用。

➢ 试验概率：某个试验为 TRUE 的概率。默认值为 0.6。只有选择"噪声类型"下拉菜单中的"二项分布的噪声"时该选项才可用。

➢ 取 1 概率：信号的一个给定元素为 TRUE 的概率。默认值为 0.6。只有选择"噪声类型"下拉菜单中的"Bernoulli 噪声"时该选项才可用。

➢ 多项式阶数：指定用于生成该信号的模 2 本原项式的阶数。默认值为 0.6。只有选择"噪声类型"下拉菜单的"MLS 序列"时该选项才可用。

➢ 种子值：大于 0 时，可使噪声采样发生器更换种子值。默认值为–1。LabVIEW 为该重入 VI 的每个实例单独保存其内部的种子值状态。具体而言，如果种子值小于等于 0，LabVIEW 将不为噪声发生器更换种子值，而噪声发生器将继续生成噪声的采样，作为之前噪声序列的延续。

➢ 指数：指定反幂率谱形状的指数。默认值为 1。只有选择"噪声类型"下拉菜单中的"逆 F 噪声"时该选项才可用。

（2）定时

➢ 采样率（Hz）：每秒采样速率。默认值为 1 000。

➢ 采样数：信号的采样总数。默认值为 100。

➢ 自动：将采样数设置为采样率的 1/10。

➢ 仿真采集时钟：仿真一个类似于实际采样率的采样率。

➢ 以可达到的最快速度运行：在系统允许的条件下尽可能快地对信号进行仿真。

➢ 整数周期数：设置最近频率和采样数，使波形包含整数个周期。

➢ 实际采样数：表示选择整数周期数时，波形中的实际采样数量。

➢ 实际频率：表示选择整数周期数时，波形的实际频率。

（3）时间标识

➢ 相对于测量开始时间：显示数值对象从 0 起经过的秒数。例如，相对时间 100 对应于 1 分 40 秒。

➢ 绝对（日期与时间）：显示数值对象从格林尼治标准时间 1904 年 1 月 1 日 12:00AM 以来无时区影响的秒数。

（4）重置信号

➢ 重置相位、种子和时间标识：将相位重置为相位值，将时间标识重置为 0。将种子值重置为–1。

➢ 采用连续生成：对信号进行连续仿真。不重置相位、时间标识或种子值。

（5）信号名称

➢ 使用信号类型名：使用默认信号名称。

➢ 信号名：勾选了"使用信号类型名"复选框后，显示默认的信号名称。

（6）结果预览

显示仿真信号的预览。

以上所述的绝大部分参数都可以在程序框图中进行设定。

13. 仿真任意信号

仿真任意信号 Express VI 用于仿真用户定义的信号。仿真任意信号 Express VI 的程序框图如图 9-21 所示。

图 9-21　仿真任意信号 Express VI 的程序框图

> 下一值：指定信号的下一个值。默认为 "TRUE"。如果为 "FALSE"，则该 Express VI 每次循环都输出相同的值。
> 重置：控制 VI 内部状态的初始化。默认值为 "FALSE"。
> 错误输入（无错误）：描述该 VI 或函数运行前发生的错误情况。
> 信号：返回输出信号。
> 数据有效：显示数据是否有效。
> 错误输出：包含错误信息。如果错误输入表明在该 VI 或函数运行前已出现错误，则错误输出将包含相同的错误信息，否则将表示在 VI 或函数中出现的错误状态。

可以对 VI 进行图 9-22 所示的操作，从而以另一种样式显示输入/输出端。也可以如图 9-19 所示，以图标的形式显示 VI。

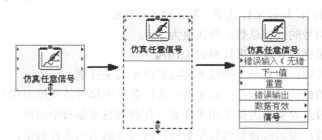

图 9-22　改变仿真任意信号 VI 的显示样式

将仿真任意信号 Express VI 放置在程序框图上后，弹出"配置仿真任意信号［仿真任意信号］"对话框，如图 9-23 所示。双击 VI 的图标或单击鼠标右键，在快捷菜单中选取"属性"选项也会弹出该对话框。

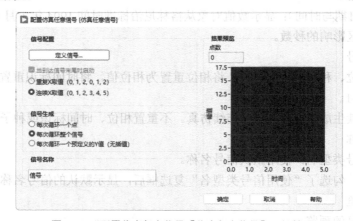

图 9-23　"配置仿真任意信号［仿真任意信号］"对话框

在该对话框中可以对仿真任意信号 Express VI 的参数进行配置。下面对该对话框中的各选项进行介绍。

（1）信号配置

➢ 定义信号：显示"定义信号"对话框，用于生成一个任意信号。关于"定义信号"对话框，将在后文中进行详细介绍。

➢ 当到达信号末尾时启动：连续地仿真用户定义的信号。

➢ 重复 X 取值（0, 1, 2, 0, 1, 2）：选中"当到达信号末尾时启动"，将重复取 X 值。

➢ 连续 X 取值（0, 1, 2, 3, 4, 5）：选中"当到达信号末尾时启动"，将 X 值顺序递增。

（2）信号生成

➢ 每次循环一个点：在每次循环中仿真一个点。

➢ 每次循环整个信号：在每次循环时仿真整个信号。

➢ 每次循环一个预定义的 Y 值（无插值）：在每次循环中仿真一个点而不使用插值。

（3）信号名称

"信号名称"栏用于指定在程序框图上显示的信号名称。

（4）结果预览

"结果预览"栏用于预览显示仿真信号。单击"配置仿真任意信号［仿真任意信号］"对话框中的"定义信号"按钮时，将显示"定义信号"对话框，如图 9-24 所示。该对话框用于定义在图表中显示、发送至设备或用于边界测试的数值。

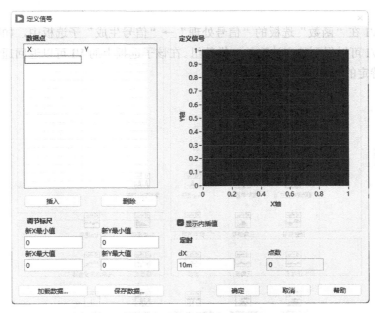

图 9-24　"定义信号"对话框

该对话框包括以下部分。

➢ 数据点：显示用于创建信号的输入值。可以在表格单元中直接输入值或使用"调节标尺"部分的选项创建信号。

➢ 插入：在"数据点"表格中添加新的一行数据点。

➢ 删除：删除"调节标尺"中的值。

> ➢ 调节标尺：用于定义数值。包含下列选项。

新 X 最小值：指定 X 轴的最小值。

新 X 最大值：指定 X 轴的最大值。

新 Y 最小值：指定 Y 轴的最小值。

新 Y 最大值：指定 Y 轴的最大值。

> ➢ 加载数据：提示用户选择一个".lvm"文件，其中包含用于定义信号的信号数据。
> ➢ 保存数据：将在数据点中配置的数据保存至一个".lvm"文件中。
> ➢ 定义信号：如果用户已选择"显示参考数据"，则显示用户定义的信号及参考信号。
> ➢ 显示参考数据：在定义信号图中显示一个参考信号。注意，该选项仅在信号掩区和边界测试 Express VI 中定义信号时出现。
> ➢ 显示内插值：启用线性平均并在定义信号图中显示内插值。
> ➢ 定时：用于为已定义信号指定定时特性。包含下列选项。

dX：指定信号数据点之间的时间间隔或时长。

点数：显示在数据点中指定的一个信号中的数据点数量。

以上介绍的都是"波形生成"子选板中较为典型的 VI 的使用方法。其他 VI 的使用方法与上述 VI 的使用方法类似。

9.1.2 信号生成

信号生成 VI 在"函数"选板的"信号处理"→"信号生成"子选板中，如图 9-25 所示。使用信号生成 VI 可以得到特定波形的一维数组。在该子选板上的 VI 可以返回通常的 LabVIEW 错误代码或者特定的信号处理错误代码。

图 9-25 "信号生成"子选板

下面对"信号生成"子选板中的函数节点及用法进行介绍。

1. 基于持续时间的信号发生器 VI

基于持续时间的信号发生器 VI 基于信号类型指定的形状生成信号。基于持续时间的信号发生器 VI 的节点图标及端口定义如图 9-26 所示。信号频率的单位是 Hz，持续时间的单位是 s。采样点数和持续时间决定了采样率，而采样率必须大于信号频率的 2 倍（遵从奈奎斯特定理）。如果未满足奈奎斯特定理，必须增加采样点数或减少持续时间、降低信号频率。

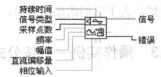

图 9-26 基于持续时间的信号发生器 VI 的节点图标及端口定义

> 持续时间：以 s 为单位的输出信号的持续时间。默认值为 1.0。
> 信号类型：生成信号的类型。包括 sine（正弦）信号、cosine（余弦）信号、triangle（三角）信号、square（方波）信号、sawtooth（锯齿波）信号、increasing ramp（上升斜坡）信号和 decreasing ramp（下降斜坡）信号。默认信号类型为 sine 信号。
> 采样点数：输出信号中采样点的数目。默认为 100。
> 频率：输出信号的频率，单位为 Hz。默认值为 10。代表了 1s 内输出信号生成整周期波形的数目。
> 幅值：输出信号的幅值。默认为 1.0。
> 直流偏移量：输出信号的常数偏移量或直流值。默认为 0。
> 相位输入：重置相位的值为"TRUE"时输出信号的初始相位，以度（°）为单位。默认值为 0。
> 信号：生成的信号采样数组。

2. 混合单频与噪声 VI

该 VI 产生一个包含正弦单频、噪声和直流偏移量的数组。与"波形生成"子选板中的"混合单频与噪声波形"相类似。混合单频与噪声 VI 的节点图标及端口定义如图 9-27 所示。

3. 高斯调制正弦波 VI

该 VI 产生一个包含经高斯调制的正弦波的数组。高斯调制正弦波 VI 的节点图标及端口定义如图 9-28 所示。

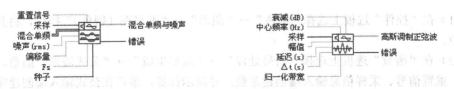

图 9-27 混合单频与噪声 VI 的节点图标及端口定义　图 9-28 高斯调制正弦波 VI 的节点图标及端口定义

> 衰减（dB）：与中心频率两侧的功率衰减有关，该值必须大于 0。默认值为 6。
> 中心频率（Hz）：中心频率或者载波频率，以 Hz 为单位。默认值为 1。
> 延迟（s）：高斯调制正弦波峰值的偏移。默认值为 0。

➤ Δ*t*（s）：采样间隔。采样间隔必须大于 0。如果采样间隔小于或等于 0，输出数组将被置为空数组，并且返回一个错误。默认值为 0.1。

➤ 归一化带宽：该值与中心频率相乘，从而在功率谱的衰减处达到归一化。归一化带宽输入值必须大于 0。默认值为 0.15。

"信号生成"子选板中的其他 VI 的使用方法与"波形生成"子选板中相应的 VI 的使用方法类似，关于它们的使用方法，请参见"波形生成"子选板中 VI 的介绍部分。

9.1.3 操作实例——按公式生成波形

本实例演示如何按公式生成波形，程序框图如图 9-29 所示。

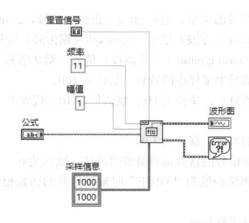

图 9-29 程序框图

1. 设置工作环境

（1）新建 VI。选择菜单栏中的"文件"→"新建 VI"命令，新建一个 VI，一个空白的 VI 包括前面板及程序框图。

（2）保存 VI。选择菜单栏中的"文件"→"另存为"命令，输入 VI 名称"按公式生成波形"。

2. 设计前面板与程序框图

（1）在"控件"选板上选择"银色"→"图形"→"波形图（银色）"控件，将其放置到前面板中。

（2）在"函数"选板上选择"信号处理"→"波形生成"→"公式波形"函数，在频率、幅值、重置信号、采样信息输入端创建常量，并显示标签，最后在公式输入端创建输入控件，连接波形图控件。

（3）在"函数"选板上选择"编程"→"对话框与用户界面"→"简易错误处理器"函数，将其放置到程序框图，连接"公式波形"函数的错误输出端。

3．程序运行

（1）单击工具栏中的"整理程序框图"按钮 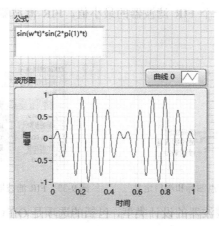，整理程序框图，结果如图 9-29 所示。

（2）在前面板窗口或程序框图窗口的工具栏中单击"运行"按钮 ，运行 VI，结果如图 9-30 所示。

图 9-30 运行结果

9.2 波形调理

波形调理主要用于对信号进行数字滤波和加窗处理。波形调理 VI 位于"函数"→"信号处理"→"波形调理"子选板中，如图 9-31 所示。

图 9-31 "波形调理"子选板

下面对"波形调理"子选板中包含的 VI 及其使用方法进行介绍。

1. 数字 FIR 滤波器

数字 FIR 滤波器可以对单波形和多波形中的信号进行滤波。如果对多波形中的信号进行滤波，则 VI 将对每一个波形进行相同的滤波，保留单独的滤波器状态中的信号。信号输入和 FIR

滤波器规范输入端的数据类型决定了使用哪一个 VI 多态实例。数字 FIR 滤波器 VI 的节点图标和端口定义如图 9-32 所示。

（1）该 VI 根据 FIR 滤波器规范和可选 FIR 滤波器规范的输入数组来对波形中的信号进行滤波。如果对多波形中的信号进行滤波，VI 将对每一个波形使用不同的滤波器，并且会保证每一个波形是相互分离的。

FIR 滤波器规范：选择一个 FIR 滤波器的最小值。FIR 滤波器规范是一个簇类型，它所包含的量如图 9-33 所示。

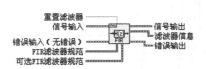

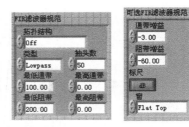

图 9-32　数字 FIR 滤波器 VI 的节点图标和端口定义　　　图 9-33　FIR 滤波器规范和可选 FIR 滤波器规范

- ☑ 拓扑结构：决定了滤波器的设计类型，包括的选项是 Off（默认）、FIR by Specification、Equi-ripple FIR 和 Windowed FIR。
- ☑ 类型：类型选项决定了滤波器的通带。包括 Lowpass（低通）、Highpass（高通）、Bandpass（带通）和 Bandstop（带阻）。
- ☑ 抽头数：FIR 滤波器的抽头的数量。默认为 50。
- ☑ 最低通带：两个通带频率中的较低值。默认为 100，单位为 Hz。
- ☑ 最高通带：两个通带频率中的较高值。默认为 0。
- ☑ 最低阻带：两个阻带中的较低值。默认为 200，单位为 Hz。
- ☑ 最高阻带：两个阻带中的较高值。默认为 0。

（2）可选 FIR 滤波器规范：用来设定 FIR 滤波器的附加参数簇，如图 9-33 所示。

- ☑ 通带增益：通带频率的增益。可以以线性或对数的形式来表示。默认为 –3，单位为 dB。
- ☑ 阻带增益：阻带频率的增益。可以以线性或对数的形式来表示。默认为 –60，单位为 dB。
- ☑ 标尺：决定了参数通带增益和阻带增益的解析方法。
- ☑ 窗：选择平滑窗的类型。平滑窗可减少滤波器通带中的纹波，并改善滤波器阻带中频率分量的衰减。

2. 连续卷积（FIR）

连续卷积（FIR）VI 用于将单个或多个信号和单个或多个具有状态的 kernel 相卷积，该节点可以连续调用。连续卷积（FIR）VI 的节点图标和端口定义如图 9-34 所示。

- ☑ 信号输入：输入要和 kernel 进行卷积的信号。
- ☑ kernel：信号输入进行卷积的顺序。
- ☑ 算法：选择计算卷积的方法。当选择的算法为 direct 时，VI 使用线性卷积的

图 9-34　连续卷积（FIR）VI 的节点图标和端口定义

direct 形式进行差积的计算。当选择的算法为 frequency domain（默认）时，VI 使用基于 FFT 的方法计算卷积。

☑ 将输出延迟半个 kernel 长度的时间：当该端口输入为 TRUE 时，将输出信号延迟半个 kernel 长度的时间。半个 kernel 长度是通过 $0.5 \times N \times dt$ 得到的。N 为 kernel 中的元素个数，dt 是输入信号的时间。

3. 按窗函数缩放

按窗函数缩放 VI 用于对输入的时域信号加窗。信号输入的类型不同将使用不同的多态实例。按窗函数缩放 VI 的节点图标及端口定义如图 9-35 所示。

4. 波形对齐（连续）

波形对齐（连续）VI 用于对齐波形元素，并返回对齐的波形。波形输入端输入的波形类型不同将使用不同的多态实例。波形对齐（连续）VI 的节点图标和端口定义如图 9-36 所示。

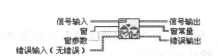

图 9-35　按窗函数缩放 VI 的节点图标和端口定义　　图 9-36　波形对齐（连续）VI 的节点图标和端口定义

5. 波形对齐（单次）

波形对齐（单次）VI 用于对齐两个波形元素并返回对齐的波形。连线至波形输入端的数据类型可确定使用的多态实例。波形对齐（单次）VI 的节点图标和端口定义如图 9-37 所示。

6. 滤波器

滤波器 Express VI 用于通过滤波器和窗对信号进行处理。在"函数"→"Express"→"信号分析"子选板中也包含该 VI。滤波器 Express VI 的节点图标和端口定义如图 9-38 所示。滤波器 Express VI 也可以像其他 Express VI 一样对图标的显示样式进行改变。

图 9-37　波形对齐（单次）VI 的节点图标和端口定义　　图 9-38　滤波器 ExpressVI 的节点图标和端口定义

当将滤波器 Express VI 放置在程序框图上时，弹出图 9-39 所示的"配置滤波器［滤波器］"对话框。双击滤波器图标或者在右键快捷菜单中选择"属性"选项也会显示该对话框。

在该对话框中可以对滤波器 Express VI 的参数进行配置。下面对对话框中的各选项进行介绍。

（1）滤波器类型

在下列滤波器中指定使用的滤波器类型：低通、高通、带通、带阻和平滑。默认值为低通。

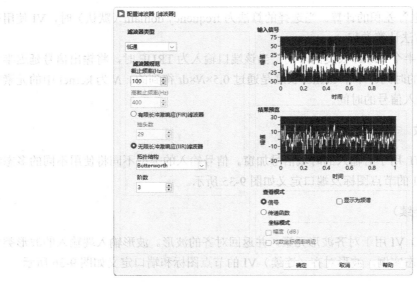

图 9-39 "配置滤波器［滤波器］"对话框

（2）滤波器规范

☑ 截止频率（Hz）：指定滤波器的截止频率。只有在从"滤波器类型"下拉菜单中选择"低通"或"高通"时，才可使用该选项。默认值为 100。

☑ 低截止频率（Hz）：指定滤波器的低截止频率。低截止频率必须比高截止频率低，且符合奈奎斯特定理。默认值为 100。只有在从"滤波器类型"下拉菜单中选择"带通"或"带阻"时，才可使用该选项。

☑ 高截止频率（Hz）：指定滤波器的高截止频率。高截止频率必须比低截止频率高，且符合奈奎斯特定理。默认值为 400。只有在从"滤波器类型"下拉菜单中选择"带通"或"带阻"时，才可使用该选项。

☑ 有限长冲激响应（FIR）滤波器：创建一个 FIR 滤波器，该滤波器仅依赖于当前输入。因为滤波器不依赖于过往输出，则在有限时间内脉冲响应可衰减至零。因为 FIR 滤波器会返回一个线性相位响应，所以 FIR 滤波器可用于需要线性相位响应的应用程序。

☑ 抽头数：指定 FIR 系数的总数，系数必须大于 0。默认值为 29。只有选择了"有限长冲激响应（FIR）滤波器"选项，才可使用该选项。增加抽头数的值，可加剧带通和带阻之间的转化。但是，抽头数增加的同时会降低处理速度。

☑ 无限长冲激响应（IIR）滤波器：创建一个 IIR 滤波器，该滤波器是带脉冲响应的数字滤波器，它的长度和持续时间在理论上是无穷的。

☑ 拓扑结构：确定滤波器的设计类型。可创建 Butterworth、Chebyshev、反 Chebyshev、椭圆或 Bessel 滤波器设计。只有选中了"无限长冲激响应（IIR）滤波器"选项，才可使用该选项。默认值为 Butterworth。

☑ 其他：IIR 滤波器的阶数必须大于 0。只有选中了"无限长冲激响应（IIR）滤波器"选项，才可使用该选项。默认值为 3。阶数的增加将使带通和带阻之间的转化更加急剧。但是，阶数增加的同时，处理速度会降低，信号开始时的失真点数量也会增加。

☑ 移动平均：产生前向（FIR）系数。只有在从"滤波器类型"下拉菜单中选择"平滑"

选项时，才可使用该选项。

☑　矩形："移动平均"窗中的所有采样在计算每个平滑输出采样时有相同的权重。只有从"滤波器类型"下拉菜单中选中"平滑"，且选中"移动平均"选项时，才可使用该选项。

☑　三角形：用于采样的移动加权窗为三角形，峰值出现在窗中间，窗两边对称斜向下降。只有从"滤波器类型"下拉菜单中选中"平滑"，且选中"移动平均"选项时，才可使用该选项。

☑　半宽移动平均：指定采样中移动平均窗的宽度的一半。默认值为 1。若半宽移动平均为 M，则移动平均窗的全宽为 $N=1+2M$ 个采样。因此，全宽 N 总是奇数个采样。只有从"滤波器类型"下拉菜单中选中"平滑"，且选中"移动平均"选项时，才可使用该选项。

☑　指数：产生首序 IIR 系数。只有在从"滤波器类型"下拉菜单中选择"平滑"选项时，才可使用该选项。

☑　指数平均的时间常量：指数加权滤波器的时间常量（s）。默认值为 0.001。只有在从"滤波器类型"下拉菜单中选中"平滑"，且选中"指数"选项时，才可使用该选项。

（3）输入信号

显示输入信号。若将数据连往 Express VI，然后运行，则"输入信号"将显示实际数据。若关闭后再打开 Express VI，则"输入信号"将显示采样数据，直到再次运行该 VI。

（4）结果预览

显示测量预览。若将数据连往 Express VI，然后运行，则"结果预览"将显示实际数据。若关闭后再打开 Express VI，则"结果预览"将显示采样数据，直到再次运行该 VI。

（5）查看模式

☑　信号：以实际信号的形式显示滤波器响应。

☑　显示为频谱：指定将滤波器的实际信号显示为频谱，或保留基于时间的显示方式。频率显示适用于查看滤波器如何影响信号的不同频率成分。默认状态下，按照基于时间的显示方式显示滤波器响应。只有选中"信号"选项，才可使用该选项。

☑　传递函数：以传递函数的形式显示滤波器响应。

（6）坐标模式

☑　幅度 dB：以 dB 为单位显示滤波器的幅度响应。

☑　对数坐标频率响应：在对数标尺中显示滤波器的频率响应。

（7）幅度响应

显示滤波器的幅度响应。只有将"查看模式"设置为"传递函数"，才可用该显示框。

（8）相位响应

显示滤波器的相位响应。只有将"查看模式"设置为"传递函数"，才可用该显示框。

7. 对齐和重采样

对齐和重采样 Express VI 用于改变开始时间，对齐信号或改变时间间隔，对信号进行重新采样。该 Express VI 返回经调整的信号。对齐和重采样 Express VI 的节点图标和端口定义如图 9-40 所示。该 Express VI 的图标也可以像其他 Express VI 图标一样改变显示样式。

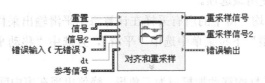

图 9-40　对齐和重采样 Express VI 的节点图标和端口定义

将对齐和重采样 Express VI 放置在程序框图上后，将显示"配置对齐和重采样［对齐和重采样］"对话框。在该对话框中，可以对对齐和重采样 Express VI 的各项参数进行设置和调整，如图 9-41 所示。

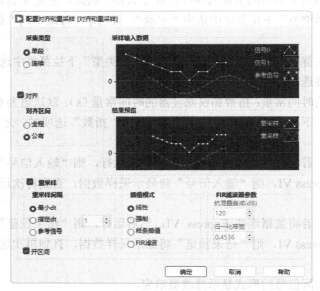

图 9-41　"配置对齐和重采样［对齐和重采样］"对话框

下面对窗口中的各个选项进行介绍。

（1）采集类型

☑　单段：每次循环分别进行对齐或重采样。

☑　连续：将所有循环作为一个连续的信号段，进行对齐或重采样。

（2）对齐

对齐信号，使信号的开始时间相同。

（3）对齐区间

☑　全程：在最迟开始信号的起始处及最早结束信号的结尾处补零，将信号的开始时间和结束时间对齐。

☑　公有：使用最迟开始信号的开始时间和最早结束信号的结束时间，将信号的开始时间和结束时间对齐。

（4）重采样

按照同样的采样间隔，对信号进行重新采样。

（5）重采样间隔

☑　最小 dt：取所有信号中最小的采样间隔，对所有信号重新采样。

☑ 指定 *dt*：按照用户指定的采样间隔，对所有信号重新采样。*dt* 指由用户自定义的采样间隔。默认值为 1。

参考信号：按照参考信号的采样间隔，对所有信号重新采样。

（6）插值模式

重采样时，可能需要向信号添加点。插值模式控制 LabVIEW 如何计算新添加的数据点的幅值。插值模式包含下列选项。

☑ 线性：返回的输出采样值等于时间上最接近输出采样的那两个输入采样的线性插值。

☑ 强制：返回的输出采样值等于时间上最接近输出采样的那个输入采样的值。

☑ 样条插值：使用样条插值算法计算重采样值。

☑ FIR 滤波：使用 FIR 滤波器计算重采样的值。

（7）FIR 滤波器参数

☑ 抗混叠衰减（dB）：指定重新采样后混叠的信号分量的最小衰减水平。默认值为 120。只有选中 "FIR 滤波"，才可使用该选项。

☑ 归一化带宽：指定新的采样速率中不衰减的比例。默认值为 0.453 6。只有选择了 "FIR 滤波"，才可使用该选项。

（8）开区间

指定输入信号属于开区间还是闭区间。默认值为 TRUE，即选中开区间。例如，假设一个输入信号 *t0* = 0，*dt* = 1，*Y* = {0, 1, 2}。开区间返回最终时间值 2；闭区间返回最终时间值 3。

（9）采样输入数据

显示可用作参考的采样输入信号，确定用户选择的配置选项如何影响实际输入信号。若将数据连接至该 Express VI，然后运行，则 "采样输入数据" 将显示实际数据。若关闭后再打开 Express VI，则 "采样输入数据" 将显示采样数据，直到再次运行该 VI。

（10）结果预览

显示测量预览。若将数据连往 Express VI，然后运行，则 "结果预览" 将显示实际数据。若关闭后再打开 Express VI，则 "结果预览" 将显示采样数据，直到再次运行该 VI。

VI 的输入端可以对其中默认参数进行调节，使用方法请参见以上对配置对话框中的选项的介绍。

8. 触发与门限

触发与门限 Express VI 用于通过触发提取信号中的一个片段。触发器状态可基于开启或停止触发器的阈值，也可以是静态的。触发器为静态时，触发器立即启动，Express VI 返回预定数量的采样。触发与门限 Express VI 的节点图标和端口定义如图 9-42 所示。该 Express VI 的图标也可以像其他 Express VI 图标一样改变显示样式。

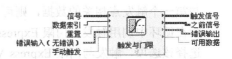

图 9-42　触发与门限 Express VI 的节点图标和端口定义

将触发与门限 Express VI 放置在程序框图上后，将显示 "配置触发与门限［触发与门限］" 对话框。在该对话框中，可以对触发与门限 Express VI 的各项参数进行设置和调整，如图 9-43 所示。

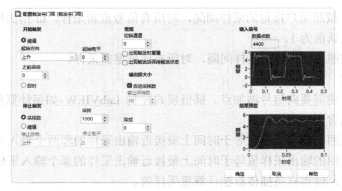

图 9-43 "配置触发与门限〔触发与门限〕"对话框

下面对上述对话框中的各选项及其使用方法进行介绍。

（1）开始触发

☑ 阈值：使用阈值指定开始触发的时间。

- 起始方向：指定开始采样的信号边缘。选项为上升、上升或下降、下降。只有在选择"阈值"时，才可使用该选项。
- 起始电平：Express VI 开始采样前，信号在起始方向上必须到达的幅值。默认值为 0。只有在选择"阈值"时，该选项才可用。
- 之前采样：指定起始触发器返回前发生的采样数量。默认值为 0。只有在选择"阈值"时，该选项才可用。

☑ 即时：马上开始触发。信号开始时即开始触发。

（2）停止触发

☑ 采样数：当 Express VI 采集到"采样"中指定数目的采样时，停止触发。采样：指定停止触发前采集的采样数目。默认值为 1 000。

☑ 阈值：使用阈值指定停止触发的时间。

- 停止方向：指定停止采样的信号边缘。选项为上升、上升或下降、下降。只有在选择"阈值"时，才可使用该选项。
- 停止电平：Express VI 开始采样前，信号在停止方向上必须到达的幅值。默认值为 0。只有在选择"阈值"时，该选项才可用。

（3）常规

☑ 切换通道：在动态数据类型输入包含多个信号时，指定要使用的通道。默认值为 0。

☑ 出现触发时重置：每次找到触发后均重置触发条件。若选中该选项，触发与门限 Express VI 每次循环时，都不将数据存入缓冲区。若每次循环都有新数据集合，且只需要找到与第一个触发点相关的数据，则可勾选该复选框。若只为循环传递一个数据集合，然后在循环中调用触发与门限 Express VI 获取数据中所有的触发，勾选该复选框。若未选择该选项，触发与门限 Express VI 将对数据进行缓冲。需要注意的是，若在循环中调用触发与门限 Express VI，且每个循环都有新数据，该操作将积压数据（因为每个数据集合均包括若干触发点）。因为没有重置，来自各个循环的所有数据都进入缓冲区，方便查找所有触发。但是不可能找到所有的触发。

☑ 出现触发后保持触发状态：找到触发后保持已触发状态。只有选择"开始触发"部分的"阈值"时，该选项才可用。

☑　滞后：指定检测到触发电平前，信号必须穿过起始电平或停止电平的量。默认值为 0。
使用信号滞后，防止噪声引起错误触发。对于上升缘起始方向或停止方向，在检测到
触发电平穿越之前，信号必须穿过的量为起始电平或停止电平减去信号滞后。对于下
降缘起始方向或停止方向，在检测到触发电平穿越之前，信号必须穿过的量为起始电
平或停止电平加上信号滞后。

（4）输出段大小

指定每个输出段包括的采样数，默认值为 100。

（5）输入信号

显示输入信号。若将数据连接至 Express VI，然后再运行，则"输入信号"将显示实际数据。
若关闭后再打开 Express VI，则"输入信号"将显示采样数据，直到再次运行该 VI。

（6）结果预览

显示测量预览。若将数据连接至 Express VI，然后运行，则"结果预览"将显示实际数据。
若关闭后再打开 Express VI，则"结果预览"将显示采样数据，直到再次运行该 VI。

VI 的输入端可以对其中默认参数进行调节，使用方法请参见以上对配置对话框中的选项的
介绍。

"波形调理"子选板中的其他 VI 节点的使用方法与以上介绍的 VI 节点的使用方法类似，
这里不再叙述。

9.3　波形测量

使用"波形测量"子选板中的波形测量 VI 可进行最基本的时域和频域测量，如测量直流、
均方根（RMS）、单频频率/幅值/相位、谐波失真、信噪比及平均 FFT 等。波形测量 VI 在"函
数选板"→"信号处理"→"波形测量"子选板中，"波形测量"子选板如图 9-44 所示。

图 9-44　"波形测量"子选板

9.3.1 基本平均直流-均方根

从"信号输入"端口输入一个波形或数组,对其加窗,根据"平均类型"端口的输入值计算加窗口信号的直流值及均方根值。"信号输入"端输入的信号类型不同,将使用不同的多态实例。基本平均直流-均方根 VI 的节点图标和
端口定义如图 9-45 所示。

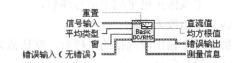

图 9-45　基本平均直流-均方根 VI 的节点图标和端口定义

- ☑ 平均类型:在测量期间使用的平均类型。可以选择 Linear(线性)或 Exponential(指数)。
- ☑ 窗:在计算直流值及均方根值之前为信号加的窗。可以选择 Rectangular(无窗)、Hanning 或 Low side lobe。

9.3.2 瞬态特性测量

瞬态特性测量 VI 接收单波形或波形数组的输入信号,测量其瞬态持续期(上升时间或下降时间)、边沿斜率、前冲或过冲。"信号输入"端输入的信号类型不同,将使用不同的多态实例。瞬态特性测量 VI 的节点图标和端口定义如图 9-46 所示。

- ☑ 极性(上升):瞬态信号的方向,可选择上升或下降,默认为上升。

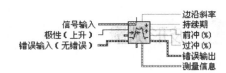

图 9-46　瞬态特性测量 VI 的节点图标和端口定义

9.3.3 提取单频信息

提取单频信息 VI 主要对输入信号进行检测,返回单频频率、幅值和相位信息。"时间信号输入"端输入的信号类型决定了使用的多态实例。提取单频信息 VI 的节点图标和端口定义如图 9-47 所示。

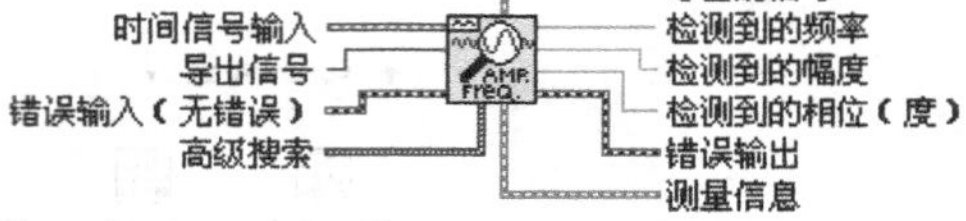

图 9-47　提取单频信息 VI 的节点图标和端口定义

- ☑ 导出信号:选择"导出的信号"输出端输出的信号。选择项包括 none(无返回信号,用于快速运算)、input signal(仅限于输入信号)、detected signal(正弦单频)和 residual signal(信号负单频,残余信号)。
- ☑ 高级搜索:控制检测的频率范围、中心频率及频率宽度。使用该项缩小频域搜索范围。该输入是一个簇数据类型,如图 9-48 所示。
- ☑ 近似频率:在频域中搜索正弦单频时所使用的中心频率。默认值为 –1.00。
- ☑ 搜索:在频域中搜索正弦单频时所使用的频率宽度,是采样的百分比。

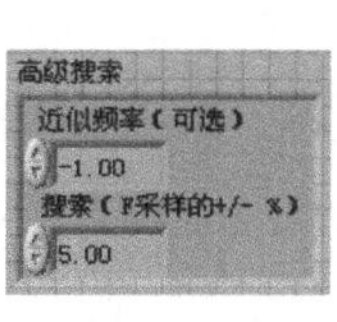

图 9-48　高级搜索

9.3.4 FFT 频谱(幅度-相位)

FFT 频谱(幅度-相位)VI 用于计算时间信号的 FFT 频谱。FFT 频谱的返回结果是幅度和

相位信息。"时间信号"端输入信号的类型决定使用何种多态实例。FFT 频谱（幅值-相位）VI 的节点图标和端口定义如图 9-49 所示。

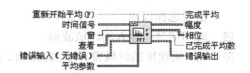

图 9-49　FFT 频谱（幅度-相位）VI 的节点图标和端口定义

1．重新开始平均（F）

若要重新启动所选平均过程，需要选择该端。

2．窗

该端口用于选择所使用的时域窗，包括矩形窗、Hanning 窗（默认）、Hamming 窗、Blackman-Harris 窗、Exact Blackman 窗、Blackman 窗、Flat Top 窗、4 阶 Blackman-Harris 窗、7 阶 Blackman-Harris 窗、Low Sidelobe 窗、Blackman Nuttall 窗、三角窗、Bartlett-Hanning 窗、Bohman 窗、Parzen 窗、Welch 窗、Kaiser 窗、Dolph-Chebyshev 窗和高斯窗。

3．查看

该端口定义该 VI 不同的结果应怎样被返回。输入量是一个簇数据类型，如图 9-50 所示。

☑ 显示为 dB：结果是否以 dB 的形式表示，默认值为 FALSE。

☑ 展开相位：是否将相位展开，默认值为 FALSE。

☑ 转换为度：是否将输出相位结果的弧度转换为度表示。默认值为 FALSE。说明默认情况下相位输出是以弧度来表示的。

图 9-50　查看端口输入控件

4．平均参数

该端口输入的数据类型是一个簇数据类型，用于定义如何计算平均值，如图 9-51 所示。

☑ 平均模式：选择平均模式，包括 No averaging（默认）、Vector averaging、RMS averaging 和 Peak hold 4 个选择项。

☑ 加权模式：为 RMS averaging 和 Vector averaging 模式选择加权模式。加权模式包括 Linear（线性）模式和 Exponential（指数）模式（默认）。

图 9-51　平均参数输入控件

☑ 平均数目：设置 RMS averaging 和 Vector averaging 平均时的平均数目。如果加权模式为 Exponential 模式，平均过程连续进行。如果加权模式为 Linear 模式，在所选择的平均数目被运算后，平均过程将停止。

9.3.5　FFT 功率谱和 PSD VI

计算时间信号的平均自功率谱。FFT 功率谱和 PSD VI 的节点图标和端口定义如图 9-52 所示。

☑ 导出模式：选择导出至功率谱/PSD 的输出。功率谱指导出输入信号的功率谱，功率谱密度（PSD）指导出输入信号的功率谱密度。

☑ 重新开始平均（F）：指定 VI 是否重新启动所选平均过程，如果要重新启动平均过程，

☑ 需要选择该项。

☑ 时间信号：输入的时域波形。

☑ 窗：所使用的时域窗。包括矩形窗、Hanning 窗、Hamming 窗（默认）、Blackman-Harris 窗、Exact Blackman 窗、Blackman 窗、Flat Top 窗、4 阶 Blackman-Harris 窗、7 阶 Blackman-Harris 窗、Low Sidelobe 窗、Blackman Nuttall 窗、三角窗、Bartlett-Hanning 窗、Bohman 窗、Parzen 窗、Welch 窗、Kaiser 窗、Dolph-Chebyshev 窗和高斯窗。

☑ 显示为 dB（F）：结果是否以 dB 的形式表示。默认值为 FALSE。

☑ 平均参数：一个簇数据类型，定义了如何计算平均值，如图 9-51 所示。

☑ 窗参数：指定 Kaiser 窗的 beta 参数、高斯窗的标准差，或 Dolph-Chebyshev 窗的主瓣与旁瓣的比率 s。

☑ 功率谱/PSD：依据导出模式返回平均功率谱、功率谱密度和频率换算。

☑ 完成平均：若已完成平均数大于或等于平均参数中指定的平均数目，完成平均返回 TRUE；否则，完成平均返回 FALSE。

☑ 已完成平均数：返回该时刻 VI 完成的平均数目。

☑ 错误输出：包含错误信息。该输出将提供标准错误输出功能。

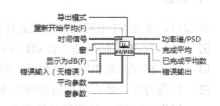

图 9-52 FFT 频谱和 PSD VI 的节点图标和端口定义

9.3.6 频率响应函数（幅度-相位）

频率响应函数幅度-相位用于计算输入信号的频率响应及相关参数，返回结果为信号幅度、相位等参数。一般来说时间信号 X 是激励信号，而时间信号 Y 是系统的响应信号。每一个时间信号均对应一个单独的 FFT 模块，因此必须将每一个时间信号输入一个 VI。频率响应函数（幅度-相位）VI 的节点图标及端口定义如图 9-53 所示。

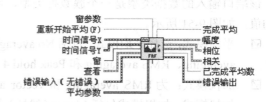

图 9-53 频率响应函数（幅度-相位）VI 的节点图标和端口定义

☑ 重新开始平均（F）：VI 是否重新开始平均。如果"重新开始平均（F）"输入为 TRUE，VI 将重新启动所选择的平均过程。如果"重新开始平均（F）"输入为 FALSE，VI 不重新启动所选择的平均过程。默认值为 FALSE。当第一次调用该 VI 时，平均过程自动重新启动。

9.3.7 频谱测量

频谱测量 Express VI 用于进行基于 FFT 的频谱测量，如信号的平均幅度频谱、功率谱和相位谱。频谱测量 Express VI 的节点图标及端口定义如图 9-54 所示。该 Express VI 的图标也可以像其他 Express VI 图标一样改变显示样式。

将频谱测量 Express VI 放置在程序框图上后，将显示"配置频谱测量"对话框。在该对话框中，可以对频谱测量 Express VI 的各项参数进行设置和调整，如图 9-55 所示。

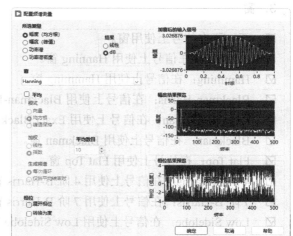

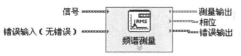

图 9-54 频谱测量 Express VI 的节点图标和端口定义　　图 9-55 "配置频谱测量" 对话框

下面对 "配置频谱测量" 对话框中的选项进行介绍。

1. 所选测量

☑ 幅度（峰值）：测量频谱，并以峰值的形式显示结果。该测量通常与要求幅度和相位信息的高级测量配合使用。例如使用峰值测量频谱幅度。幅值为 A 的正弦波在频谱的相应频率上产生了一个幅值 A。将 "相位" 分别设置为 "展开相位" 或 "转换为度"，可展开相位频谱或将其从弧度转换为角度。如勾选 "平均" 复选框，则平均运算后相位输出为 0。

☑ 幅度（均方根）：测量频谱，并以均方根的形式显示结果。该测量通常与要求幅度和相位信息的高级测量配合使用。频谱的幅度通过均方根测量。例如，幅值为 A 的正弦波在频谱的相应频率上产生了一个 0.707×A 的幅值。将 "相位" 分别设置为 "展开相位" 或 "转换为度"，可展开相位频谱或将其从弧度转换为角度。若勾选 "平均" 复选框，则平均运算后相位输出为 0。

☑ 功率谱：测量频谱，并以功率的形式显示结果。所有相位信息都在计算中丢失。该测量通常用来检测信号中的不同频率分量。虽然平均计算功率频谱不会减少系统中的非期望噪声，但是平均计算提供了测试随机信号电平的可靠统计估计。

☑ 功率谱密度：测量频谱，并以功率谱密度的形式显示结果。通过归一化频率谱可得到频率谱密度，对其中各频率谱区间中的频率按照区间宽度进行归一化。通常使用这种测量检测信号的本底噪声，或特定频率范围内的功率。根据区间宽度归一化频率谱，使该测量独立于信号持续时间和样本数量。

2. 结果

☑ 线性：以原单位返回结果。

☑ dB：以 dB 为单位返回结果。

3. 窗

- ☑ 无：不在信号上使用窗。
- ☑ Hanning：在信号上使用 Hanning 窗。
- ☑ Hamming：在信号上使用 Hamming 窗。
- ☑ Blackman-Harris：在信号上使用 Blackman-Harris 窗。
- ☑ Exact Blackman：在信号上使用 Exact Blackman 窗。
- ☑ Blackman：在信号上使用 Blackman 窗。
- ☑ Flat Top：在信号上使用 Flat Top 窗。
- ☑ 4 阶 B-Harris：在信号上使用 4 阶 B-Harris 窗。
- ☑ 7 阶 B-Harris：在信号上使用 7 阶 B-Harris 窗。
- ☑ Low Sidelobe：在信号上使用 Low Sidelobe 窗。

4. 平均

"平均"选项用于指定该 Express VI 是否计算平均值。

5. 模式

- ☑ 向量：直接计算复数 FFT 频谱的平均值，用于从同步信号中消除噪声。
- ☑ 均方根：平均信号 FFT 频谱的能量或功率。
- ☑ 峰值保持：对每条频率线进行单独求平均，将峰值电平从一个 FFT 纪录保持到下一个。

6. 加权

- ☑ 线性：指定线性平均，求数据包的非加权平均值，数据包的个数由用户在平均数目中指定。
- ☑ 指数：指定指数平均，求数据包的加权平均值，数据包的个数由用户在平均数目中指定。求指数平均时，数据包的时间越新，其权重值越大。

7. 平均数目

"平均数目"选项用于指定要计算平均值的数据包数量，默认值为 10。

8. 生成频谱

- ☑ 每次循环：Express VI 每次循环后返回频谱。
- ☑ 仅当平均结束时：只有当 Express VI 收集到在平均数目中指定数目的数据包时，才返回频谱。

9. 相位

- ☑ 展开相位：在输出相位上启用相位展开。
- ☑ 转换为度：以度为单位返回相位结果。

10．加窗后输入信号

"加窗后输入信号"选项用于显示加窗后的输入信号。如果将数据连至 Express VI，然后运行，则"加窗后输入信号"将显示实际数据。如果关闭后再打开 Express VI，则"加窗后输入信号"将显示采样数据，直到再次运行该 VI。

11．幅度结果预览

"幅度结果预览"选项用于显示信号幅度测量的预览。如果将数据连至 Express VI，然后运行，则"幅度结果预览"将显示实际数据。如果关闭后再打开 Express VI，则"幅度结果预览"将显示采样数据，直到再次运行该 VI。

9.3.8　失真测量

失真测量 Express VI 用于在信号上进行失真测量，如音频分析、总谐波失真（THD）、信号与噪声失真比（SINAD）。失真测量 Express VI 的节点图标和端口定义如图 9-56 所示。该 Express VI 的图标也可以像其他 Express VI 图标一样改变显示样式。

将失真测量 Express VI 放置在程序框图上后，将显示"配置失真测量［失真测量］"对话框。在该对话框中，可以对失真测量 Express VI 的各项参数进行设置和调整，如图 9-57 所示。

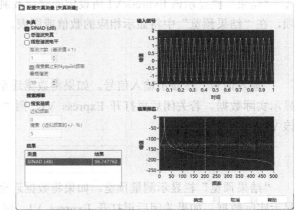

图 9-56　失真测量 Express VI 的节点图标和端口定义　　图 9-57　"配置失真测量［失真测量］"对话框

下面对"配置失真测量［失真测量］"对话框中的选项进行介绍。

1．失真

☑　SINAD（dB）：计算测得的信号与噪声失真比（SINAD）。SINAD 是信号 RMS 能量与信号 RMS 能量减去基波能量所得结果之比，单位为 dB。如果需要以 dB 为单位计算 THD 和噪声，可以取消选择 SINAD。

☑　总谐波失真：计算达到最高谐波时测量到的 THD（包括最高谐波在内）。THD 是谐波的 RMS 总量与基频幅值之比。

☑　指定谐波电平：返回用户指定的谐波。

☑ 谐波次数（基波值＝1）：指定要测量的谐波。只有选中"指定谐波电平"选项时，才可以使用该选项。

☑ 搜索截止到 Nyquist 频率：指定在谐波搜索中仅包含低于 Nyquist 频率（即采样频率的一半）的频率。只有选中了"总谐波失真"或"指定谐波电平"才可以使用该选项。取消勾选"搜索截止到 Nyquist 频率"，则该 VI 继续搜索超出 Nyquist 频率的频域。

☑ 最高谐波：控制用于谐波分析的最高谐波，包括基频。例如，对于三次谐波分析，将"最高谐波"设为 3，以测量基频、二次谐波和三次谐波。只有选中了"总谐波失真"或"指定谐波电平"，才可以使用该选项。

2．搜索频率

☑ 搜索基频：控制频域搜索范围，指定中心频率和频率宽度，用于寻找信号的基频。

☑ 近似频率：用于在频域中搜索基频的中心频率。默认值为 0。若将近似频率设为–1，则该 Express VI 将使用幅值最大的频率作为基频。只有勾选了"搜索基频"复选框，才可以使用该选项。

☑ 搜索（近似频率的+/–%）：以采样频率的百分数表示，用于在频域中搜索基频的频率宽度。默认值为 5。只有勾选了"搜索基频"复选框，才可以使用该选项。

3．结果

"结果"栏显示该 Express VI 所设定的测量及测量结果。单击"测量"栏中列出的任意测量项，在"结果预览"中将显示相应的数值或图表。

4．输入信号

"输入信号"栏显示输入信号。如果将数据连至 Express VI，然后运行，则"输入信号"将显示实际数据。若关闭后再打开 Express VI，则"输入信号"将显示采样数据，直到再次运行该 VI。

5．结果预览

"结果预览"栏显示测量预览。如果将数据连至 Express VI，然后运行，则"结果预览"将显示实际数据，如果关闭后再打开 Express VI，则"结果预览"将显示采样数据，直到再次运行该 VI。

9.3.9 幅值和电平

幅值和电平测量 Express VI 用于测量信号的电平和电压。幅值和电平测量 Express VI 的节点图标和端口定义如图 9-58 所示。该 Express VI 的图标也可以像其他 Express VI 图标一样改变显示样式。

将幅值和电平测量 Express VI 放置在程序框图上后，将显示"配置幅值和电平测

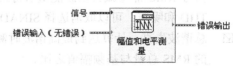

图 9-58　幅值和电平测量 Express VI 的节点图标和端口定义

量［幅值和电平测量］"对话框。在该对话框中，可以对幅值和电平测量 Express VI 的各项参数进行设置和调整，如图 9-59 所示。

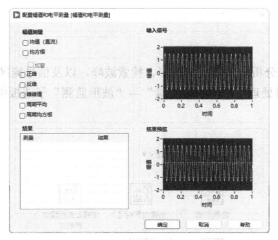

图 9-59 "配置幅值和电平测量［幅值和电平测量］"对话框

下面对"配置幅值和电平测量［幅值和电平测量］"对话框中的各选项进行介绍。

1. 幅值测量

☑ 均值（直流）：采集信号的直流分量。

☑ 均方根：计算信号的 RMS 值。

☑ 加窗：为信号加上一个 Low Sidelobe 窗。只有勾选了"均值（直流）"或"均方根"复选框，才可使用该选项。平滑窗可用于缓和有效信号中的急剧变化。若能采集到整数个周期或对噪声谱进行分析，则通常不会在信号上加窗。

☑ 正峰：测量信号中的最高正峰值。

☑ 反峰：测量信号中的最低负峰值。

☑ 峰峰值：测量信号中的最高正峰值和最低负峰值之间的差值。

☑ 周期平均：测量周期性输入信号完整周期的平均电平。

☑ 周期均方根：测量周期性输入信号完整周期的 RMS 值。

2. 结果

显示该 Express VI 所设定的测量及测量结果。点击"测量"栏中列出的任意测量项，在"结果预览"中将显示相应的数值或图表。

3. 输入信号

显示输入信号。若将数据连至 Express VI，然后运行，则"输入信号"将显示实际数据。若关闭后再打开 Express VI，则"输入信号"将显示采样数据，直到再次运行该 VI。

4. 结果预览

显示结果预览。若将数据连至 Express VI，然后运行，则"结果预览"将显示实际数据。

若关闭后再打开 Express VI，则"结果预览"将显示采样数据，直到再次运行该 VI。

"波形测量"子选板中的其他 VI 节点的使用方法与以上介绍的 VI 节点的使用方法类似。

9.3.10 波形监测

波形监测 VI 用于分析触发点上的波形、搜索波峰，以及信号掩区及边界测试。波形监测 VI 在"函数"→"信号处理"→"波形测量"→"波形监测"子选板中，如图 9-60 所示。

图 9-60 "波形监测"子选板

☑ 边界测试 VI：对波形或簇输入数据进行边界测试。该 VI 使输入信号与上限信号和下限信号比较，输出值至图形，查看限度、信号和故障。

☑ 波形波峰检测 VI：在信号输入中查找位置、振幅和峰谷的二阶导数。

☑ 触发与门限 Express VI：通过触发提取信号中的片段。触发器状态可基于开启或停止触发器的阈值，也可以是静态的，为静态时，触发器立即启动，Express VI 返回预定数量的采样。

☑ 创建边界规范 VI：在时域或频域中创建连续或分段掩区。可使用该 VI 的不同实例创建多个边界。

☑ 基本电平触发检测 VI：找到波形第一个电平穿越的位置。可使用获得的触发位置作为索引或时间。触发条件由阈值电平、斜率和滞后指定。

☑ 信号掩区和边界测试 Express VI：在信号上进行边界测试。

☑ 依据公式创建边界规范 VI：在时域或频域中创建连续或分段掩区。可使用该 VI 的不同实例创建多个边界。

9.3.11 操作实例——设置波形重采样

本实例演示如何在连续模式下设置波形重采样，并计算重采样信号的功率谱，程序框图如图 9-61 所示。

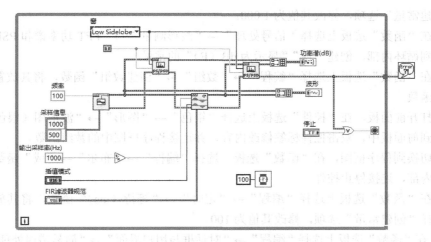

图 9-61 程序框图

1. 设置工作环境

（1）新建 VI。选择菜单栏中的"文件"→"新建 VI"命令，新建一个 VI，一个空白的 VI 包括前面板及程序框图。

（2）保存 VI。选择菜单栏中的"文件"→"另存为"命令，输入 VI 名称"设置波形重采样"。

2. 设计前面板与程序框图

（1）在"函数"选板上选择"编程"→"结构"→"While 循环"函数，拖动出适当大小的矩形框，在 While 循环的循环条件输入端创建停止控件，默认情况下创建的控件为"新式"→"布尔"子选板下的"停止按钮"控件，在控件上单击鼠标右键选择"替换"命令，选择"银色"→"布尔"子选板下的"停止按钮（银色）"控件。

（2）在"函数"选板上选择"信号处理"→"波形生成"→"正弦波形"函数，创建频率和采样信息的常量，如图 9-62 所示。

（3）在"函数"选板上选择"信号处理"→"波形调理"→"波形重采样（连续）"函数，将其放置到循环内部，创建"插值模式""FIR 滤波器规范"输入控件，如图 9-63 所示。

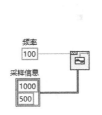

图 9-62 放置"正弦波形"函数

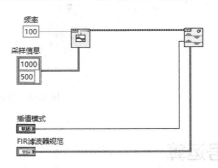

图 9-63 放置"波形重采样（连续）"函数

（4）在"函数"选板上选择"编程"→"数值"→"倒数"函数，将其放置到循环内部，选择"创建常量"选项，修改其值为 1 000。

（5）在"函数"选板上选择"信号处理"→"波形测量"→"FFT 功率谱和 PSD"函数，将其放置到循环内部，创建"窗""显示为 dB（F）"的常量。

（6）在"函数"选板上选择"编程"→"数组"→"创建数组"函数，将其放置到循环内部，连接函数。

（7）打开前面板，在"控件"选板上选择"银色"→"图形"→"波形图（银色）"控件，将其放置到前面板中，双击控件标签修改内容，并连接程序框图中的数组函数。

（8）切换到程序框图，在"函数"选板上选择"编程"→"布尔"→"或"函数，将其放置到循环内部，连接停止控件。

（9）在"函数"选板上选择"编程"→"定时"→"等待（ms）"函数，将其放置到循环内部，选择"创建常量"选项，修改其值为 100。

（10）在"函数"选板上选择"编程"→"对话框与用户界面"→"简易错误处理器"函数，将其放置到程序框图中，连接"FFT 功率谱和 PSD"函数的错误输出端。

3. 程序运行

（1）单击工具栏中的"整理程序框图"按钮，整理程序框图，结果如图 9-61 所示。

（2）选择菜单栏中的"编辑"→"当前值设置为默认值"命令，保存 VI 的输入控件中输入的初始值。

（3）在前面板窗口或程序框图窗口的工具栏中单击"运行"按钮，运行 VI，结果如图 9-64 所示。

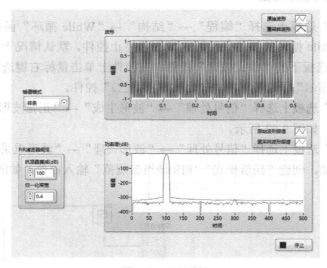

图 9-64　运行结果

9.4　信号运算

使用"信号运算"子选板中的 VI 进行信号的运算处理。信号运算 VI 在"函数"→"信号处理"→"信号运算"子选板中，如图 9-65 所示。

"信号运算"子选板上的 VI 节点的端口定义都比较简单，因此使用方法也比较简单，下面只对该子选板包含的两个 Express VI 进行介绍。

9.4.1　卷积和相关

卷积和相关 Express VI 用于在输入信号上进行卷积、反卷积，以及相关操作。卷积和相关 Express VI 的节点图标和端口定义如图 9-66 所示。该 Express VI 的图标也可以像其他 Express VI 图标一样改变显示样式。

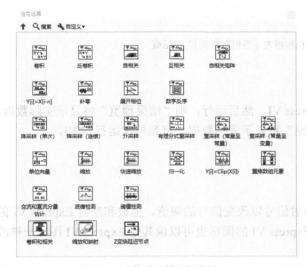

图 9-65　"信号运算"子选板　　　　图 9-66　卷积和相关 Express VI 的节点图标和端口定义

将卷积和相关 Express VI 放置在程序框图上后，将显示"配置卷积和相关［卷积和相关］"对话框。在该对话框中，可以对卷积和相关 Express VI 的各项参数进行设置和调整，如图 9-67 所示。

下面对"配置卷积和相关［卷积和相关］"对话框中的各选项进行介绍。

1. 信号处理

- ☑　卷积：计算输入信号的卷积。
- ☑　反卷积：计算输入信号的反卷积。
- ☑　自相关：计算输入信号的自相关。
- ☑　互相关：计算输入信号的互相关。
- ☑　忽略时间标识：忽略输入信号的时间标识。只有勾选了"卷积"或"反卷积"复选框，才可使用该选项。

"采样输入数据"显示可用作参考的采样输入数据，确定用户选择的配置选项如何影响实际输入数据。若将数据连至该 Express VI，然后运行，则"采样输入数据"将显示实际数据。若关闭后再打开 Express VI，则"采样输入数据"将显示采样数据，直到再次运行该 VI。

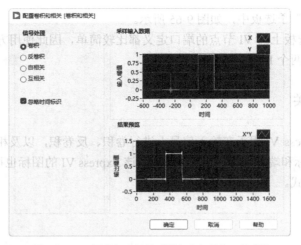

图 9-67 "配置卷积和相关[卷积和相关]"对话框

2. 结果预览

显示结果预览。若将数据连接至 Express VI，然后运行，则"结果预览"将显示实际数据。若关闭后再打开 Express VI，则"结果预览"将显示采样数据，直到再次运行该 VI。

9.4.2 缩放和映射

缩放和映射 Express VI 用于缩放和映射信号以改变信号的幅值。缩放和映射 Express VI 的节点图标和端口定义如图 9-68 所示。该 Express VI 的图标也可以像其他 Express VI 图标一样改变显示样式。

将缩放和映射 Express VI 放置在程序框图上后，将显示"配置缩放和映射[缩放和映射]"对话框。在该对话框中，可以对缩放和映射 Express VI 的各项参数进行设置和调整，如图 9-69 所示。

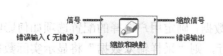

图 9-68 缩放和映射 Express VI 的节点图标和端口定义　图 9-69 "配置缩放和映射[缩放和映射]"对话框

下面对"配置缩放和映射［缩放和映射］"对话框中的各选项进行介绍。

☑　归一化：确定转换信号所需要的缩放因子和偏移量，使信号的最大值出现在最高峰，并使信号的最小值出现在最低峰。

☑　最低峰：指定将信号归一化所用的最小值。默认值为 0。

☑　最高峰：指定将信号归一化所用的最大值。默认值为 1。

☑　线性（$Y=mX+b$）：将缩放映射模式设置为线性，基于直线缩放信号。

☑　斜率（m）：用于线性（$Y=mX+b$）缩放的斜率。默认值为 1。

☑　Y 截距（b）：用于线性（$Y=mX+b$）缩放的截距。默认值为 0。

☑　对数：将缩放映射模式设置为对数，基于 dB 参考值缩放信号。LabVIEW 使用下列方程缩放信号，即 $y = 20\log_{10}(x/\text{dB 参考值})$。

☑　dB 参考值：用于对数缩放的参考，默认值为 1。

☑　插值：基于缩放因子的线性插值表，用于缩放信号。

☑　定义表格：显示"定义信号"对话框，定义用于"插值"缩放的数值表。

9.5　滤波器

使用滤波器 VI 进行无限冲激响应、有限冲激响应和非线性滤波。"滤波器"选板上的滤波器 VI 可以返回一个通用 LabVIEW 错误代码或一个特定的信号处理代码。滤波器 VI 在"函数"→"信号处理"→"滤波器"子选板中，如图 9-70 所示。

图 9-70　"滤波器"子选板

9.5.1　Butterworth 滤波器

通过调用 Butterworth 滤波器 VI 节点来产生一个数字 Butterworth 滤波器。X 输入端的输入信号类型决定了节点所使用的多态实例。Butterworth 滤波器 VI 的节点图标和端口定义如图 9-71 所示。

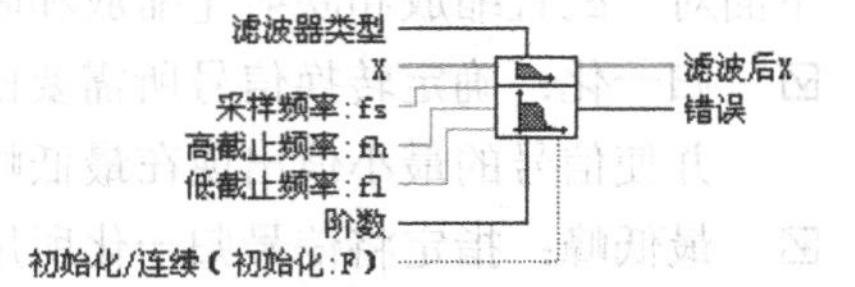

☑ 滤波器类型：对滤波器的通带进行选择。包括 Lowpass（低通）、Highpass（高通）、Bandpass（带通）和 Bandstop（带阻）4 种类型。

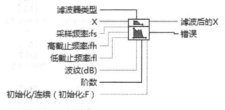

图 9-71 Butterworth 滤波器 VI 的节点图标和端口定义

☑ 采样频率：fs 即采样频率，采样频率必须大于 0。默认值为 9.0。如果采样频率大于或等于 0，VI 将滤波后的 X 输出为一个空数组并且返回一个错误。

☑ 高截止频率：fh 即高截止频率，当滤波器为低通或高通滤波器时，VI 将忽略该参数。当滤波器为带通或带阻滤波器时，高截止频率必须大于低截止频率。

☑ 低截止频率：fe 即低截止频率，必须遵从奈奎斯特定理。默认值为 0.125。如果低截止频率小于或等于 0，或大于采样频率的一半，VI 将滤波后的 X 设置为空数组并且返回一个错误。当滤波器为带通或带阻滤波器时，低截止频率必须小于高截止频率。

☑ 阶数：选择滤波器的阶数，该值必须大于 0。默认值为 2。如果阶数小于或等于 0。VI 将滤波后的 X 输出为一个空数组并且返回一个错误。

☑ 初始化/连续：内部状态初始化控制。默认值为 FALSE。在第一次运行该 VI 或初始化/连续的输入值为"FALSE"时，LabVIEW 将内部状态初始化为 0。如果初始化/连续的输入值为"TRUE"，则 LabVIEW 可使内部状态初始化为上一次调用 VI 实例时的最终状态。

9.5.2 Chebyshev 滤波器

通过调用 Chebyshev 滤波器 VI 节点来产生一个数字 Chebyshev 滤波器。X 输入端的输入信号类型决定了节点所使用的多态实例。
Chebyshev 滤波器 VI 的节点图标和端口定义如图 9-72 所示。

☑ 滤波器类型：对滤波器的通带进行选择。包括 Lowpass（低通）、Highpass（高通）、Bandpass（带通）和 Bandstop（带阻）4 种类型。

图 9-72 Chebyshev 滤波器 VI 的节点图标和端口定义

☑ X：滤波器的输入信号。

☑ 采样频率：fs 是 X 的采样频率，必须大于 0，默认值为 9.0。如果采样频率小于等于 0，VI 可设置滤波后的 X 为空数组并返回错误。

☑ 高截止频率：fh 是高截止频率，以 Hz 为单位，默认值为 0.45。如果滤波器为低通滤波器或高通滤波器，VI 忽略将该参数。如果滤波器为带通滤波器或带阻滤波器，则高截止频率必须大于低截止频率。

☑ 低截止频率：fl 是低截止频率并且必须满足奈奎斯特定理。以 Hz 为单位，默认值为 0.125。如低截止频率小于 0 或大于采样频率的一半，VI 可设置滤波后的 X 为空数组并返回错误。当滤波器为带通滤波器或带阻滤波器时，低截止频率必须小于高截止频率。

☑ 波纹：通带的波纹。波纹必须大于 0，以 dB 为单位，默认值为 0.1。如果波纹小于等于 0，VI 可设置滤波后的 X 为空数组并返回错误。

☑ 阶数：指定滤波器的阶数并且必须大于 0，默认值为 2。如果阶数小于等于 0，VI 可设置滤波后的 X 为空数组并返回错误。

☑ 初始化/连续：控制内部状态的初始化。默认值为 FALSE。当 VI 第一次运行时或初始化/连续的值为 FALSE 时，LabVIEW 可使内部状态初始化为 0。

☑ 滤波后的 X：该数组包含滤波后的采样。

☑ 错误：返回 VI 的任何错误或警告。将错误连接到错误代码至错误簇转换 VI 上，可将错误代码或警告转换为错误簇。

9.5.3 FIR 加窗滤波器

通过使用采样频率:fs、低截止频率:fl、高截止频率:fh 和抽头数指定的一组 FIR 加窗滤波器系数，对输入数据序列 X 进行滤波。FIR 加窗滤波器 VI 的节点图标和端口定义如图 9-73 所示。

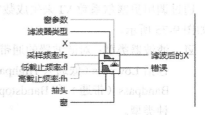

图 9-73　FIR 加窗滤波器 VI 的节点图标和端口定义

☑ 窗参数：Kaiser 窗的 beta 参数、高斯窗的标准差，或 Dolph-Chebyshev 窗的主瓣与旁瓣的比率 s。如果窗是其他类型的窗，VI 将忽略该输入。窗参数的默认值是 NaN，可将 Kaiser 窗的 beta 参数设置为 0、将高斯窗的标准差设置为 0.2，或者将 Dolph-Chebyshev 窗的 s 设置为 60。

☑ 滤波器类型：对滤波器的通带进行选择。包括 Lowpass（低通）、Highpass（高通）、Bandpass（带通）和 Bandstop（带阻）4 种类型。

☑ 抽头：指定 FIR 系数的总数并且必须大于 0。抽头数的默认值为 25。若抽头数小于等于 0，VI 可设置滤波后的 X 为空数组并返回错误。对于高通或带阻滤波器，抽头数必须为奇数。

☑ 窗：指定平滑窗的类型。平滑窗可减少滤波器通带中的波纹，并改进滤波器对滤波器阻带中频率分量的衰减。类型包括矩形窗（默认）、Hanning 窗、Hamming 窗、Blackman-Harris 窗、Exact Blackman 窗、Blackman 窗、Flat Top 窗、4 阶 Blackman-Harris 窗、7 阶 Blackman-Harris 窗、Low Sidelobe 窗、Blackman Nuttall 窗、三角窗、Bartlett-Hanning 窗、Bohman 窗、Parzen 窗、Welch 窗、Kaiser 窗、Dolph-Chebyshev 窗、高斯窗。

☑ 滤波后的 X：该数组包含滤波后的采样。滤波后的 X 含有卷积操作产生的相关索引延迟。

9.5.4 Savitzky-Golay 滤波器

通过调用 Savitzky-Golayh 滤波器 VI 节点，使用 Savitzky-Golay FIR 滤波器对输入数据序列 X 进行滤波。Savitzky-Golay 滤波器 VI 的节点图标和端口定义如图 9-74 所示。

☑ X：要进行滤波的包含采样的输入数组。

☑ 单侧数据点数：指定当前数据点每一边
利用最小二乘法最小化的数据点数量。
单侧数据点数×2+1 是移动窗口的长
度，必须大于多项式阶数。

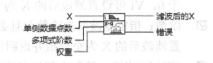

图 9-74　Savitzky-Golay 滤波器 VI 的节点图标和端口

☑ 多项式阶数：指定多项式的阶数。

☑ 权重：指定使用最小二乘法最小化的权重向量。数组必须为空或长度为单侧数据点数×2+1。

☑ 滤波后的 X：该数组包含滤波后的采样。

☑ 错误：返回 VI 的任何错误或警告。将错误连接到错误代码至错误簇转换 VI，可将错
误代码或警告转换为错误簇。

9.5.5　贝塞尔滤波器

通过调用贝塞尔系数 VI 来生成数字贝塞尔滤波器。贝塞尔滤波器 VI 的节点图标和端口定
义如图 9-75 所示。

☑ 滤波器类型：对滤波器的通带进行选择。
包括 Lowpass（低通）、Highpass（高通）、
Bandpass（带通）和 Bandstop（带阻）4
种类型。

☑ X：滤波器的输入信号。

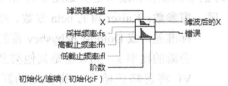

图 9-75　贝塞尔滤波器 VI 的节点图标和端口定义

☑ 采样频率：采样频率必须大于 0，默认值
为 9.0。如果采样频率大于或等于 0，VI 将滤波后的 X 输出为一个空数组并且返回一
个错误。

☑ 高截止频率：fh 是高截止频率，当滤波器为低通滤波器或高通滤波器时，VI 将忽
略该参数。当滤波器为带通滤波器或带阻滤波器时，高截止频率必须大于低截止
频率。

☑ 低截止频率：fl 是低截止频率并且必须满足奈奎斯特定理，默认值为 0.125。

☑ 阶数：指定滤波器的阶数，必须大于 0，默认值为 2。如果阶数小于等于 0，VI 可设置
滤波后的 X 为空数组并返回错误。

☑ 初始化/连续：控制内部状态的初始化。默认值为 FALSE。VI 第一次运行或初始化/连
续的值为 FALSE 时，LabVIEW 可使内部状态初始化为 0。若初始化/连续的值为 TRUE，
LabVIEW 可使内部状态初始化为上一次调用 VI 实例时的最终状态。若需要处理由小
数据块组成的较大数据序列，可为第一个块设置输入为 FALSE，然后设置为 TRUE，
对其他的块继续进行滤波。

☑ 滤波后的 X：该数组包含滤波后的采样。

9.5.6　操作实例——设置零相位滤波

本实例演示使用 FIR 滤波器和使用零相位滤波器的区别，程序框图如图 9-76 所示。

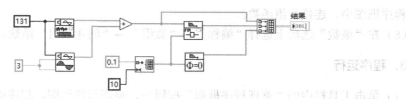

图 9-76　程序框图

1.设置工作环境

（1）新建 VI。选择菜单栏中的“文件”→“新建 VI”命令，新建一个 VI，一个空白的 VI 包括前面板及程序框图。

（2）保存 VI。选择菜单栏中的“文件”→“另存为”命令，输入 VI 名称“设置零相位滤波”。

（3）固定“控件”选板。单击鼠标右键，在前面板上打开“控件”选板，单击选板左上角“固定”按钮，将“控件”选板固定在前面板界面上。

2.设计前面板与程序框图

（1）打开前面板，在“控件”选板上选择“银色”→“图形”→“波形图（银色）”控件，修改其名称为“结果”，将其放置在前面板的适当位置上，如图 9-77 所示。

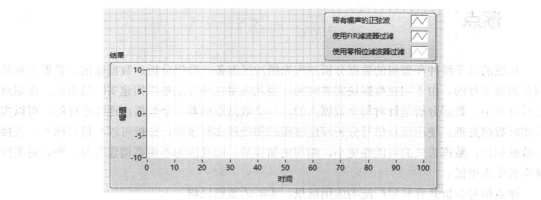

图 9-77　放置“波形图（银色）”控件

（2）切换到程序框图，在“函数”选板上选择“信号处理”→“信号生成”→“均匀白噪声”函数，选择“创建常量”选项，修改其值为 131。

（3）在“函数”选板上选择“信号处理”→“信号生成”→“正弦信号”函数，选择“创建常量”选项，修改其值为 3。

（4）在“函数”选板上选择“编程”→“数值”→“加”函数，连接“均匀白噪声”函数和“正弦信号”函数的输出端。

（5）在“函数”选板上选择“编程”→“数组”→“初始化数组”函数，选择“创建常量”选项，修改其值为 0.1 和 10。

（6）在“函数”选板上选择“信号处理”→“滤波器”→“高级 FIR 滤波”→“FIR 滤波器”函数，将其放置到程序框图中，连接数组函数。

（7）在“函数”选板上选择“信号处理”→“滤波器”→“零相位滤波器”函数，将其放置到程序框图中，连接数组函数。

（8）在"函数"选板上选择"编程"→"数组"→"创建数组"函数，连接波形图控件。

3．程序运行

（1）单击工具栏中的"整理程序框图"按钮，整理程序框图，程序框图如图 9-76 所示。

（2）打开前面板，单击"运行"按钮，运行 VI，结果如图 9-78 所示。

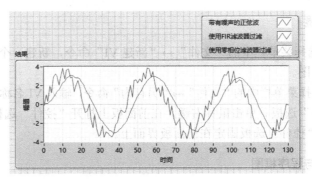

图 9-78　运行结果

9.6　逐点

传统的基于缓冲和数组的数据分析过程为缓冲区准备、数据分析、数据输出，数据分析是按数据块进行的。由于构建数据块需要时间，因此使用这种方法难以构建实时的系统。在逐点信号分析中，数据分析是针对每个数据点的，一个数据点接着一个数据点连续进行的，可以实现实时数据处理。使用逐点信号分析库能够跟踪和处理实时事件，分析可以与信号同步，直接与数据相连，数据丢失的可能性更小，编程更加容易，而且因为不需要构建数组，所以对采样速率的要求更低。

逐点信号分析具有非常广泛的应用前景。实时的数据采集和数据分析需要高效、稳定的应用程序，逐点信号分析是高效稳定的，因为它与数据采集和数据分析是紧密相连的，因此它更适用于控制 FPGA（现场可编程门阵列）芯片、DSP 芯片、内嵌控制器、专用 CPU 和 ASIC 等。

在使用逐点 VI 时需要注意以下两点。

（1）初始化。逐点信号分析的程序必须进行初始化，以防止前后设置发生冲突。

（2）重入。逐点 VI 必须被设置为可重入的。可重入 VI 在每次被调用时都将产生一个副本，每个副本会使用不同的存储区，所以使用相同 VI 的程序间不会发生冲突。

"逐点"节点位于"函数"→"信号处理"→"逐点"子选板中，如图 9-79 所示。"逐点"节点的功能与相应的标准节点

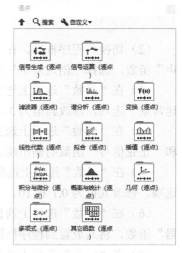

图 9-79　"逐点"子选板

相同，只是工作方式有差异。

9.6.1 信号生成（逐点）

信号生成（逐点）VI 用于生成描述特定波形的一维数组，如图 9-80 所示。
下面对该选板中的 VI 节点进行简要介绍。

- ☑ 方波（逐点）：生成逐点方波。
- ☑ 高斯白噪声（逐点）：生成高斯分布的伪随机信号。
- ☑ 锯齿波（逐点）：生成逐点锯齿波。
- ☑ 均匀白噪声（逐点）：生成均匀分布的伪随机信号。
- ☑ 三角波（逐点）：生成逐点三角波。
- ☑ 正弦波（逐点）：生成逐点正弦波。
- ☑ 周期性随机噪声（逐点）：生成包含周期性随机噪声的输出数据。

图 9-80 "信号生成（逐点）"子选板

1．正弦波（逐点）VI

该 VI 用于生成正弦波（逐点），与正弦波 VI 类似，公式如下。

$$正弦波=幅值\times\sin\left(2\pi\cdot 频率\cdot 时间+\frac{2\pi\cdot 相位}{360}\right)$$

默认情况下，VI 中的重入执行已启用。该节点可以连续调用。正弦波（逐点）VI 的节点图标和端口定义如图 9-81 所示。

- ☑ 幅值：正弦波的幅值，默认值为 1.0。
- ☑ 频率：正弦波的频率，以 Hz 为单位。默认值为 1。

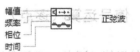

图 9-81 正弦波（逐点）VI 的节点图标和端口定义

- ☑ 相位：波形的移位，以度为单位。
- ☑ 时间：自变量。设置时间以常量递增，正斜率。
- ☑ 正弦波：输出的正弦波。

2．三角波（逐点）VI

该 VI 用于生成逐点三角波，与三角波 VI 类似，其中三角波为 $A(q)$，

$$A(q)=\begin{cases}\dfrac{q}{90} & (0\leqslant q<90)\\[2mm]2-\dfrac{q}{90} & (90\leqslant q<270)\\[2mm]\dfrac{q}{90}-4 & (270\leqslant q<360)\end{cases}$$

默认情况下，VI 中的重入执行已启用。该节点可以连续调用。三角波（逐点）VI 的节点图标和端口定义如图 9-82 所示。

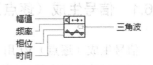

图 9-82　三角波（逐点）VI 的节点图标和端口定义

- ☑ 幅值：三角波的幅值，默认值为 1.0。
- ☑ 频率：三角波的频率，以 Hz 为单位。默认值为 1。
- ☑ 相位：波形的移位，以度为单位。
- ☑ 时间：自变量。设置时间以常量递增，正斜率。
- ☑ 三角波：输出三角波。

3．均匀白噪声（逐点）VI

该 VI 用于生成均匀分布的伪随机信号，信号幅值在[-a:a]，a>0。该 VI 与均匀白噪声 VI 类似。

均匀白噪声（逐点）VI 的节点图标和端口定义如图 9-83 所示。

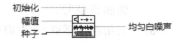

图 9-83　均匀白噪声（逐点）VI 的节点图标和端口定义

- ☑ 初始化：值为 TRUE 时，初始化 VI 的内部状态。
- ☑ 幅值：均匀白噪声的幅值，默认值为 1.0。
- ☑ 种子：种子大于 0 时，可导致噪声采样发生器更换种子，默认值为-1。LabVIEW 为本 VI 的每个实例单独保存内部的种子状态。对于 VI 的每个特定实例，若种子小于等于 0，则 LabVIEW 不更换噪声采样发生器的种子，噪声采样发生器可继续生成噪声的采样，作为之前噪声序列的延续。
- ☑ 均匀白噪声：包含均匀分布的伪随机信号。

"信号生成（逐点）"子选板中的其他 VI 与"信号生成"子选板中相应 VI 的使用方法类似。关于它们的使用方法，请参见"信号生成"子选板中 VI 的介绍部分。

9.6.2　信号运算（逐点）

信号运算（逐点）VI 用于进行常用的一维和二维数值分析，"信号运算（逐点）"子选板如图 9-84 所示。

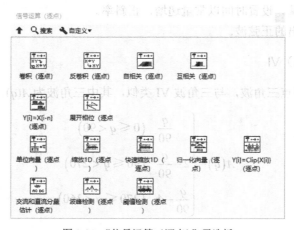

图 9-84　"信号运算（逐点）"子选板

下面对该选板中的 VI 节点进行简要介绍。

- ☑ $Y[i]$=Clip$\{X[i]\}$（逐点）：在上限范围和下限范围内，截取 X。
- ☑ $Y[i]$=$X[i-n]$（逐点）：通过移位，即 n 采样对 x 进行移位。
- ☑ 波峰检测（逐点）：计算指定宽度的输入数据点集的波峰和波谷。
- ☑ 单位向量（逐点）：查找指定采样长度的输入数据点的范数，然后使用范数对原有输入数据点进行归一化，获取对应的单位向量。
- ☑ 反卷积（逐点）：返回 $X\times Y$ 和 Y 的卷积。
- ☑ 互相关（逐点）：返回 X 和 Y 的互相关。
- ☑ 交流和直流分量估计（逐点）：估计输入信号的交流和直流电平。
- ☑ 卷积（逐点）：返回 X 和 Y 的卷积。
- ☑ 快速缩放 1D（逐点）：确定由采样长度指定的输入数据点包含的最大绝对值，然后用最大绝对值缩放输入数据点集。
- ☑ 缩放 1D（逐点）：计算比例因子和偏移量，然后使用该值对采样长度指定的输入数据进行缩放。
- ☑ 阈值检测（逐点）：对宽度指定的输入数据点集进行分析，获取可用的波峰并检测其中超出阈值的数据点。
- ☑ 展开相位（逐点）：删除绝对值超过折叠基准线的一半的不连续值，展开相位。
- ☑ 自相关（逐点）：获取由采样长度指定的输入数据点集的自相关。

9.6.3 滤波器（逐点）

滤波器（逐点）VI 用于实现无限冲激响应、有限冲激响应及非线性滤波器的相关操作，"滤波器（逐点）"子选板如图 9-85 所示。

图 9-85 "滤波器（逐点）"子选板

下面对该子选板中的 VI 节点进行简要介绍。

☑ Butterworth 滤波器（逐点）：通过调用 Butterworth 系数 VI，生成数字 Butterworth 滤波器。

☑ Chebyshev 滤波器（逐点）：通过调用 Chebyshev 系数 VI，生成数字 Chebyshev 滤波器。

☑ FIR 加窗滤波器（逐点）：滤波器 x 使用 FIR 滤波器模型。

☑ FIR 滤波器（逐点）：滤波器 x 使用由前向系数指定的 FIR 滤波器。

☑ IIR 级联滤波器（逐点）：通过 IIR 滤波器簇指定的 IIR 滤波器的级联格式，对 X 进行滤波。

☑ IIR 滤波器（逐点）：通过反向系数和前向系数指定的直接型 IIR 滤波器，对 X 进行滤波。

☑ Savitzky Golay 滤波器（逐点）：以给定阶数的多项式为基础进行拟合，然后对曲线进行平滑，而不返回原始数据。

☑ 贝塞尔滤波器（逐点）：通过贝塞尔系数算法生成数字贝塞尔滤波器。

☑ 带初始条件的 IIR 级联滤波器（逐点）：通过 IIR 滤波器簇指定的 IIR 滤波器的级联格式，对 X 进行滤波。

☑ 带初始条件的 IIR 滤波器（逐点）：通过反向系数和前向系数指定的 IIR 滤波器，对 X 进行滤波。

☑ 等波纹带通（逐点）：滤波器 x 使用等波纹带通 FIR 滤波器模型。

☑ 等波纹带阻（逐点）：滤波器 x 使用等波纹带阻 FIR 滤波器模型。

☑ 等波纹低通（逐点）：滤波器 x 使用等波纹低通 FIR 滤波器模型。

☑ 等波纹高通（逐点）：滤波器 x 使用等波纹高通 FIR 滤波器模型。

☑ 反 Chebyshev 滤波器（逐点）：通过反 Chebyshev 系数算法生成数字 Chebyshev II 滤波器。

☑ 椭圆滤波器（逐点）：通过调用椭圆滤波器系数 VI 生成数字椭圆滤波器。

☑ 中值滤波器（逐点）：对 X 应用秩的中值滤波器。

9.6.4 谱分析（逐点）

谱分析（逐点）VI 用于实现数学和信号处理中的常用转换，"谱分析（逐点）"子选板如图 9-86 所示。

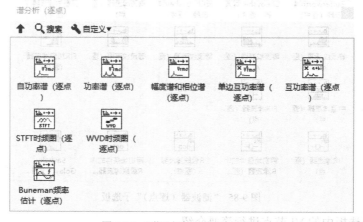

图 9-86 "谱分析（逐点）"子选板

下面对该子选板中的 VI 节点进行简要介绍。

☑ Buneman 频率估计（逐点）：依据 Buneman 公式估算未知频率的正弦波频率。

☑ STFT 时频图（逐点）：依据短时傅里叶变换（STFT）算法，计算联合时频域中信号的能量分布。

☑ WVD 时频图（逐点）：依据 Wigner-Ville 分布算法，计算联合时频域中信号的能量分布。

☑ 单边互功率谱（逐点）：计算两个实时信号的单边且已缩放的互功率谱。

☑ 幅度谱和相位谱（逐点）：计算实数时域信号的单边且已缩放的幅度谱，并通过幅度和相位返回幅度谱。

☑ 功率谱（逐点）：计算指定采样长度的输入数据点的功率谱 Sxx。

☑ 互功率谱（逐点）：计算指定采样长度的输入数据点的互功率谱 Sxy。

☑ 自功率谱（逐点）：计算时域信号的单边且已缩放的自功率谱。

9.6.5　变换（逐点）

变换（逐点）VI 用于计算逐点变换，"变换（逐点）"子选项如图 9-87 所示。

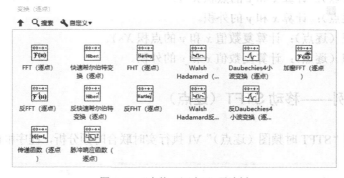

图 9-87　"变换（逐点）"子选板

下面对该子选板中的 VI 节点进行简要介绍。

☑ Daubechies4 小波变换（逐点）：进行基于 Daubechies4 函数的小波变换。

☑ FFT（逐点）：计算 X 的快速傅里叶变换（FFT）。该 VI 与 FFT VI 类似。

☑ FHT（逐点）：计算由采样长度指定的输入数据点的快速哈特莱变换（FHT）。

☑ Walsh Hadamard（逐点）：进行实数 Walsh Hadamard 变换。

☑ Walsh Hadamard 反变换（逐点）：进行实数 Walsh Hadamard 反变换。

☑ 传递函数（逐点）：计算网络上的适于激励信号和响应信号的单边传递函数（频率响应）。

☑ 反 Daubechies4 小波变换（逐点）：进行基于 Daubechies4 函数的反小波变换。

☑ 反 FFT（逐点）：计算由采样长度指定的输入数据点集合的离散傅里叶逆变换（IDFT）。

☑ 反 FHT（逐点）：计算由采样长度指定的输入数据点的快速哈特莱逆变换。

☑ 反快速希尔伯特变换（逐点）：通过 FFT 的属性，计算由采样长度指定的输入数据点的反快速希尔伯特变换。

☑ 加窗 FFT（逐点）：计算由采样长度指定的输入数据点的加窗 FFT。

☑ 快速希尔伯特变换（逐点）：通过 FFT 的属性，计算由采样长度指定的输入数据点的快速希尔伯特变换。

☑ 脉冲响应函数（逐点）：计算基于实数信号 X（激励信号 X）和信号 Y（响应信号 Y）的网络的脉冲响应。

9.6.6 线性代数（逐点）

线性代数（逐点）VI 用于进行矩阵相关和向量相关的计算和分析，"线性代数（逐点）"子选板如图 9-88 所示。

图 9-88 "线性代数（逐点）"子选板

下面对该子选板中的 VI 节点进行简要介绍。

☑ 点积（逐点）：计算 x 和 y 的点积 $X×Y$。

☑ 外积（逐点）：计算 x 和 y 的外积。

☑ 复数点积（逐点）：计算复数值 x 和 y 的点积 $X×Y$。

☑ 复数外积（逐点）：计算复数值 x 和 y 的外积。

9.6.7 操作实例——移动 STFT（逐点）

本例演示使用"STFT 时频图（逐点）"VI 执行实时联合时频分析，程序框图如图 9-89 所示。

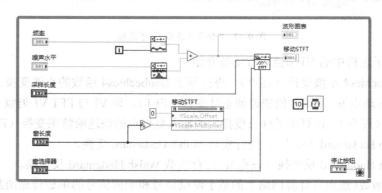

图 9-89 程序框图

1. 设置工作环境

（1）新建 VI。选择菜单栏中的"文件"→"新建 VI"命令，新建一个 VI，一个空白的 VI 包括前面板及程序框图。

（2）保存 VI。选择菜单栏中的"文件"→"另存为"命令，输入 VI 名称"移动 STFT（逐点）"。

（3）固定"控件"选板。单击鼠标右键，在前面板上打开"控件"选板，单击选板左上角

"固定"按钮，将"控件"选板固定在前面板界面上。

2．设计前面板与程序框图

（1）在"函数"选板上选择"编程"→"结构"→"While 循环"函数，创建循环结构，通过"停止"控件控制循环的停止。

（2）在"控件"选板上选择"银色"→"数值"→"数值输入控件（银色）""水平指针滑动杆（银色）"，双击标签修改对应的内容，将它们放置在前面板的适当位置上。

（3）在控件上单击鼠标右键，在弹出的快捷菜单中选择"显示项"→"数字显示"，显示"数值输入控件（银色）"控件的数字显示，在控件中输入初始值，如图 9-90 所示。

（4）在"控件"选板中选择"银色"→"图形"→"波形图表（银色）""强度图（银色）"控件，双击标签修改对应的内容，将它们放置在前面板的适当位置上。

（5）在"函数"选板上选择"信号处理"→"逐点"→"信号生成（逐点）"→"正弦波（逐点）"函数，连接"频率"控件，生成正弦波（逐点）。

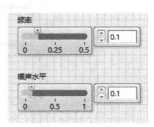

图 9-90　放置控件

（6）在"函数"选板上选择"信号处理"→"逐点"→"信号生成（逐点）"→"高斯白噪声（逐点）"函数，连接"噪声水平"控件。

（7）在"函数"选板上选择"编程"→"数值"→"加"函数，计算叠加波形。

（8）在"函数"选板上选择"信号处理"→"逐点"→"谱分析（逐点）"→"STFT 时频图（逐点）"函数，连接"采样长度"控件，生成"滤波"图形控件，在强度图中进行显示，并创建"窗选择器"输入控件。

（9）在"移动 STFT"控件上单击鼠标右键，在弹出的快捷菜单中选择"创建"→"属性节点"→"Y 标尺"→"偏移量与缩放系数"→"偏移量"选项，创建该属性，将其放置到循环内部，选择"创建常量"选项，将其值修改为 0，如图 9-91 所示。

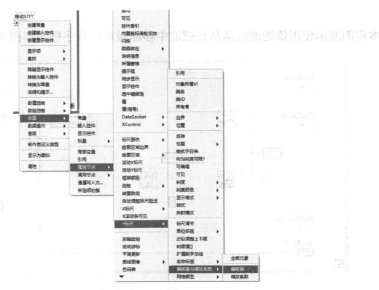

图 9-91　快捷菜单

（10）在"函数"选板上选择"编程"→"数值"→"倒数"函数，连接"移动 STFT"控件属性。

（11）在"函数"选板上选择"编程"→"定时"→"等待（ms）"函数，选择"创建常量"选项，将其值修改为10。

3．程序运行

（1）单击工具栏中的"整理程序框图"按钮，整理程序框图，程序框图如图 9-89 所示。

（2）打开前面板，单击"运行"按钮，运行 VI，运行结果如图 9-92 所示。

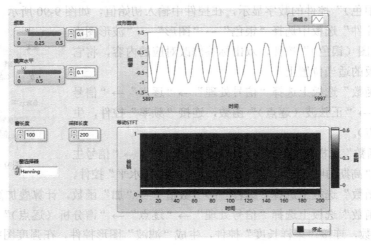

图 9-92　运行结果

9.7　综合演练——提取正弦波

本实例演示使用低通滤波器从正弦波中移除噪声，程序框图如图 9-93 所示。

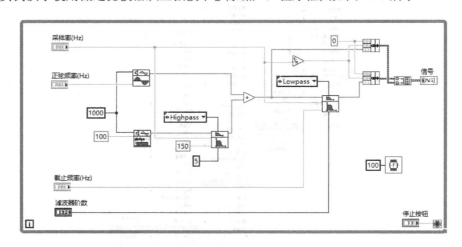

图 9-93　程序框图

1. 设置工作环境

（1）新建 VI。选择菜单栏中的"文件"→"新建 VI"命令，新建一个 VI，一个空白的 VI 包括前面板及程序框图。

（2）保存 VI。选择菜单栏中的"文件"→"另存为"命令，输入 VI 名称"提取正弦波"。

（3）固定"控件"选板。单击鼠标右键，在前面板上打开"控件"选板，单击选板左上角"固定"按钮，将"控件"选板固定在前面板界面上。

2. 设计前面板与程序框图

（1）在"控件"选板上选择"银色"→"数值"→"数值输入控件（银色）""水平指针滑动杆（银色）"，双击标签修改对应的内容，将它们放置在前面板的适当位置上。

（2）在控件上单击鼠标右键，选择"显示项"→"数字显示"，显示"数值输入控件（银色）"控件的数字显示。

（3）在"控件"选板上选择"银色"→"图形"→"波形图（银色）"控件，双击标签修改对应的内容，将其放置在前面板的适当位置上，如图 9-94 所示。

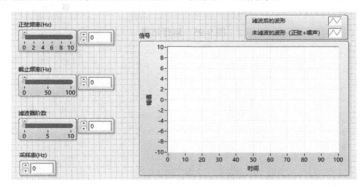

图 9-94　放置控件

（4）在"函数"选板上选择"编程"→"结构"→"While 循环"函数，创建循环结构，通过"停止"控件控制循环的停止。

（5）在"函数"选板上选择"信号处理"→"信号生成"→"正弦信号""均匀白噪声"函数，选择"创建常量"选项，分别修改值为 1 000 和 100。

（6）在"函数"选板上选择"信号处理"→"滤波器"→"Butterworth 滤波器"函数，在"滤波器类型"输入端创建常量，设置常量选项分别为 Highpass 和 Lowpass。

（7）在"函数"选板上选择"编程"→"数值"→"加""倒数"函数，将它们放置到循环内部，连接函数和控件的输入/输出端。

（8）在"函数"选板上选择"编程"→"簇、类与变体"→"捆绑"函数，将其放置到循环内部，连接"Butterworth 滤波器"函数输出端，并设置常量为 0。

（9）在"函数"选板上选择"编程"→"数组"→"创建数组"函数，将其放置到循环内部，连接波形图控件。

（10）在"函数"选板上选择"编程"→"定时"→"等待（ms）"函数，选择"创建常量"选项，修改其值为 100。

3．程序运行

（1）单击工具栏中的"整理程序框图"按钮![icon]，整理程序框图，结果如图 9-93 所示。

（2）选择菜单栏中的"编辑"→"当前值设置为默认值"命令，保存 VI 的输入控件中的输入初始值。

（3）在前面板中单击"运行"按钮![icon]，运行 VI，结果如图 9-95 所示。

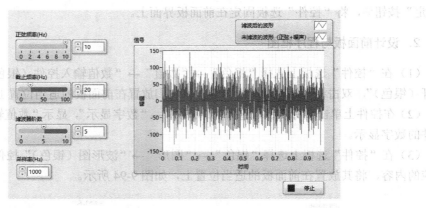

图 9-95　运行结果

第10章

文件管理

文件管理是测试系统软件开发的重要组成部分，不同类型的数据存储、参数输入、系统管理都离不开文件的建立、操作和维护。

本章对 LabVIEW 中与文件相关的 VI 和函数及使用方法进行介绍，并使用具体实例讲解了文件 I/O 函数和 VI 的使用方法。

知识重点

- ☑ 文件操作
- ☑ 文件类型
- ☑ 高级文件

任务驱动&项目案例

文件操作

对于文件的操作，有打开/关闭，以及进行高级的拆分路径等，以下将详细介绍文件的操作函数。

1."打开/创建/替换文件"函数

"打开/创建/替换文件"函数使用程序或交互式文件对话框打开一个现有文件、创建一个新文件或替换一个已存在的文件。可以选择使用对话框的提示或使用默认文件名。"打开/创建/替换文件"函数的节点图标和端口定义如图 10-1 所示。

图 10-1 "打开/创建/替换文件"函数的节点图标和端口定义

2."关闭文件"函数

"关闭文件"函数用于关闭一个引用句柄指定的打开的文件，并返回至引用句柄相关文件的路径。这个节点不管是否有错误信息输入，都要执行关闭文件的操作。所以，必须从错误输出中判断关闭文件操作是否成功。"关闭文件"函数的节点图标和端口定义如图 10-2 所示。

图 10-2 "关闭文件"函数的节点图标和端口定义

关闭文件要进行下列操作。

① 把文件写在缓冲区里的数据写入物理存储介质中。

② 更新文件列表的信息，如文件大小、文件最后更新日期等。

③ 释放引用句柄。

3."格式化写入文件"函数

将字符串、数值、路径或布尔数据格式化为文本格式并写入文本文件中。"格式化写入文件"函数的节点图标和端口定义如图 10-3 所示。

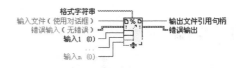

图 10-3 "格式化写入文件"函数的节点图标和端口定义

在"格式化写入文件"函数节点图标上双击鼠标，或者在节点图标上单击鼠标右键，弹出快捷菜单，选择"编辑格式字符串"，显示"编辑格式字符串"对话框，如图 10-4 所示。该对话框用于将数字转换为字符串。

该对话框包括以下部分。

① 当前格式顺序：表示将数字转换为字符串的已选操作格式。

② 添加新操作：将"已选操作（范例）"列表框中的一个操作添加到"当前格式顺序"列表框中。

③ 删除本操作：将选中的操作从"当前格式顺序"列表框中删除。

④ 对应的格式字符串：显示已选格式顺序或格式操作的格式字符串。该选项为只读。

⑤ 已选操作（范例）：列出可选的转换操作。

⑥ 选项：指定以下格式化选项。

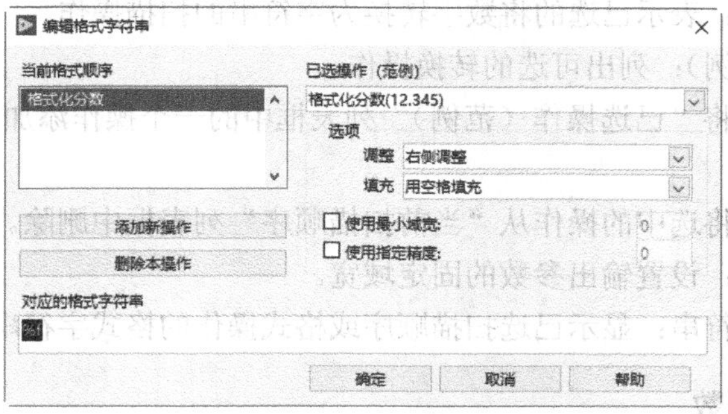

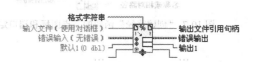

图 10-4 "编辑格式字符串"对话框

a. 调整：设置输出字符串为"右侧调整"或"左侧调整"，即右对齐或左对齐。

b. 填充：设置以空格或零对输出字符串进行填充。

c. 使用最小域宽：设置输出字符串的最小域宽。

d. 使用指定精度：根据指定的精度将数字格式化。本选项仅在选中"已选操作（范例）"下拉菜单中的"格式化分数（12.345）""格式化科学记数法数字（1.234E1）"或"格式化分数/科学记数法数字（12.345）"后才可用。

4. "扫描文件"函数

在一个文件的文本中扫描字符串、数值、路径和布尔数据，将文本转换成一种数据类型，并返回引用句柄的副本及按顺序输出扫描到的数据。可以使用该函数节点读取文件中的所有文本。但是使用该函数节点不能指定文件扫描的起始点。"扫描文件"函数的节点图标和端口定义如图 10-5 所示。

图 10-5 "扫描文件"函数的节点图标和端口定义

在"扫描文件"函数节点图标上双击鼠标，或者在节点图标上单击鼠标右键，弹出快捷菜单，选择"编辑扫描字符串"，显示"编辑扫描字符串"对话框，如图 10-6 所示。该对话框用于指定将输入的字符串转换为输出参数的方式。

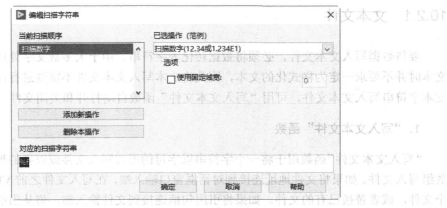

图 10-6 "编辑扫描字符串"对话框

该对话框包括以下部分。

① 当前扫描顺序：表示已选的将数字转换为字符串的扫描操作。

② 已选操作（范例）：列出可选的转换操作。

③ 添加新操作：将"已选操作（范例）"列表框中的一个操作添加到"当前扫描顺序"列表框中。

④ 删除本操作：将选中的操作从"当前扫描顺序"列表框中删除。

⑤ 使用固定域宽：设置输出参数的固定域宽。

⑥ 对应的扫描字符串：显示已选扫描顺序或格式操作的格式字符串。该选项为只读。

5."创建路径"函数

"创建路径"函数用于在一个已经存在的基路径后添加一个字符串输入，构成一个新的路径名称。"创建路径"函数的节点图标和端口定义如图 10-7 所示。

在实际应用中，可以把基路径设置为工作目录，在每次存取文件时就不用在路径输入控件中输入很长的目录名称了，而只需要输入相对路径或文件名。

6."拆分路径"函数

"拆分路径"函数用于把输入路径从最后一个反斜杠的位置分成两部分，分别从拆分的路径输出端和名称输出端口输出。因为一个路径的后面常常是一个文件名，所以这个函数可以把文件名从路径中分离出来。"拆分路径"函数的节点图标和端口定义如图 10-8 所示。

图 10-7 "创建路径"函数的节点图标和端口定义 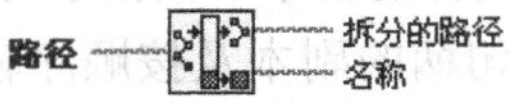　　　图 10-8 "拆分路径"函数的节点图标和端口定义

10.2 文件类型

本节介绍对不同类型的文件进行写入与读取操作的函数。

10.2.1 文本文件

要将数据写入文本文件，必须将数据转化为字符串。由于大多数文字处理应用程序在读取文本时并不要求一定为格式化的文本，因此将文本写入文本文件不需要进行格式化。若需要将文本字符串写入文本文件，可用"写入文本文件"函数自动打开和关闭文件。

1."写入文本文件"函数

"写入文本文件"函数用于将一个字符串以字母的形式写入文件或以行的形式将一个字符串数组写入文件。如果将文件地址连接到对话框窗口输入端，在写入文件之前 VI 将打开或创建一个文件，或者替换已有的文件。如果将引用句柄连接到文件输入端，将从当前文件位置开始写入内容。"写入文本文件"函数的节点图标和端口定义如图 10-9 所示。

图 10-9　"写入文本文件"函数的节点图标和端口定义

① 对话框窗口：提示在文件对话框的文件、目录列表或文件夹上方显示的信息。

② 文件：文件路径输入。可以直接在"对话框窗口"端口输入一个文件路径和文件名，如果输入的文件已经存在，则打开这个文件，如果输入的文件不存在，则创建这个新文件。如果"对话框窗口"端口的值为空或非法的文件路径，则调用对话框，通过对话框来选择或输入文件。

2. "读取文本文件"函数

从一个字节流文件中读取指定数目的字符或行。默认情况下"读取文本文件"函数会读取文本文件中所有的字符。将一个整数输入"计数"输入端，指定从文本文件中读取以第一个字符为起始的字符数。在图标处单击鼠标右键，在弹出的快捷菜单中选择"读取行"，"计数"输入端输入的数字是所要读取的以第一行为起始的行数。如果"计数"输入端输入的值为–1，将读取文本文件中所有的字符和行。"读取文本文件"函数的节点图标和端口定义如图 10-10 所示。

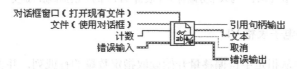

图 10-10　"读取文本文件"函数的节点图标和端口定义

10.2.2　带分隔符电子表格

LabVIEW 2022 提供了两个 VI 用于写入和读取带分隔符电子表格，它们分别是写入带分隔符电子表格 VI 和读取带分隔符电子表格 VI。

要将数据写入带分隔符电子表格，必须将字符串格式化为包含分隔符（如制表符）的字符串。

写入带分隔符电子表格 VI 或"数组至电子表格字符串转换"函数可将来自图形、图表或采样的数据集转换为电子表格字符串。

1. 写入带分隔符电子表格 VI

写入带分隔符电子表格 VI 将字符串、带符号整数或双精度数的二维或一维数组转换为文本字符串，将字符串写入新的字节流文件或将字符串添加至现有文件中。通过将数据连线至二维数据或一维数据输入端可确定要使用的多态实例，也可手动选择实例。

在写入之前创建或打开一个文件，写入后关闭该文件。该 VI 调用"数组至电子表格字符串转换"函数转换数据。写入带分隔符电子表格 VI 的节点图标及端口定义如图 10-11 所示。

☑ 格式：指定如何使数字转化为字符。若格式为"%.3f"（默认），VI 可创建包含数字的字符串，小数点后有 3 位数字。若格式为"%d"，VI 可使数据转换为整数，使用尽可

能多的字符包含整个数字。若格式为"%s"，VI 可复制输入字符串。使用格式字符串
语法。

☑ 文件路径：表示文件的路径名称。若文件路径为空（默认值）或为非法路径，VI 可显
示用于选择文件的文件对话框。若在文件对话框内选择取消，则发生错误。

☑ 二维数据：指定一维数据未连线或为空时，写入文件的数据。

☑ 一维数据：指定输入不为空时要写入文件的数据。VI 在开始运算前可使一维数组转换
为二维数组。

☑ 添加至文件？：当该端口的值为 TRUE 时，添加数据至现有文件。若"添加至文件？"的
值为 FALSE（默认），VI 可替换已有文件中的数据。若不存在已有文件，VI 可创建新文件。

☑ 错误输入：表明节点运行前发生的错误。该输入将"提供标准错误输入"功能。

☑ 转置：指定将数据从字符串转换后是否进行转置。默认值为 FALSE，对 VI 的每次调
用都在文件中创建新的行。

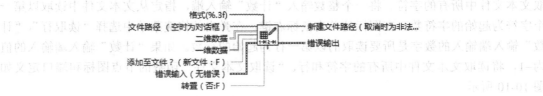

图 10-11 写入带分隔符电子表格 VI 的节点图标和端口定义

2．读取带分隔符电子表格 VI

在数值文本文件中从指定字符偏移量开始读取指定数量的行或列，并将数据转换为双精度的
二维数组，数组元素可以是数字、字符串或整数。VI 在读取之前先打开文件，在读取之后关闭文
件。可以使用该 VI 读取以文本格式保存的电子表格文件。该 VI 调用"电子表格字符串至数组转
换"函数来转换数据。读取带分隔符电子表格 VI 的节点图标和端口定义如图 10-12 所示。

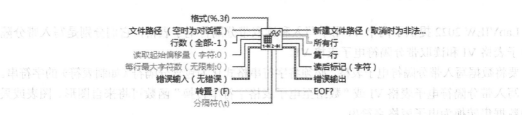

图 10-12 读取带分隔符电子表格 VI 的节点图标和端口定义

☑ 格式：指定如何将数字转化为字符。若格式为"%.3f"（默认），VI 可创建包含数字的字
符串，小数点后有 3 位数字。若格式为"%d"，VI 可将数据转换为整数，使用尽可能多
的字符包含整个数字。若格式为"%s"，VI 可复制输入字符串。使用格式字符串语法。

☑ 文件路径：表示文件的路径名称。

☑ 行数：VI 读取行数的最大值。默认值为–1。

☑ 读取起始偏移量：指定 VI 开始读取操作的位置，以字符（字节）为单位。字节流文件
中可能包含不同类型的数据段，因此偏移量的单位为字节而非数字。因此，若需要读
取 100 个数字数组，且数组头为 57 个字符，需要设置读取起始偏移量为 57。

☑ 每行最大字符数：在搜索行的末尾之前，VI 读取的最大字符数。默认值为 0，表示 VI 读取的字符数量不受限制。

☑ 错误输入：表明节点运行前的错误情况。

☑ 转置？：指定将数据从字符串转换后是否进行转置。默认值为 FALSE。

☑ 分隔符：用于对电子表格文件中的栏进行分隔的字符或由字符组成的字符串。

☑ 新建文件路径：返回文件的路径。

☑ 所有行：从文件中读取的数据。

☑ 第一行：所有行数组中的第一行。可使用该输入将一行数据读入一维数组。

☑ 读后标记：返回文件中读取操作终结字符后的字符（字节）。

☑ 错误输出：包含错误信息。该输出提供"标准错误输出"功能。

☑ EOF?：如果需要读取的内容超出文件结尾，则值为 TRUE。

10.2.3　二进制文件

尽管二进制文件的可读性比较差且不能直接编辑，但是由于它是 LabVIEW 中格式最为紧凑、存取效率最高的一种文件格式，因此在 LabVIEW 程序设计中，这种文件格式得到了广泛的应用。

1."写入二进制文件"函数

"写入二进制文件"函数将二进制数据写入一个新文件或追加到一个已存在的文件中。如果连接文件输入端的是一个路径，函数将在写入文件之前打开文件或创建新文件，又或者替换已存在的文件。如果将引用句柄连接到文件输入端，将从当前文件位置开始追加写入内容。"写入二进制文件"函数的节点图标和端口定义如图 10-13 所示。

图 10-13　"写入二进制文件"函数的节点图标和端口定义

2."读取二进制文件"函数

"读取二进制文件"函数用于从一个文件中读取二进制数据并从数据输出端返回这些数据。数据怎样被读取取决于指定文件的格式。"读取二进制文件"函数的节点图标和端口定义如图 10-14 所示。

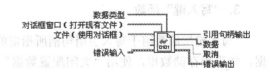

图 10-14　"读取二进制文件"函数的节点图标和端口定义

数据类型：数据类型设置函数从二进制文件中读取数据所使用的数据类型。数据类型设置函数从当前文件位置开始以选择的数据类型来解析数据。如果数据类型是一个数组、字符串或包含数组和字符串的簇，那么函数将认为每一个数据实例都包含大小信息。如果数据实例不包含大小信息，那么函数将曲解这些数据。如果 LabVIEW 发现数据与数据类型不匹配，它将数据设置为默认数据类型并返回一个错误。

10.2.4 配置文件

配置文件 VI 可读取和创建标准的 Windows 配置（.ini）文件，并以独立于平台的格式写入特定平台的数据（如路径），从而可以跨平台使用 VI 生成的文件。对于配置文件，配置文件 VI 不使用标准文件格式。通过配置文件 VI 可在任何平台上读写由 VI 创建的文件。在“编程”→“文件 I/O”子选板中选择“配置文件 VI”子选板，如图 10-15 所示。

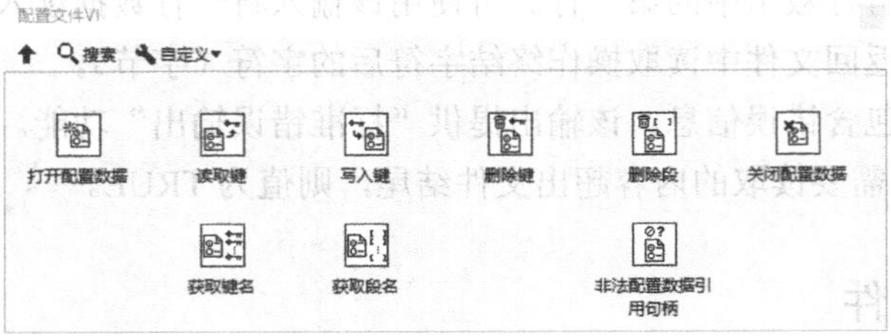

图 10-15 “配置文件 VI”子选板

1.“打开配置数据”函数

“打开配置数据”函数用于打开配置文件的路径所指定的配置数据的引用句柄。“打开配置数据”函数的节点图标和端口定义如图 10-16 所示。

2.“读取键”函数

“读取键”函数用于读取引用句柄所指定的配置数据中的键数据。如果键不存在，将返回默认值。“读取键”函数的节点图标和端口定义如图 10-17 所示。

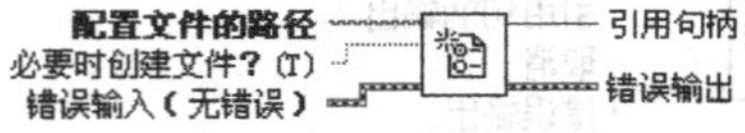

图 10-16 “打开配置数据”函数的节点图标和端口定义

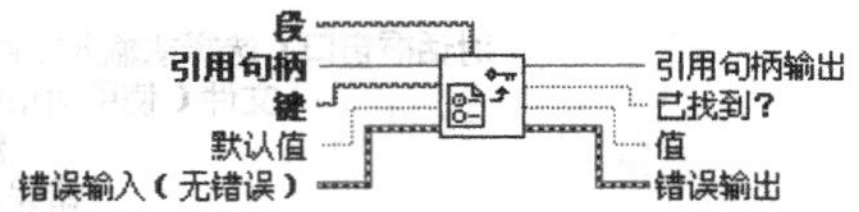

图 10-17 “读取键”函数的节点图标和端口定义

☑ 段：从中读取键的段名称。

☑ 键：所要读取的键名称。

☑ 默认值：当 VI 在段中没有找到指定的键或者发生错误时 VI 的默认返回值。

3.“写入键”函数

“写入键”函数用于写入引用句柄所指定的配置数据文件的键数据。该 VI 修改内存中的数据，如果想存储数据，使用“关闭配置数据”函数。“写入键”函数的节点图标和端口定义如图 10-18 所示。

4.“删除键”函数

“删除键”函数用于删除由引用句柄指定的由段输入端指定的键。“删除键”函数的节点图标和端口定义如图 10-19 所示。

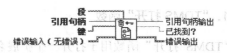

图 10-18　"写入键"函数的节点图标和端口定义　　　图 10-19　"删除键"函数的节点图标和端口定义

5."删除段"函数

"删除段"函数用于删除由引用句柄指定的配置数据中的段。"删除段"函数的节点图标及端口定义如图 10-20 所示。

6."关闭配置数据"函数

"关闭配置数据"函数用于将数据写入由引用句柄指定的独立于平台的配置文件，然后关闭对该文件的引用。"关闭配置数据"函数的节点图标和端口定义如图 10-21 所示。

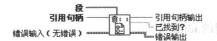

图 10-20　"删除段"函数的节点图标和端口定义　　图 10-21　"关闭配置数据"函数的节点图标和端口定义

写入配置文件？：如果值为 TRUE（默认值），VI 将配置数据写入独立于平台的配置文件。配置文件由"打开配置数据"函数选择。如果值为 FALSE，配置数据不被写入。

7."获取键名"函数

"获取键名"函数用于获取由引用句柄指定的配置数据中特定段的所有键名。"获取键名"函数的节点图标和端口定义如图 10-22 所示。

8."获取段名"函数

"获取段名"函数用于获取由引用句柄指定的配置数据中的所有段名。"获取段名"函数的节点图标和端口定义如图 10-23 所示。

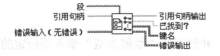

图 10-22　"获取键名"函数的节点图标和端口定义　　图 10-23　"获取段名"函数的节点图标和端口定义

9."非法配置数据引用句柄"函数

"非法配置数据引用句柄"函数用于判断配置数据引用是否有效。"非法配置数据引用句柄"函数的节点图标和端口定义如图 10-24 所示。

10.2.5　TDMS

图 10-24　"非法配置数据引用句柄"函数的节点图标和端口定义

使用 TDMS VI 和函数将波形数据和属性写入二进制测量文件或从其中读出。"TDMS"子选板如图 10-25 所示。

1．"TDMS 打开"函数

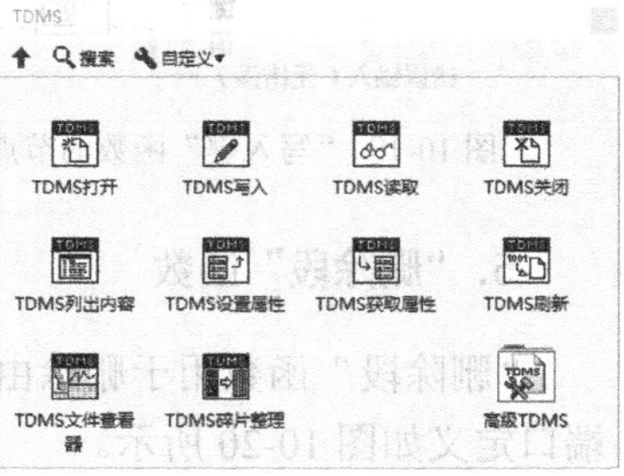

"TDMS 打开"函数用于打开一个扩展名为".tdms"的文件，下文称为.tdms 文件，也可以使用该函数新建一个文件或替换一个已存在的文件。"TDMS 打开"函数的节点图标和端口定义如图 10-26 所示。

操作：选择操作的类型，可以指定为下列 5 种操作类型之一。

☑ open（0）：打开一个要写入的.tdms 文件，为默认类型。

☑ open or create（1）：创建一个新的或打开一个已存在的要进行配置的.tdms 文件。

☑ create or replace（2）：创建一个新的或替换一个已存在的.tdms 文件。

☑ create（3）：创建一个新的.tdms 文件。

☑ open（read-only）（4）：打开一个只读类型的.tdms 文件。

图 10-25 "TDMS"子选板

2．"TDMS 写入"函数

"TDMS 写入"函数用于将数据流写入指定的.tdms 文件。所要写入的数据子集由"组名称输入""通道名输入"指定。"TDMS 写入"函数的节点图标和端口定义如图 10-27 所示。

☑ 组名称输入：指定要进行操作的组名称。如果该输入端没有连接，则默认为无标题。

☑ 通道名输入：指定要进行操作的通道名。如果该输入端没有连接，通道将由 LabVIEW 自动命名。如果数据输入端连接了波形数据，LabVIEW 使用波形的名称为通道命名。

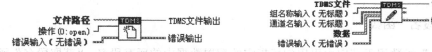

图 10-26 "TDMS 打开"函数的节点图标和端口定义　图 10-27 "TDMS 写入"函数的节点图标和端口定义

3．"TDMS 读取"函数

"TDMS 读取"函数用于打开指定的.tdms 文件，并返回由"数据类型"输入端指定的数据类型的数据。"TDMS 读取"函数的节点图标和端口定义如图 10-28 所示。

4．"TDMS 关闭"函数

"TDMS 关闭"函数用于关闭一个使用"TDMS 打开"函数打开的.tdms 文件。"TDMS 关闭"函数的节点图标和端口定义如图 10-29 所示。

图 10-28 "TDMS 读取"函数的节点图标和端口定义　图 10-29 "TDMS 关闭"函数的节点图标和端口定义

5."TDMS 列出内容"函数

"TDMS 列出内容"函数用于列出由".tdms 文件"输入端指定的.tdms 文件包含的组名称和通道名。"TDMS 列出内容"函数的节点图标和端口定义如图 10-30 所示。

6."TDMS 设置属性"函数

"TDMS 设置属性"函数用于设置指定.tdms 文件的属性、组名称或通道名。如果"组名称"或"通道名"输入端有输入,属性将被写入组或通道。如果"组名称"或"通道名"输入端无输入,属性将变为文件标识。"TDMS 设置属性"函数的节点图标和端口定义如图 10-31 所示。

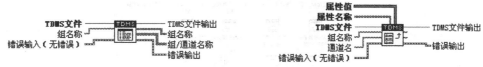

图 10-30 "TDMS 列出内容"函数的节点图标和端口定义   图 10-31 "TDMS 设置属性"函数的节点图标和端口定义

7."TDMS 获取属性"函数

"TDMS 获取属性"函数用于返回指定.tdms 文件的属性。如果"组名称"或"通道名"输入端有输入,函数将返回组或通道的属性。如果"组名称"和"通道名"输入端无输入,函数将返回特定.tdms 文件的属性。"TDMS 获取属性"函数的节点图标和端口定义如图 10-32 所示。

8."TDMS 刷新"函数

"TDMS 刷新"函数用于刷新系统内存中的.tdms 文件数据以保持数据的安全性。"TDMS 刷新"函数的节点图标和端口定义如图 10-33 所示。

图 10-32 "TDMS 获取属性"函数的节点图标和端口定义   图 10-33 "TDMS 刷新"函数的节点图标和端口定义

9."TDMS 文件查看器"函数

"TDMS 文件查看器"函数用于打开由文件路径输入端指定的.tdms 文件,并将文件数据在 TDMS 查看器窗口中显示出来。"TDMS 文件查看器"函数的节点图标和端口定义如图 10-34 所示。

10."TDMS 碎片整理"函数

图 10-34 "TDMS 文件查看器"函数的
节点图标和端口定义

"TDMS 碎片整理"函数用于整理由文件路径指定的.tdms 文件的数据。如果.tdms 文件的数据很混乱,可以使用该函数进行清理,从而提高性能。"TDMS 碎片整理"函数的节点图标和端口定义如图 10-35 所示。

11. 高级 TDMS VI 和函数

文件路径
错误输入（无错误） ━━ 错误输出

图 10-35 "TDMS 碎片整理"函数的
节点图标和端口定义

高级 TDMS VI 和函数可用于对.tdms 文件进行高级 I/O 操作（如异步读取和写入）。通过此类 VI 和函数可读取已有.tdms 文件中的数据，或者将数据写入新建的.tdms 文件，或者替换已有的.tdms 文件中的部分数据。可使用此类 VI 和函数转换.tdms 文件的格式版本或新建未换算数据的换算信息。

"高级 TDMS"子选板如图 10-36 所示。

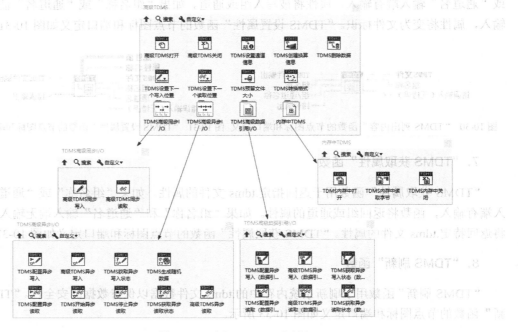

图 10-36 "高级 TDMS"子选板

☑ "高级 TDMS 打开"函数：按照主机使用的字节顺序打开用于读写操作的.tdms 文件，也可用于创建新.tdms 文件或替换现有.tdms 文件。不同于"TDMS 打开"函数，"高级 TDMS 打开"函数不会创建.tdms_index 文件。若使用该函数打开.tdms 文件，且该文件已有对应的.tdms_index 文件，则该函数可删除.tdms_index 文件。"高级 TDMS 打开"函数的节点图标和端口定义如图 10-37 所示。

☑ "高级 TDMS 关闭"函数：关闭通过"高级 TDMS 打开"函数打开的.tdms 文件，释放"TDMS 预留文件大小"函数保留的磁盘空间。"高级 TDMS 关闭"函数的节点图标和端口定义如图 10-38 所示。

图 10-37 "高级 TDMS 打开"函数的节点图标和端口定义　　图 10-38 "高级 TDMS 关闭"函数的节点图标和端口定义

☑ "TDMS 设置通道信息"函数：定义要写入指定.tdms 文件的原始数据包含的通道信息。通道信息包括数据布局、组名称、通道名、数据类型和采样数。"TDMS 设置通道信息"

函数的节点图标和端口定义如图 10-39 所示。

☑　TDMS 创建换算信息 VI：创建.tdms 文件中未缩放数据的缩放信息。该 VI 将缩放信息写入.tdms 文件。必须手动选择所需要的多态实例。

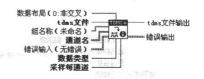

图 10-39　"TDMS 设置通道信息"函数的节点图标和端口定义

TDMS 创建换算信息（线性、多项式、热电偶、RTD、表格、应变、热敏电阻、倒数）VI 的节点图标和端口定义如图 10-40 所示。

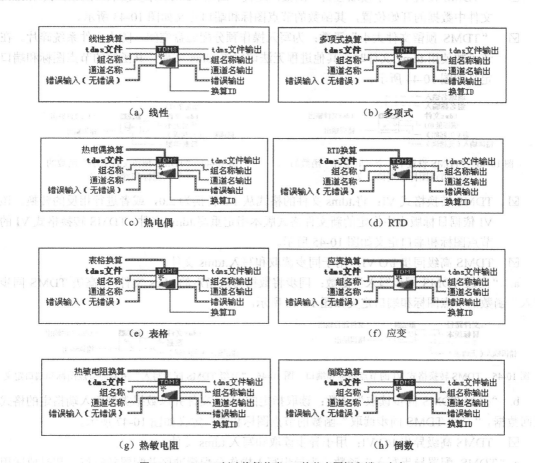

图 10-40　TDMS 创建换算信息 VI 的节点图标和端口定义

☑　"TDMS 删除数据"函数：从一个通道或一个组的多个通道中删除数据。该函数在删除数据后，若.tdms 文件中数据采样的数量少于通道属性 wf_samples 的值，LabVIEW 将把 wf_samples 的值设置为.tdms 文件中的数据采样的数量，其函数的节点图标及端口定义如图 10-41 所示。

☑　"TDMS 设置下一个写入位置"函数：配置"高级 TDMS 异步写入"函数或"高级 TDMS 同步写入"函数，开始重写.tdms 文件中已有的数据，其函数的节点图标和端口定义如图 10-42 所示。

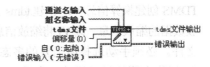

图 10-41 "TDMS 删除数据"函数的节点图标和端口定义　　图 10-42 "TDMS 设置下一个写入位置"函数的
节点图标和端口定义

☑ "TDMS 设置下一个读取位置"函数：配置"高级 TDMS 异步读取"函数，读取.tdms 文件中数据的开始位置，其函数的节点图标和端口定义如图 10-43 所示。

☑ "TDMS 预留文件大小"函数：为写入操作预分配磁盘空间，防止文件系统碎片。在该函数使用.tdms 文件时，其他进程无法访问该.tdms 文件，其函数的节点图标和端口定义如图 10-44 所示。

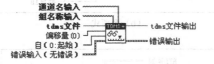

图 10-43 "TDMS 设置下一个读取位置"函数的　　图 10-44 "TDMS 预留文件大小"函数的
节点图标和端口定义　　　　　　　　　　　　节点图标和端口定义

☑ TDMS 转换格式 VI：将.tdms 文件的格式从 1.0 转换为 2.0，或者进行相反的转换。该 VI 依据目标版本中指定的新文件格式版本指定重写.tdms 文件，TDMS 转换格式 VI 的节点图标和端口定义如图 10-45 所示。

☑ TDMS 高级同步 I/O VI：用于同步读取和写入.tdms 文件。

a. "高级 TDMS 同步写入"函数：同步将数据写入指定的.tdms 文件。"高级 TDMS 同步写入"函数的节点图标和端口定义如图 10-46 所示。

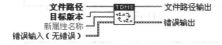
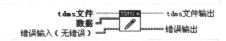

图 10-45 TDMS 转换格式 VI 的节点图标和端口　　图 10-46 "高级 TDMS 同步写入"函数的节点图标和端口定义

b. "高级 TDMS 同步读取"函数：读取指定的.tdms 文件并以数据类型输入端指定的格式返回数据。"高级 TDMS 同步读取"函数的节点图标和端口定义如图 10-47 所示。

☑ TDMS 高级异步 I/O VI：用于异步读取和写入.tdms 文件。

a. "TDMS 配置异步写入"函数：为异步写入操作分配缓冲区并配置超时值。超时值适用于所有后续异步写入操作，其函数的节点图标和端口定义如图 10-48 所示。

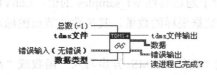
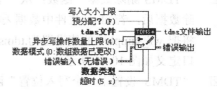

图 10-47 "高级 TDMS 同步读取"函数的节点　　图 10-48 "TDMS 配置异步写入"函数的
图标和端口定义　　　　　　　　　　　　节点图标和端口定义

b. "高级 TDMS 异步写入"函数：将数据异步写入指定的.tdms 文件，该函数可同时执行多

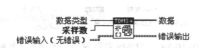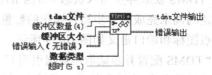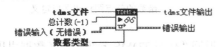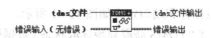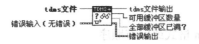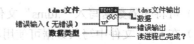

个在后台执行的异步写入操作，其函数的节点图标和端口定义如图 10-49 所示。

c. "TDMS 获取异步写入状态"函数：获取"高级 TDMS 异步写入"函数创建的尚未完成的异步写入操作的数量。其函数的节点图标和端口定义如图 10-50 所示。

图 10-49 "高级 TDMS 异步写入"函数的节点图标和端口定义　　图 10-50 "TDMS 获取异步写入状态"函数的节点图标和端口定义

d. "TDMS 生成随机数据"函数：可以使用生成的随机数据去测试高级 TDMS VI 或函数的性能。在测试时，利用从数据获取装置中生成的数据，使用 VI 进行仿真，其函数的节点图标和端口定义如图 10-51 所示。

e. "TDMS 配置异步读取"函数：为异步读取操作分配缓冲区并配置超时值。超时值适用于所有后续异步读取操作，其函数的节点图标和端口定义如图 10-52 所示。

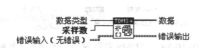

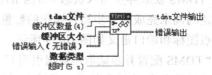

图 10-51 "TDMS 生成随机数据"函数的节点图标和端口定义　　图 10-52 "TDMS 配置异步读取"函数的节点图标和端口定义

f. "TDMS 开始异步读取"函数：开始异步读取。在进行的异步读取完成或停止前，无法配置或开始新的异步读取，其函数的节点图标和端口定义如图 10-53 所示。

g. "TDMS 停止异步读取"函数：停止新的异步读取。该函数不忽略完成的异步读取或取消尚未完成的异步读取操作。通过该函数停止异步读取后，可通过"高级 TDMS 异步读取"函数读取完成的异步读取操作，其函数的节点图标和端口定义如图 10-54 所示。

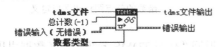

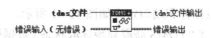

图 10-53 "TDMS 开始异步读取"函数的节点图标和端口定义　　图 10-54 "TDMS 停止异步读取"函数的节点图标和端口定义

h. "TDMS 获取异步读取状态"函数：获取"高级 TDMS 异步读取"函数要读取数据的缓冲区的数量，其函数的节点图标和端口定义如图 10-55 所示。

i. "高级 TDMS 异步读取"函数：读取指定的.tdms 文件并以数据类型输入端指定的格式返回数据。该函数可返回此前读入缓冲区的数据，缓冲区通过"TDMS 配置异步读取"函数配置。该函数可同时执行多个异步读取操作，其函数的节点图标和端口定义如图 10-56 所示。

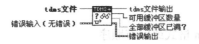

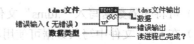

图 10-55 "TDMS 获取异步读取状态"函数的节点图标和端口定义　　图 10-56 "高级 TDMS 异步读取"函数的节点图标和端口定义

☑　"TDMS 高级数据引用 I/O"函数：用于与数据交互，也可使用这些函数从.tdms 文件异步读取数据并将数据直接置于 DMA 缓存中。

a. "TDMS 配置异步写入（数据引用）"函数：配置异步写入操作的最大数量及超时值。超时值适用于所有后续写入操作。在使用"TDMS 高级异步写入（数据引用）"函数之前，必须使用"TDMS 配置异步写入（数据引用）"函数配置异步写入，其函数的节点图标和端口定义如图 10-57 所示。

b. "高级 TDMS 异步写入（数据引用）"函数：将该数据引用输入端指向的数据异步写入指定的.tdms 文件。该函数可以在后台执行异步写入的同时发出更多的异步写入指令。还可以查询挂起的异步写入操作的数量，其函数的节点图标和端口定义如图 10-58 所示。

图 10-57 "TDMS 配置异步写入（数据引用）"函数的   图 10-58 "高级 TDMS 异步写入（数据引用）"函数的
节点图标和端口定义   节点图标和端口

c. "TDMS 获取异步写入状态（数据引用）"函数：返回"高级 TDMS 异步写入（数据引用）"函数创建的尚未完成的异步写入操作的数量，其函数的节点图标和端口定义如图 10-59 所示。

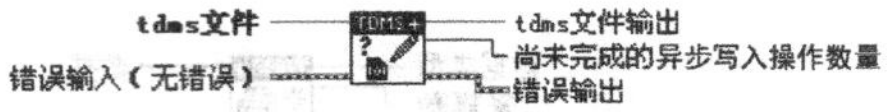

d. "TDMS 配置异步读取（数据引用）"函数：配置异步读取操作的最大数量、待读取数据的总量，以及异步读取的超时值。在使用"TDMS 高级异步读取（数据引用）"函数之前，必须使用该函数配置异步读取，其函数的节点图标和端口定义如图 10-60 所示。

图 10-59 "TDMS 获取异步写入状态（数据引用）"
函数的节点图标和端口定义

e. "高级 TDMS 异步读取（数据引用）"函数：从指定的.tdms 文件中异步读取数据，并将数据保存在 LabVIEW 之前的存储器中。该函数在后台执行异步读取操作的同时发出更多异步读取指令，其函数的节点图标和端口定义如图 10-61 所示。

图 10-60 "TDMS 配置异步读取（数据引用）"
函数的节点图标和端口定义

f. "TDMS 获取异步读取状态（数据引用）"函数：返回"高级 TDMS 异步读取（数据引用）"函数创建的尚未完成的异步读取操作的数量，其函数的节点图标和端口定义如图 10-62 所示。

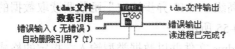

图 10-61 "高级 TDMS 异步读取（数据引用）"函数的   图 10-62 "TDMS 获取异步读取状态（数据引用）"
节点图标和端口定义   函数的节点图标和端口定义

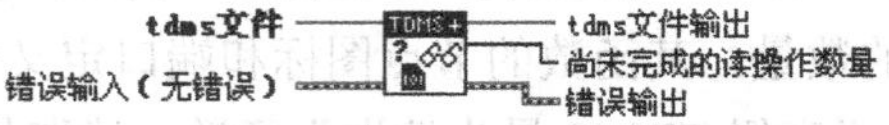

文件格式 2.0 版本包括文件格式 1.0 版本的所有特性，以及下列特性。

（1）可将间隔数据写入".tdms"文件。

（2）在.tdms 文件中写入数据可使用不同的 endian 格式或字节顺序。

（3）不使用操作系统缓冲区写入".tdms"数据，可使性能提高，特别是在磁盘冗余阵列（RAID）中。

（4）可使用 NI-DAQmx 在.tdm 文件中写入带换算信息的元素数据。

（5）通过位连续数据的多个数据块使用单个文件头，文件格式 2.0 版本可优化连续数据采集的写入性能，可改进单值采集的性能。

（6）文件格式 2.0 版本支持.tdms 文件异步写入，可使应用程序在将数据写入文件的同时处理内存中的数据，无须等待写入函数结束。

☑　内存中 TDMS 函数：用于与数据交互，也可使用这些函数从.tdms 文件中异步读取数据并将数据直接置于 DMA 缓存中。

a. "TDMS 内存中打开"函数：在内存中创建一个空的.tdms 文件进行读取或写入操作，也可使用该函数基于字节数组或磁盘文件创建一个文件，其函数的节点图标和端口定义如图 10-63 所示。

b. "TDMS 内存中读取字节"函数：读取内存中的.tdms 文件，返回不带符号 8 位整数数组，其函数的节点图标和端口定义如图 10-64 所示。

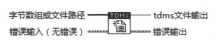

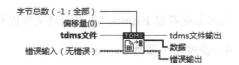

图 10-63　"TDMS 内存中打开"函数的节点图标和端口定义　　图 10-64　"TDMS 内存中读取字节"函数的节点图标和端口定义

c. "TDMS 内存中关闭"函数：关闭内存中的.tdms 文件，该文件用"TDMS 内存中打开"函数打开。若文件路径输入指定了路径，该函数还将写入磁盘上的.tdms 文件，其函数的节点图标和端口定义如图 10-65 所示。

图 10-65　"TDMS 内存中关闭"函数的节点图标和端口定义

10.2.6　存储/数据插件

"函数"选板上的存储/数据插件 VI 可在二进制测量文件.tdm 中读取和写入波形及波形属性。通过扩展名为".tdm"的文件可在 NI 软件（如 LabVIEW 和 DIAdem）间进行数据交换。

存储/数据插件 VI 将波形和波形属性组合，从而构成通道。通道组可管理一组通道。一个文件可包括多个通道组。若按名称保存通道，就可从现有通道中快速添加或获取数据。除数值之外，存储/数据插件 VI 也支持字符串数组和时间标识数组。在程序框图上，引用句柄可代表文件、通道组和通道。存储/数据插件 VI 也可查询文件以获取符合条件的通道组或通道。

若在开发过程中，系统要求发生改动，或需要在文件中添加其他数据，则存储/数据插件 VI 可修改文件格式且不会导致文件不可用。"存储/数据插件"子选板如图 10-66 所示。

图 10-66　"存储/数据插件"子选板

1. 打开数据存储 Express VI

打开 NI 测试数据格式交换文件（.tdm）以用于读写操作。该 Express VI 也可以用于创建新文件或替换现有文件。通过"关闭数据存储 Express VI"可以关闭文件引用。

2．写入数据 Express VI

写入数据 Express VI 用于将一个通道组或单个通道添加至指定文件中，也可以使用这个 Express VI 来定义被添加的通道组或者单个通道的属性。

3．读取数据 Express VI

读取数据 Express VI 用于返回表示文件中通道组或通道的引用句柄数组。如果选择通道作为配置对话框中的读取对象类型，该 Express VI 就会读取这个通道中的波形。该 Express VI 还可以根据指定的查询条件返回符合要求的通道组或者通道。

4．关闭数据存储 Express VI

关闭数据存储 Express VI 用于对文件进行读写操作后，将数据保存至文件中并关闭文件。

5．设置多个属性 Express VI

设置多个属性 Express VI 用于定义已经存在的文件、通道组或单个通道属性。如果在将句柄连接到存储引用句柄之前配置这个 Express VI，根据所连接的句柄，可能会修改配置信息。例如，如果配置 Express VI 用于单通道，然后连接通道组的引用句柄，由于单个通道属性不适用于通道组，Express VI 在程序框图上将会显示断线。

6．获取多个属性 Express VI

获取多个属性 Express VI 用于从文件、通道组或者单个通道中读取属性值。如果在将句柄连接到存储引用句柄之前配置这个 Express VI，根据所连接的句柄，Express VI 可能会修改配置信息。例如，如果配置 Express VI 用于单通道，然后连接通道组的引用句柄，由于单个通道属性不适用于通道组，Express VI 将会在程序框图上显示断线。

7．删除数据 Express VI

删除数据 Express VI 用于删除一个通道组或通道。如果选择删除一个通道组，该 Express VI 将删除与该通道组相关联的所有通道。

8．数据文件查看器 VI

数据文件查看器 VI 用于连线数据文件的路径至数据文件查看器 VI 的文件路径输入，运行 VI，可显示"数据文件查看器"对话框。"数据文件查看器"对话框用于读取和分析数据文件。

9．转换至 TDM 或 TDMS VI

转换至 TDM 或 TDMS VI 用于将指定文件转换成.tdm 格式的文件或.tdms 格式的文件。

10．管理数据插件 VI

管理数据插件 VI 用于将.tdms 格式的文件转换成.tdm 格式的文件。

11. 高级存储 VI

高级存储 VI 用于在程序运行期间读取、写入和查询数据。

10.2.7 操作实例——写入和读取文本文件

本例演示使用"写入文本文件"函数将数据写入文本文件，并通过"读取文本文件"函数从该文本文件中读取数据，程序框图如图 10-67 所示。

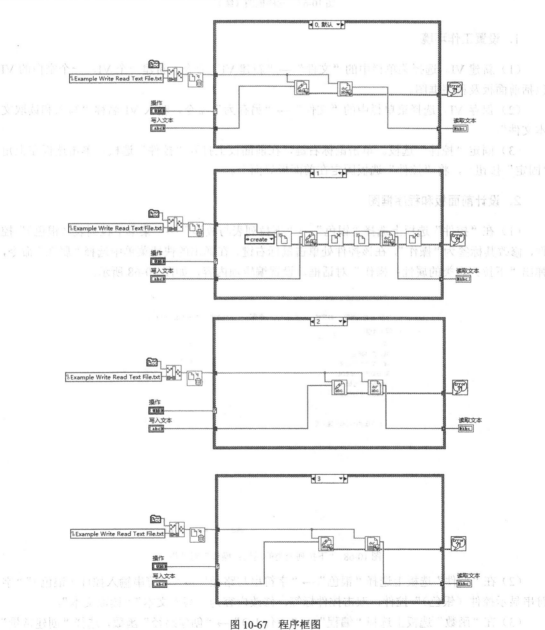

图 10-67 程序框图

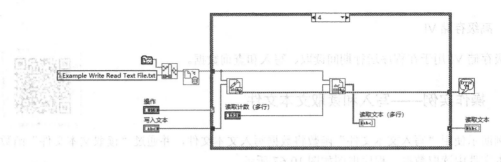

图 10-67　程序框图（续）

1. 设置工作环境

（1）新建 VI。选择菜单栏中的"文件"→"新建 VI"命令，新建一个 VI，一个空白的 VI 包括前面板及程序框图。

（2）保存 VI。选择菜单栏中的"文件"→"另存为"命令，输入 VI 名称"写入和读取文本文件"。

（3）固定"控件"选板。单击鼠标右键，在前面板上打开"控件"选板，单击选板左上角"固定"按钮 📌，将"控件"选板固定在前面板界面上。

2. 设计前面板和程序框图

（1）在"控件"选板上选择"银色"→"下拉列表与枚举"→"菜单下拉列表（银色）"控件，修改其标签为"操作"，在该控件处单击鼠标右键，在弹出的快捷菜单中选择"属性"命令，弹出"下拉列表类的属性：操作"对话框，设置编辑项内容，如图 10-68 所示。

图 10-68　"下拉列表类的属性：操作"对话框

（2）在"控件"选板上选择"银色"→"字符串与路径"→"字符串输入控件（银色）""字符串显示控件（银色）"控件，双击控件标签，修改内容为"写入文本""读取文本"。

（3）在"函数"选板上选择"编程"→"文件 I/O"→"创建路径"函数，选择"创建常量"

选项，输入内容为"Example Write Read Text File.txt"。

（4）在"函数"选板上选择"编程"→"文件 I/O"→"文件常量"→"默认数据目录"函数，连接"创建路径"函数的输入端。

（5）在"函数"选板上选择"编程"→"文件 I/O"→"高级文件函数"→"删除"函数，连接"创建路径"函数的输出端，如图 10-69 所示。

3. 设置编辑条件

（1）在"函数"选板上选择"编程"→"结构"→"条件结构"，拖动鼠标，在"For 循环"内部创建条件结构，连接所有控件。

图 10-69 "删除"函数连接"创建路径"函数的输出端

（2）条件结构的选择器标签包括"真""假"两种，单击鼠标右键，选择"在后面添加分支"选项，在这里添加 5 种条件。

（3）选择"0，默认"选项，在"函数"选板上选择"编程"→"文件 I/O"→"写入文本文件""读取文本文件"函数，并转换 EOL。

（4）选择"1"选项，在"函数"选板上选择"编程"→"文件 I/O"→"打开/创建/替换文件""写入文本文件""读取文本文件""关闭文件"函数，创建常量。

（5）选择"2"选项，在"函数"选板上选择"编程"→"文件 I/O"→"写入文本文件""读取文本文件"函数，连接函数。

（6）选择"3"选项，在"函数"选板上选择"编程"→"文件 I/O"→"写入文本文件""读取文本文件"函数，转换为 EOL，并设置"读取文本文件"函数为读取行。

（7）选择"4"选项，在"函数"选板上选择"编程"→"文件 I/O"→"写入文本文件""读取文本文件"函数，创建该函数的输入/显示控件。

（8）在"函数"选板上选择"编程"→"对话框与用户界面"→"简易错误处理器"函数，连接条件结构。

4. 程序运行

（1）单击工具栏中的"整理程序框图"按钮 ，整理程序框图，程序框图如图 10-67 所示。

（2）打开前面板，单击"运行"按钮 ，运行 VI，前面板运行结果如图 10-70 所示。

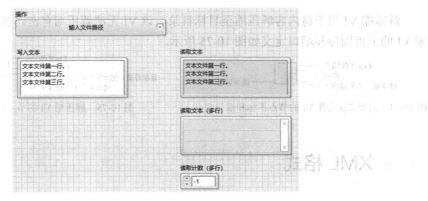

图 10-70 前面板运行结果

10.3 Zip 文件

使用 Zip VI 创建新的 Zip 文件、向 Zip 文件添加文件、关闭 Zip 文件。"Zip"子选板如图 10-71 所示。

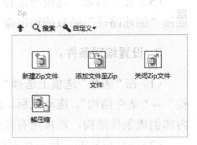

图 10-71 "Zip"子选板

1. 新建 Zip 文件 VI

新建 Zip 文件 VI 用于创建一个由目标路径指定的 Zip 空白文件。根据"确认覆盖？"输入端的输入值，新文件将覆盖一个已存在的文件或出现一个确认对话框。新建 Zip 文件 VI 的节点图标和端口定义如图 10-72 所示。

目标：指定新 Zip 文件或已存在的 Zip 文件的路径。VI 将删除或重写已存在的文件，不能在 Zip 文件后追加数据。

2. 添加文件至 Zip 文件 VI

添加文件至 Zip 文件 VI 用于将源文件路径输入端所指定的文件添加到 Zip 文件中。"Zip 文件目标路径"输入端指定已压缩文件的路径信息。添加文件至 Zip 文件 VI 的节点图标和端口定义如图 10-73 所示。

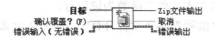

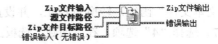

图 10-72 新建 Zip 文件 VI 的节点图标和端口定义　　图 10-73 添加文件至 Zip 文件 VI 的节点图标和端口定义

3. 关闭 Zip 文件 VI

关闭 Zip 文件 VI 用于关闭 Zip 文件输入端指定的 Zip 文件。关闭 Zip 文件 VI 的节点图标和端口定义如图 10-74 所示。

4. 解压缩 VI

解压缩 VI 用于将内容解压缩至目标目录。该 VI 无法解压缩有密码保护的压缩文件。解压缩 VI 的节点图标和端口定义如图 10-75 所示。

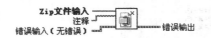

图 10-74 关闭 Zip 文件 VI 的节点图标和端口定义　　图 10-75 解压缩 VI 的节点图标和端口定义

10.4 XML 格式

XML VI 和函数用于操作 XML 格式的数据。可扩展标记语言（XML）是一种独立于平台的标准化通用标记语言（SGML），可用于存储和交换信息。在使用 XML 文档时，可使用 XML 解析器提取和操作数据，而不必直接将其转换为 XML 格式。例如，文档对象模型（DOM）核心规范定义了创建、读取和操作 XML 文档的编程接口。DOM 核心规范还定义了 XML 解析器必须支持的属性和方法。"XML"子选板如图 10-76 所示。

图 10-76 "XML"子选板

1. LabVIEW 模式 VI 和函数

LabVIEW 模式 VI 和函数用于操作 XML 格式的 LabVIEW 数据。"LabVIEW 模式"子选板如图 10-77 所示。

（1）"平化至 XML"函数：将连接至"任何数据"的数据类型按 LabVIEW XML 模式转换为 XML 字符串。该函数将分别把<、>或&这些字符转换为<、>或&。使用转换特殊字符至 XML VI 可将其他字符（如"）转换为 XML 字符。"平化至 XML"函数的节点图标和端口定义如图 10-78 所示。

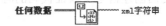

图 10-77 "LabVIEW 模式"子选板　　图 10-78 "平化至 XML"函数的节点图标和端口定义

（2）"从 XML 还原"函数：依据 LabVIEW XML 模式将 XML 字符串转换为 LabVIEW 数据类型。若 XML 字符串含有<、>或&等字符，该函数将分别把这些字符转换为<、>或&。使用从 XML 还原特殊字符 VI 转换其他字符（如"）。"从 XML 还原"函数的节点图标和端口定义如图 10-79 所示。

（3）"写入 XML 文件"函数：将 XML 数据的文本字符串与文件头标签同时写入文本文件。通过将数据连线至"XML 输入"端可确定要使用的多态实例，也可手动选择实例。所有 XML 数据必须符合标准的 LabVIEW XML 模式。"写入 XML 文件"函数的节点图标和端口定义如图 10-80 所示。

图 10-79 "从 XML 还原"函数的节点图标和端口定义　图 10-80 "写入 XML 文件"函数的节点图标和端口定义

（4）读取 XML 文件 VI：读取并解析 LabVIEW XML 文件中的标签。将该 VI 放置在程序框图上时，多态 VI 选择器可见。通过该选择器可选择多态实例。所有 XML 数据必须符合标准的 LabVIEW XML 模式。读取 XML 文件 VI 的节点图标和端口定义如图 10-81 所示。

（5）转换特殊字符至 XML VI：依据 LabVIEW XML 模式将特殊字符转换为 XML 字符。"平化至 XML"函数可将<、>或&等字符分别转换为<、>或&。但若需要将其他字符（如"）转换为 XML 字符，则必须使用转换特殊字符至 XML VI。转换特殊字符至 XML VI 的节点图标和端口定义如图 10-82 所示。

图 10-81　读取 XML 文件 VI 的节点图标和端口定义　图 10-82　转换特殊字符至 XML VI 的节点图标和端口定义

（6）从 XML 还原特殊字符 VI：依据 LabVIEW XML 模式将特殊字符的 XML 字符转换为特殊字符。"从 XML 还原"函数可将<、>或&等字符分别转换为<、>或&。但若需要转换其他字符（如"），则必须使用从 XML 还原特殊字符 VI。从 XML 还原特殊字符 VI 的节点图标和端口定义如图 10-83 所示。

2．XML 解析器 VI 和节点

XML 解析器 VI 和节点可通过 XML 解析器确定某个 XML 文档是否有效。若文档

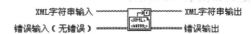

图 10-83　从 XML 还原特殊字符 VI 的节点图标和端口定义

与外部词汇表相符合，则该 XML 文档为有效文档。在 LabVIEW 的 XML 解析器中，外部词汇表可以是文档类型定义（DTD）或模式。有的 XML 解析器只解析 XML 文档，但是在加载前不会验证 XML，而有的 XML 解析器是验证解析器。验证解析器根据 DTD 或模式检验 XML 文档，并报告找到的非法项。必须确保 XML 文档的形式和类型是已知的。使用验证解析器可省去为每种 XML 文档创建自定义验证代码的时间。

> **注意：**
> XML 解析器在 LabVIEW 加载 XML 文档或字符串时验证 XML 文档或 XML 字符串。若对 XML 文档或 XML 字符串进行了修改，并要验证修改后的 XML 文档或 XML 字符串，请使用加载文件或加载字符串方法重新加载文档或字符串。XML 解析器会再一次验证内容。"XML 解析器"子选板如图 10-84 所示。

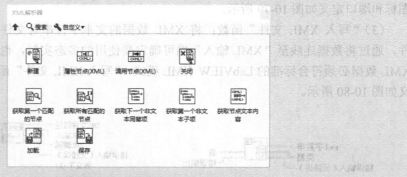

图 10-84　"XML 解析器"子选板

（1）新建 VI：通过该 VI 可新建 XML 解析器会话句柄，新建 VI 的节点图标和端口定义如图 10-85 所示。

（2）属性节点（XML）VI：获取（读取）和/或设置（写入）XML 引用的属性。该节点的操作与属性节点的操作相同。属性节点（XML）VI 的节点图标和端口定义如图 10-86 所示。

图 10-85　新建 VI 的节点图标和端口定义　　　图 10-86　属性节点（XML）VI 的节点图标和端口定义

（3）调用节点（XML）VI：调用 XML 引用的方法或动作。该节点的操作与调用节点的操作相同。调用节点（XML）VI 的节点图标及端口定义如图 10-87 所示。

（4）关闭 VI：关闭对所有 XML 解析器类的引用。通过该多态 VI 可关闭对 XML 指定节点映射类、XML 节点列表类、XML 实现类和 XML 节点类的引用句柄。XML 节点类包含其他 XML 类。关闭 VI 的节点图标和端口定义如图 10-88 所示。

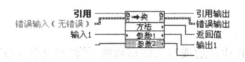

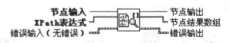

图 10-87　调用节点（XML）VI 的节点图标和端口定义　　　图 10-88　关闭 VI 的节点图标和端口定义

（5）获取第一个匹配的节点 VI：返回节点输入的第一个匹配 Xpath 表达式的节点。获取第一个匹配的节点 VI 的节点图标及端口定义如图 10-89 所示。

（6）获取所有匹配的节点 VI：返回节点输入的所有匹配 Xpath 表达式的节点。获取所有匹配的节点 VI 的节点图标和端口定义如图 10-90 所示。

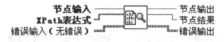

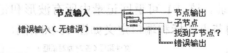

图 10-89　获取第一个匹配的节点 VI 的节点图标和端口定义　　　图 10-90　获取所有匹配的节点 VI 的节点图标和端口定义

（7）获取下一个非文本同辈项 VI：返回"节点输入"中第一个类型为 Text_Node 的同辈项。获取下一个非文本同辈项 VI 的节点图标和端口定义如图 10-91 所示。

（8）获取第一个非文本子项 VI：返回"节点输入"中第一个类型为 Text_Node 的子项。获取第一个非文本子项 VI 的节点图标和端口定义如图 10-92 所示。

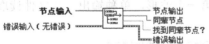

图 10-91　获取下一个非文本同辈项 VI 的节点　　　图 10-92　获取第一个非文本子项 VI 的节点
　　　　　图标和端口定义　　　　　　　　　　　　　　　图标和端口定义

（9）获取节点文本内容 VI：返回"节点输入"包含的 Text_Node 的子项。获取节点文本内容 VI 的节点图标和端口定义如图 10-93 所示。

（10）加载 VI：打开 XML 文件并配置 XML 解析器，依据 DTD 或模式对文件进行验证。加载 VI 的节点图标和端口定义如图 10-94 所示。

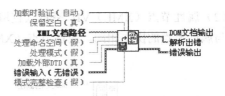

图 10-93　获取节点文本内容 VI 的节点图标和端口定义　　　图 10-94　加载 VI 的节点图标和端口定义

（11）保存 VI：保存 XML 文档。保存 VI 的节点图标和端口定义如图 10-95 所示。

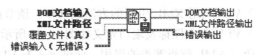

图 10-95　保存 VI 的节点图标和端口定义

10.5　波形文件 I/O VI

"波形文件 I/O"子选板上的 VI 用于从文件中读取或写入波形数据。"波形文件 I/O"子选板如图 10-96 所示。

1. 写入波形至文件 VI

写入波形至文件 VI 用于创建新文件或将新文件添加至现有文件，在文件中指定一定数量的记录，然后关闭文件，检查是否发生错误。写入波形至文件 VI 的节点图标和端口定义如图 10-97 所示。

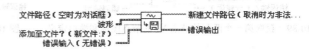

图 10-96　"波形文件 I/O"子选板　　　　　图 10-97　写入波形至文件 VI 的节点图标和端口定义

2. 从文件读取波形 VI

从文件读取波形 VI 用于打开使用写入波形至文件 VI 创建的文件，每次从文件中读取一条记录。该 VI 可返回记录中所有波形和记录中的第一个波形，单独输出。从文件读取波形 VI 的节点图标和端口定义如图 10-98 所示。

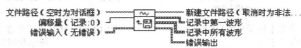

图 10-98　从文件读取波形 VI 的节点图标和端口定义

3. 导出波形至电子表格文件 VI

将波形转换为文本字符串，然后使字符串写入新字节流文件或添加字符串至现有文件。导出波形至电子表格文件 VI 的节点图标和端口定义如图 10-99 所示。

图 10-99　导出波形至电子表格文件 VI 的节点图标和端口定义

10.6 高级文件 VI 和函数

"文件 I/O"选板上的函数可控制单个文件 I/O 操作，这些函数可创建或打开文件、向文件读写数据及关闭文件，上述 VI 可实现以下任务。

（1）创建目录。

（2）移动、复制或删除文件。

（3）列出目录内容。

（4）修改文件特性。

（5）对路径进行操作。

使用高级文件 VI 和函数对文件、目录及路径进行操作。"高级文件函数"子选板如图 10-100 所示。

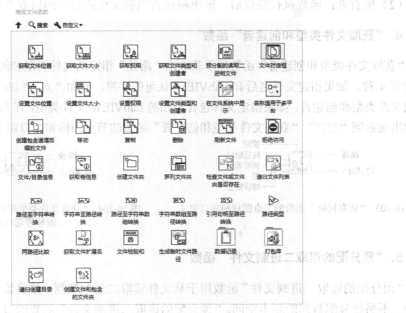

图 10-100　"高级文件函数"子选板

1."获取文件位置"函数

"获取文件位置"函数用于返回引用句柄指定的文件的相对位置。"获取文件位置"函数的节点图标和端口定义如图 10-101 所示。

2. "获取文件大小"函数

"获取文件大小"函数用于返回文件的大小。"获取文件大小"函数的节点图标和端口定义如图 10-102 所示。

图 10-101 "获取文件位置"函数的节点图标和端口定义　　图 10-102 "获取文件大小"函数的节点图标和端口定义

（1）文件：该输入可以是文件路径也可以是引用句柄。如果是文件路径，节点将打开文件路径所指定的文件。

（2）引用句柄输出：函数读取的文件的引用句柄。根据需要对文件进行的操作，可以将该输出连接到其他文件操作函数上。如果文件输入为一个路径，则操作完成后节点默认将文件关闭。如果在"文件"输入端输入一个引用句柄，或者将"引用句柄输出"连接到另一个函数节点上，LabVIEW 会认为文件仍在使用，直到使用关闭函数将其关闭。

3. "获取权限"函数

"获取权限"函数用于返回由"路径"指定的文件或目录的所有者、组和权限。"获取权限"函数的节点图标和端口定义如图 10-103 所示。

（1）权限：函数执行完成后，输出将包含当前文件或目录的权限设置。

（2）所有者：函数执行完成后，输出将包含当前文件或目录的所有者设置。

4. "获取文件类型和创建者"函数

"获取文件类型和创建者"函数用于获取由"路径"指定的文件类型和创建者。文件类型和创建者有 4 种。如果指定文件名后有 LabVIEW 认可的字符，例如".vi"".llb"，那么函数将返回相应的文件类型和创建者。如果指定文件包含未知的 LabVIEW 文件类型，函数将在文件类型和创建者输出端返回"????"。"获取文件类型和创建者"函数的节点图标和端口定义如图 10-104 所示。

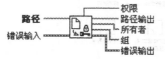 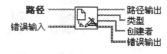

图 10-103 "获取权限"函数的节点图标和端口定义　　图 10-104 "获取文件类型和创建者"函数的节点图标和端口定义

5. "预分配的读取二进制文件"函数

"预分配的读取二进制文件"函数用于从文件读取二进制数据，并将数据放置在已分配的数组中，不另行分配数据的副本空间。"预分配的读取二进制文件"函数的节点图标和端口定义如图 10-105 所示。

图 10-105 "预分配的读取二进制文件"函数的节点图标和端口定义

6."设置文件位置"函数

"设置文件位置"函数用于将引用句柄所指定的文件根据"自（0：起始）"的模式移动到"偏移量（字节）（0）"指定的位置。"设置文件位置"函数的节点图标和端口定义如图 10-106 所示。

7."设置文件大小"函数

"设置文件大小"函数用于将文件结束标记设置为文件起始处到文件结束位置的大小（字节），从而设置文件的大小。该函数不可用于 LLB 中的文件。"设置文件大小"函数的节点图标和端口定义如图 10-107 所示。

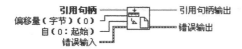

图 10-106 "设置文件位置"函数的节点图标和端口定义

图 10-107 "设置文件大小"函数的节点图标和端口定义

8."设置权限"函数

"设置权限"函数用于设置由路径指定的文件或目录的所有者、组和权限。该函数不可用于 LLB 中的文件。"设置权限"函数的节点图标和端口定义如图 10-108 所示。

9."设置文件类型和创建者"函数

"设置文件类型和创建者"函数用于设置由路径指定的文件类型和创建者。文件类型和创建者均为含有 4 个字符的字符串。该函数不可用于 LLB 中的文件。"设置文件类型和创建者"函数的节点图标和端口定义如图 10-109 所示。

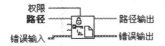

图 10-108 "设置权限"函数的节点图标和端口定义

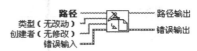

图 10-109 "设置文件类型和创建者"函数的节点图标和端口定义

10．创建包含递增后缀的文件 VI

若文件已经存在，创建包含递增后缀的文件 VI 将创建一个文件并在文件名称的末尾添加递增后缀。若文件不存在，该 VI 将创建文件，但是不会在文件名称的末尾添加递增后缀。创建包含递增后缀的文件 VI 的节点图标和端口定义如图 10-110 所示。

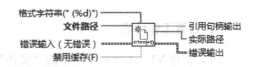

图 10-110 创建包含递增后缀的文件 VI 的节点图标和端口

10.7 综合演练——格式化写入文件和扫描文件

本实例演示使用"格式化写入文件"函数将数据写入文本文件，并通过"扫描文件"函数从该文本文件中读取数据，程序框图如图 10-111 所示。

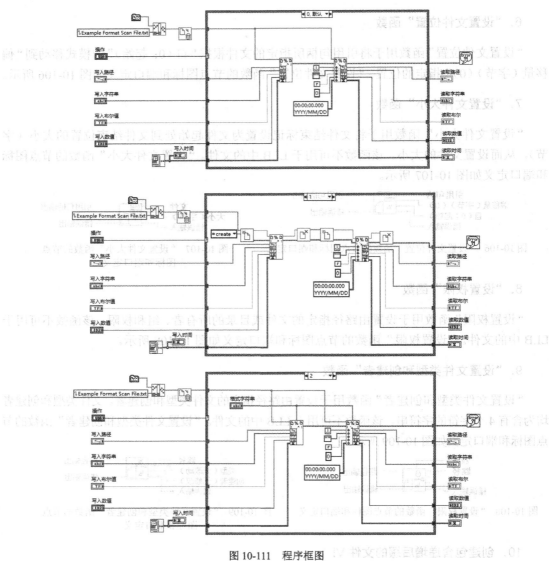

图 10-111　程序框图

1．设置工作环境

（1）新建 VI。选择菜单栏中的"文件"→"新建 VI"命令，新建一个 VI，一个空白的 VI 包括前面板及程序框图。

（2）保存 VI。选择菜单栏中的"文件"→"另存为"命令，输入 VI 名称"格式化写入文件和扫描文件"。

（3）固定"控件"选板。单击鼠标右键，在前面板上打开"控件"选板，单击选板左上角"固定"按钮，将"控件"选板固定在前面板界面上。

2．设计前面板和程序框图

（1）在"控件"选板上选择"银色"→"下拉列表与枚举"→"菜单下拉列表（银色）"控

件，修改标签为"操作"，在该控件处单击鼠标右键，在弹出的快捷菜单中选择"属性"命令，弹出"下拉列表类的属性：操作"对话框，设置编辑项内容，如图 10-112 所示。

图 10-112　"下拉列表类的属性：操作"对话框

（2）在"控件"选板上选择"银色"→"字符串与路径"→"字符串输入控件（银色）""字符串显示控件（银色）""文件路径输入控件（银色）"控件，修改对应的标签内容，将它们放置到前面板合适的位置上。

（3）在"控件"选板上选择"银色"→"数值"→"数值输入控件（银色）""数值显示控件（银色）"控件，修改对应的标签内容，将它们放置到前面板合适的位置上。

（4）在"控件"选板上选择"银色"→"布尔"→"开关按钮（银色）""LED（银色）"控件，修改对应的标签内容，将它们放置到前面板合适的位置上。

（5）在"函数"选板上选择"编程"→"文件 I/O"→"创建路径"函数，选择"创建常量"选项，输入内容为"Example Format Scan File.txt"。

（6）在"函数"选板上选择"编程"→"文件 I/O"→"高级文件函数"→"删除"函数，连接"创建路径"函数的输出端，如图 10-113 所示。

（7）在"函数"选板上选择"编程"→"定时"→"获取日期/时间（秒）"函数，将其放置到程序框图中，并创建显示控件，将标签名称修改为"写入时间"。

图 10-113　连接函数

3. 设置编辑条件

（1）在"函数"选板上选择"编程"→"结构"→"条件结构"，拖动鼠标，在"For 循环"内部创建条件结构，连接所有控件。

（2）条件结构的选择器标签包括"真""假"两种，单击鼠标右键，选择"在后面添加分支"选项，在这里添加 3 种条件。

（3）选择"0，默认"选项，在"函数"选板上选择"编程"→"文件 I/O"→"格式化写入文件""扫描文件"函数，将它们放置到条件结构内，分别创建"路径常量""字符串常量""布尔常量""数值常量""时间常量"，以及时间输出端的显示控件。

（4）选择"1"选项，在"函数"选板上选择"编程"→"文件 I/O"→"打开/创建/替换文件""关闭文件"函数，将它们放置到条件结构内，并在"打开/创建/替换文件"函数的"操作"输入端创建常量，并复制"0，默认"选项中的"格式化写入文件""扫描文件"函数及对应的常量，连接函数。

（5）选择"2"选项，复制"0，默认"选项中的"格式化写入文件""扫描文件"函数及对应的常量，连接控件。

（6）在"函数"选板上选择"编程"→"对话框与用户界面"→"简易错误处理器"函数，连接条件结构。

4. 程序运行

（1）单击工具栏中的"整理程序框图"按钮![icon]，整理程序框图，结果如图 10-111 所示。

（2）打开前面板，单击"运行"按钮![icon]，运行 VI，运行结果如图 10-114 所示。

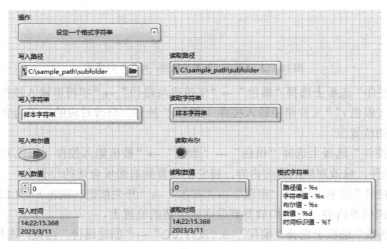

图 10-114　运行结果

第11章

数据采集与网络通信

随着计算机和总线技术的发展，基于个人计算机（PC）的数据采集（DAQ）与通信技术（网络数据传输）得到广泛应用。丰富的 DAQ 产品和强大的 DAQ 编程功能一直是 LabVIEW 的显著特色之一，许多厂商也将 LabVIEW 驱动程序作为其 DAQ 产品的标准配置。

本章对 DAQ 与数据通信进行了简单介绍，然后介绍了 LabVIEW 中相关函数和 VI，重点讲解了使用 LabVIEW 进行 DAQ 和数据通信的步骤。

知识重点

☑ 数据采集
☑ 数据通信

任务驱动&项目案例

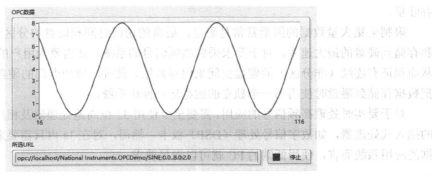

11.1 数据采集

在学习 LabVIEW 所提供的功能强大的 DAQ 系统和分析软件前,首先对 DAQ 系统的原理、构成进行了解是非常有必要的。因此,本节首先对 DAQ 系统进行介绍,然后对 NI-DAQmx 的安装及 DAQ 节点中的常用参数进行介绍。

11.1.1 DAQ 系统概述

典型的基于 PC 的 DAQ 系统框图如图 11-1 所示。它包括传感器、信号调理模块、数据采集硬件设备及装有 DAQ 软件的 PC。

下面对 DAQ 系统的各个组成部分进行介绍,并介绍使用 DAQ 系统各组成部分的最重要的原则。

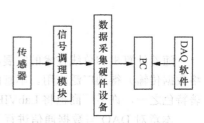

图 11-1 典型的基于 PC 的 DAQ 系统框图

1. PC

计算机的数据传送能力会极大地影响 DAQ 系统的性能。所有 PC 都具有可编程 I/O 和中断传送方式。多数 PC 可以使用直接存储器访问(DMA)传送方式,它使用专门的硬件把数据直接传送到计算机内存,从而提高了系统的数据吞吐量。采用这种数据传送方式后,处理器不需要控制数据的传送,就可以用它来处理更复杂的工作。为了利用 DMA 或中断传送方式,选择的数据采集设备必须能支持这些数据传送类型。例如,PCI 和 IEEE1394 设备可以支持 DMA 和中断传送方式,而 PCMCIA 和 USB 设备只能使用中断传送方式。所选用的数据传送方式会影响 DAQ 设备的数据吞吐量。

限制采集大量数据的因素常常是硬盘,磁盘的访问时间和硬盘的分区会极大地降低 DAQ 和存储到硬盘的最大速率。对于要求采集高频信号的系统,就需要为用户的 PC 选择高速硬盘,从而保证有连续(非分区)的硬盘空间来保存数据。此外,要用专门的硬盘进行 DAQ 并且在把数据存储到磁盘时使用另一个独立的磁盘运行操作系统。

对于要实时处理高频信号的应用,需要至少使用 32 位高速处理器及相应的协处理器或专用的插入式处理器,如数字信号处理(DSP)板卡。然而,对在 1s 内只需要采集或换算一两次数据的应用系统而言,使用低端的 PC 就可以满足要求。

2. 传感器和信号调理模块

传感器感应物理现象并生成 DAQ 系统可测量的电信号。例如,热电偶、电阻式测温计(RTD)、热敏电阻器和 IC 传感器可以把温度转变为模数转换器(ADC)可测量的模拟信号。其他例子包括应力计、流速传感器、压力传感器,它们可以相应地测量应力、流速和压力。在这些情况下,传感器可以生成和它们所检测的物理量呈比例的电信号。

为了适合 DAQ 设备的输入范围，由传感器生成的电信号必须经过处理。为了更精确地测量信号，信号调理配件能放大低电压信号，并对信号进行隔离和滤波。此外，某些传感器需要有电压或电流激励源来生成电压输出。

3．数据采集硬件设备

（1）模拟输入：在模拟输入的技术说明中将给出关于 DAQ 产品的精度和功能的信息，包括通道数目、采样速率、分辨率和输入范围等方面的信息。

（2）模拟输出：经常需要通过模拟输出电路来为 DAQ 系统提供激励源。数模转换器（DAC）的一些技术指标决定了所产生输出信号的质量（稳定时间、转换速率和输出分辨率）。

（3）触发器：许多 DAQ 的应用过程需要基于一个外部事件来启动或停止一个 DAQ 的工作。数字触发使用外部数字脉冲来同步 DAQ 与电压生成。模拟触发主要用于模拟输入操作，当一个输入信号达到一个指定模拟电压值时，根据相应的变化方向来启动或停止 DAQ 的操作。

（4）RTSI 总线：NI 为 DAQ 产品开发了 RTSI 总线。RTSI 总线使用一种定制的门阵列和一条带形电缆，能在一块 DAQ 卡上的多个功能之间或者两块甚至多块 DAQ 卡之间发送定时和触发信号。通过 RTSI 总线，用户可以同步模数转换、数模转换、数字输入、数字输出和计数器/计时器的操作。例如，通过 RTSI 总线，两个输入板卡可以同时采集数据，同时第 3 个设备可以与同步地产生波形输出。

（5）数字 I/O（DIO）：DIO 接口经常在 PC DAQ 系统中使用，它被用来控制过程、产生测试波形、与外围设备进行通信。最重要的参数有可应用的数字线的数量、在这些通路上能接收和提供数字数据的速率及通路的驱动能力。如果数字线被用来控制事件，如打开或关闭加热器、电动机或灯，由于上述设备并不能很快地响应，因此通常不采用高速输入/输出。

数字线的数量当然应该与需要被控制的过程数量相匹配。在上述的各个例子中，需要打开或关闭设备的总电流都必须小于设备的有效驱动电流。

（6）定时 I/O：计数器/定时器在许多应用中具有很重要的作用，包括对数字事件产生次数的计数、数字脉冲计时，以及产生方波和脉冲。通过 3 个计数器/定时器信号就可以实现所有上述应用——门、输入源和输出。门是指用来使计数器开始或停止工作的一个数字输入信号。输入源是一个数字输入，它的每次翻转都会导致计数器的递增，因而提供计数器工作的时间基准。在输出线上输出数字方波和脉冲。

4．DAQ 软件

DAQ 软件使 PC 和 DAQ 硬件形成了一个完整的 DAQ、分析和显示系统。没有 DAQ 软件，DAQ 硬件是毫无用处的。大部分 DAQ 应用实例都使用了驱动软件。软件层中的驱动软件可以直接对 DAQ 硬件的寄存器进行编程，管理 DAQ 硬件的操作并把它和处理器中断、DMA 和内存这样的计算机资源结合在一起。驱动软件隐藏了复杂的硬件底层编程细节，为用户提供容易理解的接口。

随着 DAQ 硬件、计算机和 DAQ 软件复杂程度增加，具有灵活性和高性能的驱动软件就显得尤为重要，同时还能极大地降低开发 DAQ 程序所需的时间。

为了开发出用于测量和控制的高质量 DAQ 系统,用户必须了解组成 DAQ 系统的各个部分。在所有 DAQ 系统的组成部分中，DAQ 软件是最重要的。这是由于插入式 DAQ 设备没有显示功能，DAQ 软件是用户和系统的唯一接口。DAQ 软件提供了 DAQ 系统的所有信息,用户也需要通过它来控制 DAQ 系统。DAQ 软件把传感器、信号调理模块、DAQ 硬件和分析硬件集成为一个完整的多功能 DAQ 系统。

11.1.2 NI-DAQmx 安装及 DAQ 节点介绍

NI 官方提供了支持 LabVIEW 2022 的 DAQ 驱动程序——NI-DAQmx 。把 DAQ 卡与计算机连接后，就可以开始安装驱动程序了。

（1）解压安装压缩包以后，双击 Install，出现图 11-2 所示的安装界面。

（2）单击"选择全部"按钮，勾选所有选项，再单击"下一步"按钮，进入 NI-DAQmx 的安装界面 2，如图 11-3 所示。

图 11-2　NI-DAQmx 的安装界面 1　　　　　图 11-3　NI-DAQmx 安装界面 2

（3）选中"我接受上述许可协议"单选按钮，单击"下一步"按钮，进行安装，如图 11-4 所示。

（4）单击"下一步"按钮，出现安装进度条，如图 11-5 所示。

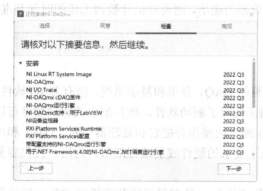

图 11-4　NI-DAQmx 安装界面 3　　　　　图 11-5　NI-DAQmx 安装界面 4

（5）单击"立即重启"按钮，安装完成，如图 11-6 所示。

图 11-6　完成安装界面

11.1.3　安装设备和接口

选择"开始"→ NI MAX 命令，将出现"我的系统- Measurement & Automation Explorer"窗口。从该窗口中可以看到计算机当前所拥有的 NI 的硬件和软件的情况，如图 11-7 所示。

安装完成后，选择 PCI 接口，显示 DAQ "虚拟通道、物理通道"。在图 11-7 所示的窗口中，在"设备和接口"上单击鼠标右键选择"新建"命令，如图 11-8 所示。弹出"新建"对话框，选择"仿真 NI-DAQmx 设备或模块化仪器"选项，如图 11-9 所示。单击"完成"按钮，弹出"创建 NI-DAQmx 仿真设备"对话框。在该对话框中选择所需要的接口型号，如图 11-10 所示。单击"确定"按钮，完成接口的选择，如图 11-11 所示。

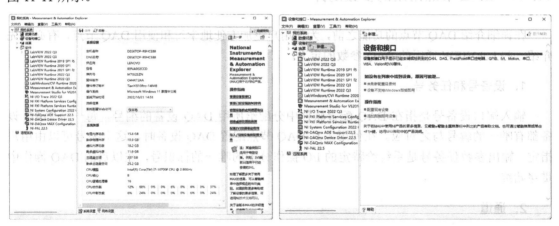

图 11-7　"我的系统-Measurement & Automation Explorer"窗口　　　　　图 11-8　新建接口

图 11-9　"新建"对话框

图 11-10　选择接口型号

图 11-11 "NI PCI-6221'Dev1'- Measurement & Automation Explorer"窗口

11.1.4 DAQ 节点常用的参数简介

在详细介绍 DAQ 节点的功能之前，为使用户更加方便地学习和使用 DAQ 节点，有必要先介绍一些 LabVIEW 通用的 DAQ 参数的定义。

1. 设备号和任务号

输入端口设备号是指在 DAQ 配置软件中分配给所用 DAQ 设备的编号，每一个 DAQ 设备都有唯一的编号与之对应。在使用工具 DAQ 节点配置 DAQ 设备时，这个编号可以由用户指定。输出参数任务号是系统给特定的 I/O 操作分配的唯一的标识号，在以后的 DAQ 操作中贯穿始终。

2. 通道

在信号输入/输出时，每一个端口被称为一个通道。Channels 中所有指定的通道会形成一个通道组。VI 会按照 Channels 中所列出的通道顺序进行数据的采集或输出数据的 DAQ 操作。

3. 通道命名

要在 LabVIEW 中应用 DAQ 设备，必须对 DAQ 硬件进行配置，为了让用户能更好地、更加直观地理解 DAQ 设备的 I/O 通道的功能和意义，用每个通道所对应的实际物理参数意义或名称来命名通道是一个理想的方法。在 LabVIEW 中配置 DAQ 设备的 I/O 通道时，可以在 Channels 中输入具有一定物理意义的名称来确定通道的地址。

用户在使用通道名称控制 DAQ 设备时，就不需要再连接 device、input limits 及 input config 这些输入参数了，LabVIEW 会按照 DAQ Channel Wizard 中的通道配置自动来配置这些参数。

4. 通道编号命名

如果用户不使用通道名称来确定通道的地址，那么还可以在 Channels 中使用通道编号来确定通道的地址。可以将每个通道编号都作为一个数组中的元素；也可以将数个通道编号填入一个数组元素中，在通道编号之间用逗号隔开；还可以在一个数组元素中指定通道的范围，例如，0:2 表示通道 0、1、2。

5．I/O 范围设置

I/O 范围设置是指 DAQ 卡所采集或输出的模拟信号的最大/最小值。请注意，在使用模拟输入功能时，用户设定的最大/最小值必须在 DAQ 设备允许的范围之内。一对最大/最小值组成一个簇，多个簇形成一个簇数组，每一个通道对应一个簇，这样用户就可以为每一个模拟输入或模拟输出通道单独指定最大/最小值了。

在模拟信号的 DAQ 应用中，用户不但需要设定信号的范围，还需要设定 DAQ 设备的极性和范围。一个单极性的范围只包含正值或只包含负值，而双极性的范围可以同时包含正值和负值。用户可根据自己的需要来设定 DAQ 设备的极性。

6．组织二维数组中的数据

当用户在多个通道进行多次 DAQ 时，采集到的数据以二维数组的形式返回。在 LabVIEW 中，用户可以用以下两种方式来组织二维数组中的数据。

第一种方式是用数组中的行来组织数据。假如数组中包含了来自模拟输入通道中的数据，那么，数组中的一行就代表一个通道中的数据，这种方式通常被称为行顺方式。当用户用一组嵌套 for 循环来产生一组数据时，内层的 for 循环每循环一次就会产生二维数组中的一行数据。

第二种方式是通过二维数组中的列来组织数据。节点把从一个通道采集的数据放到二维数组的一列中，这种组织数据的方式通常被称为列顺方式。

7．扫描次数

扫描次数是指在用户指定的一组通道中进行 DAQ 的次数。

8．采样点数

采样点数是指一个通道采样点的个数。

9．扫描速率

扫描速率是指每秒完成一组指定通道 DAQ 的次数，它决定了在所有的通道中及一定时间内所进行 DAQ 次数的总和。

11.1.5　NI-DAQmx 函数与 VI

NI-DAQmx 函数与 VI 与 NI-DAQmx 硬件设备用于开发仪器、DAQ 和控制应用程序。下面对常用的 NI-DAQmx 函数及节点进行介绍。

1．"NI-DAQmx 创建虚拟通道"函数

"NI-DAQmx 创建虚拟通道"函数创建了一个虚拟通道并且将它添加成一个任务。该函数也

可以用来创建多个虚拟通道并将它们都添加至一个任务。如果没有指定一个任务，那么该函数将创建一个任务。"NI-DAQmx 创建虚拟通道"函数有许多实例，这些实例对应特定的虚拟通道所实现的测量或生成类型。该函数的节点图标及端口定义如图 11-12 所示。图 11-13 所示为 6 个不同类型的 NI-DAQmx 创建的虚拟通道实例的例程。

图 11-12 "NI-DAQmx 创建虚拟通道"函数的　　　　图 11-13 6 个不同类型的 NI-DAQmx
　　　　　节点图标及端口定义　　　　　　　　　　　　　创建的虚拟通道

"NI-DAQmx 创建虚拟通道"函数的输入随每个函数实例的不同而不同，但是，某些输入对大部分函数的实例是相同的。例如一个输入需要用来指定虚拟通道将使用的物理通道（模拟输入和模拟输出）、线数（数字）或计数器。此外，模拟输入、模拟输出和计数器操作使用"最小值""最大值"输入来配置和优化基于信号最小/最大预估值的测量和生成。而且，一个自定义的刻度可以用于许多虚拟通道类型。在图 11-14 所示的 LabVIEW 程序框图中，"NI-DAQmx 创建虚拟通道"函数用来创建一个热电偶虚拟通道。

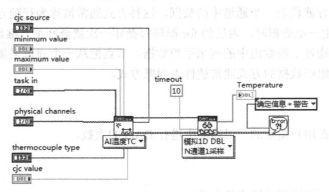

图 11-14 利用"NI-DAQmx 创建虚拟通道"函数来创建热电偶虚拟通道

2．"NI-DAQmx 清除任务"函数

"NI-DAQmx 清除任务"函数可以清除特定的任务。如果任务正在运行，那么该函数首先会中止任务的运行然后释放任务所有的资源。一旦一个任务被清除，那么它就不能再次被使用，除非重新创建它。因此，如果还会再次使用一个任务，那么应使用"NI-DAQmx 结束任务"函数来中止任务的运行，而不是清除它。"NI-DAQmx 清除任务"函数的节点图标及端口定义如图 11-15 所示。

图 11-15 "NI-DAQmx 清除任务"函数的
节点图标及端口定义

对于连续的操作，"NI-DAQmx 清除任务"函数必须用来结束真实的数据采集或生成任务。在图 11-16 所示的 LabVIEW 程序框图中，一个二进制数组不断输出直至 "NI-DAQmx 结束前等待"函数和"NI-DAQmx 清除任务"函数执行。

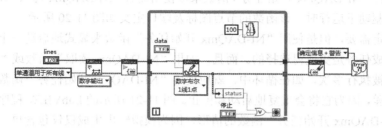

图 11-16 "NI-DAQmx 清除任务"函数的应用实例

3．"NI-DAQmx 读取"函数

"NI-DAQmx 读取"函数需要从特定的采集任务中读取采样。这个函数的不同实例允许选择采集的类型（模拟、数字或计数器）、虚拟通道数、采样数和数据类型。其节点图标及端口定义如图 11-17 所示。图 11-18 是 4 个不同的 NI-DAQmx 读取 VI 实例的例程。

图 11-17 "NI-DAQmx 读取"函数的节点
图标及端口定义

图 11-18 4 个不同的 NI-DAQmx 读取 VI 的实例

可以读取多个采样的"NI-DAQmx 读取"函数的实例，包括使用一个输入来指定在函数执行时读取数据的每通道采样数。对于有限采集，通过将每通道采样数指定为–1，这个函数就等待采集完所有请求的采样数，然后读取这些采样。对于连续采集，将每通道采样数指定为–1 使得这个函数在执行的时候读取所有已被保存在缓冲中的采样。在图 11-19 所示的 LabVIEW 程序框图中，"NI-DAQmx 读取"函数已经被配置成从多个模拟输入虚拟通道中读取的多个采样并以波形的形式返回数据。而且，既然每通道采样数输入已经被配置成常数 10，那么每次函数执行的时候它就会从每一个虚拟通道中读取 10 个采样。

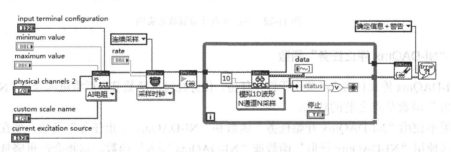

图 11-19 从模拟通道读取多个采样值实例

4．"NI-DAQmx 开始任务"函数

"NI-DAQmx 开始任务"函数显式地将一个任务转换到运行状态。在运行状态下，这个任务完成特定的数据采集或生成。如果没有使用"NI-DAQmx 开始任务"函数，那么在"NI-DAQmx 读取"函数执行时，一个任务可以被隐式地转换到运行状态，或者自动开始运行。这个隐式地

转换也会发生在"NI-DAQmx 开始任务"函数未被使用而且"NI-DAQmx 写入"函数指定的"自动开始"输入驱动下运行时。该函数的节点图标及端口定义如图 11-20 所示。

虽然不一定需要，但是使用"NI-DAQmx 开始任务"函数来显式地启动一个与硬件定时相关的采集或生成任务是更值得选择的。而且，如果"NI-DAQmx 读取"函数或"NI-DAQmx 写入"函数将会被执行多次，如在循环中，就应使用"NI-DAQmx 开始任务"函数。否则，任务的性能将会变差，因为它将会重复地启动和停止。图 11-21 所示的 LabVIEW 程序框图演示了不需要使用"NI-DAQmx 开始任务"函数的情形，因为模拟输出生成仅仅包含单一的、软件定时的采样。

图 11-22 所示的 LabVIEW 程序框图演示了应使用"NI-DAQmx 开始任务"函数的情形，此时需要多次执行"NI-DAQmx 读取"函数从计数器读取数据。

图 11-20　"DAQmx 开始任务"函数的节点图标及端口定义　　图 11-21　模拟输出单一的、软件定时的采样

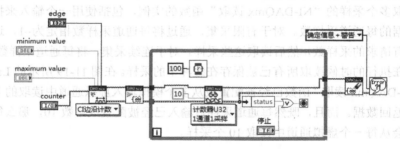

图 11-22　多次读取计数器数据实例

5．"NI-DAQmx 停止任务"函数

"NI-DAQmx 停止任务"函数用于停止任务。任务经过该函数节点后将进入经过"NI-DAQmx 开始任务"函数节点之前的状态。

如果不使用"NI-DAQmx 开始任务"函数和"NI-DAQmx 停止任务"函数，如在一个循环里，多次使用"NI-DAQmx 读取"函数或"NI-DAQmx 写入"函数，这将会严重降低应用程序的性能。其节点的图标及端口定义如图 11-23 所示。

6．"NI-DAQmx 定时"函数

"NI-DAQmx 定时"函数配置定时以用于硬件定时的 DAQ 操作。这包括指定 DAQ 操作是否连续或有限、为有限的 DAQ 操作设置采集或生成的采样数量，以及在需要时创建一个缓冲区。其节点的图标及端口定义如图 11-24 所示。

"]

图 11-23　"DAQmx 停止任务"函数的节点图标及端口定义　图 11-24　"DAQmx 定时"函数的节点图标和端口定义

对于需要采样定时的操作（模拟输入、模拟输出和计数器），"NI-DAQmx 定时"函数中的采样时钟实例设置了采样时钟的源（可以是一个内部或外部的源）和它的速率。采样时钟控制了采样的速率。每一个时钟脉冲为每一个任务中的虚拟通道初始化一个采样。图 11-25 中，LabVIEW 程序框图演示了使用"NI-DAQmx 定时"函数中的采样时钟实例来配置一个连续的模拟波形的输出（利用一个内部的采样时钟）。

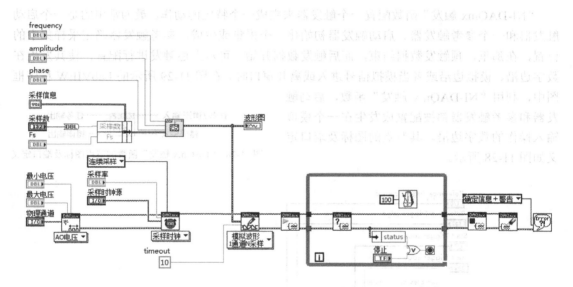

图 11-25　"NI-DAQmx 定时"函数的应用实例 1

为了在 DAQ 应用程序中实现同步，如同触发信号必须在单一设备的不同功能区域或多个设备之间传递一样，定时信号也必须以同样的方式传递。NI-DAQmx 也是自动地实现这个传递。所有有效的定时信号都可以作为"NI-DAQmx 定时"函数的源输入。例如，在图 11-26 所示的 DAQmx 定时 VI 中，设备的模拟输出采样时钟信号作为同一个设备模拟输入通道的采样时钟源，而不需要完成任何显式传递。

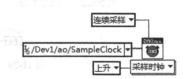

图 11-26　模拟输出时钟作为模拟输入时钟源

大部分计数器操作不需要采样定时，因为被测量的信号提供了定时。"NI-DAQmx 定时"函数的隐式传递实例应当用于这些应用程序。例如，在图 11-27 所示的 DAQmx 定时函数实例中，设备的模拟输出采样脉冲信号作为同一个设备模拟输入通道的采样时钟源，而不需要完成任何显式传递。

某些 DAQ 设备支持将握手作为数字 I/O 操作的定时信号的方式。握手使用与外部设备之间的请求和确认定时信号的交换来传输每一个采样。"NI-DAQmx 定时"函数的握手实例为数字 I/O 操作配置握手定时。

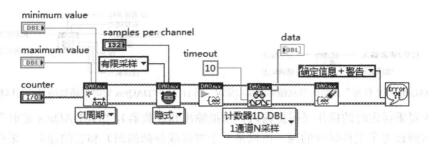

图 11-27 "NI-DAQmx 定时"函数的应用实例 2

7. "NI-DAQmx 触发"函数

"NI-DAQmx 触发"函数配置一个触发器来完成一个特定的动作。最为常用的是一个启动触发器和一个参考触发器。启动触发器初始化一个采集或生成。参考触发器确定采样集中的位置，在那里，预触发数据结束，而后触发数据开始。可对上述触发进行配置，使其发生在数字边沿、模拟边沿或者当模拟信号进入或离开窗口时。在图 11-29 所示的 LabVIEW 程序框图中，利用"NI-DAQmx 触发"函数，启动触发器和参考触发器都被配置成发生在一个模拟输入操作的数字边沿。其节点的图标及端口定义如图 11-28 所示。

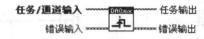

图 11-28 "DAQmx 触发"函数的节点图标及端口定义

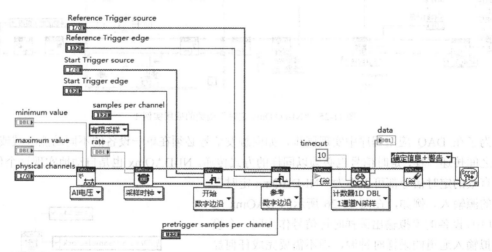

图 11-29 "NI-DAQmx 触发"函数的应用实例

许多 DAQ 应用程序需要单一设备不同功能区域的同步（如模拟输出和计数器）或者在多个设备中同步。为了达到这种同步性，触发信号必须在单一设备的不同功能区域和多个设备之间传递。NI-DAQmx 自动地完成了这种传递。当使用"NI-DAQmx 触发"函数时，所有有效的触发信号都可以作为函数的源输入。例如，在图 11-30 所示的 NI-DAQmx 触发函数中，用于设备 2 的开始触发信号可以用作设备 1 的开始触发源，而不

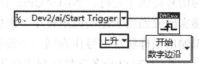

图 11-30 用设备 2 的触发信号触发设备 1

需要进行任何显式传递。

8. "NI-DAQmx 结束前等待"函数

"NI-DAQmx 结束前等待"函数是指函数在结束之前等待 DAQ 操作的完成。这个函数用于保证在任务结束之前完成了特定的采集或生成。最为普遍的是,"NI-DAQmx 结束前等待"函数被用于有限操作。一旦这个函数完成了执行,有限的采集或生成就完成了,而且不需要中断操作就可以结束任务。此外,"超时（秒）"输入允许指定一个最大的等待时间。如果采集或生成不能在这段时间内完成,那么这个函数将退出而且会生成一个错误信号。其节点图标及端口定义如图 11-31 所示。图 11-32 所示的 LabVIEW 程序框图中的"NI-DAQmx 结束前等待"函数用来验证有限模拟输出操作是否在清除任务之前就已经完成。

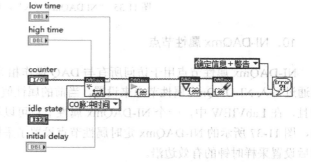

图 11-31 "NI-DAQmx 结束前等待"函数的节点
图标及端口定义

图 11-32 "NI-DAQmx 结束前等待"函数的
节点应用实例

9. "DAQmx 写入"函数

"NI-DAQmx 写入"函数将采样写入指定的生成任务中。这个函数的不同实例允许选择生成类型（模拟或数字）,虚拟通道数、采样数和数据类型。其节点图标及端口定义如图 11-33 所示。图 11-34 所示的是 4 个不同的"NI-DAQmx 写入"函数实例。

图 11-33 "DAQmx 写入"函数的节点图标及端口定义　图 11-34 4 个不同的"NI-DAQmx 写入"函数实例

每一个"NI-DAQmx 写入"函数实例都有一个"自动开始"输入来启动任务,如果还没有显式地启动,那么这个函数将隐式地启动任务。对于一个有限的模拟输出生成,图 11-35 所示的 LabVIEW 程序框图包括一个"NI-DAQmx 写入"函数的"自动开始"输入值为"假"的布尔值,因为生成任务是硬件定时的,"NI-DAQmx 写入"函数用于将一个通道模拟输出数据的多个采样以一个模拟波形的形式写入任务。

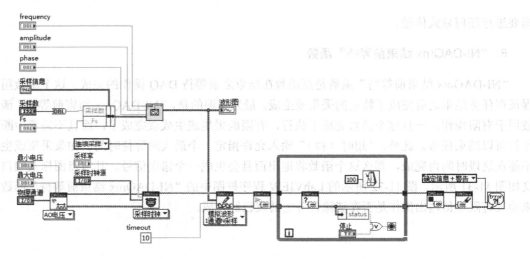

图 11-35 "NI DAQmx 写入"函数应用实例

10. NI-DAQmx 属性节点

NI-DAQmx 属性节点用于访问所有与 DAQ 操作相关的属性，如图 11-36 所示。这些属性可以通过写入 NI-DAQmx 属性节点来设置，当前的属性值也可以从 NI-DAQmx 属性节点中读取。而且，在 LabVIEW 中，一个 NI-DAQmx 属性节点可以用来写入多个属性或读取多个属性。例如，图 11-37 所示的 NI-DAQmx 定时属性节点设置了采样时钟的源，然后读取采样时钟的源，最后设置采样时钟的有效边沿。

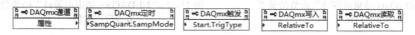

图 11-36 NI-DAQmx 的属性节点

许多属性可以使用前面讨论的 NI-DAQmx 函数来设置。例如，采样时钟源和采样时钟有效边沿属性可以使用"NI-DAQmx 定时"函数来设置。然而，一些不常用的属性只能通过 NI-DAQmx 属性节点来访问。在图 11-38 所示的 LabVIEW 程序框图中，NI-DAQmx 通道属性节点用来使能硬件低通滤波器，然后通过设置滤波器的截止频率进行应变测量。

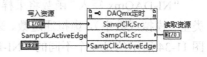

图 11-37 NI-DAQmx 定时属性节点的使用

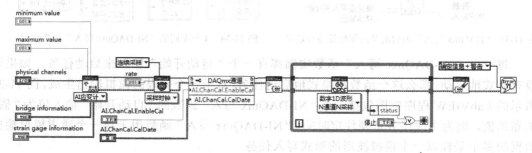

图 11-38 DAQmx 通道属性节点的使用实例

11.1.6　DAQ 助手

DAQ 助手是一个图形化的界面，用于交互式地创建、编辑和运行 NI-DAQmx 虚拟通道和任务。一个 NI-DAQmx 虚拟通道包括一个 DAQ 设备上的物理通道和这个物理通道的配置信息，如输入范围和自定义缩放比例。一个 NI-DAQmx 任务是虚拟通道、定时和触发信息，以及其他与采集或生成相关属性的组合。其节点图标如图 11-39 所示。

图 11-39　未配置前的 DAQ 助手节点图标

11.1.7　操作实例——输出电压

本实例演示输出电压，程序框图如图 11-40 所示。

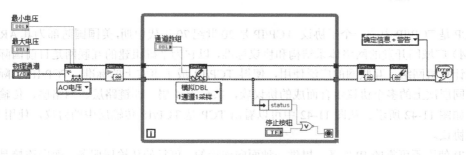

图 11-40　程序框图

（1）新建 VI。选择菜单栏中的"文件"→"新建 VI"命令，新建一个 VI，一个空白的 VI 包括前面板及程序框图。

（2）保存 VI。选择菜单栏中的"文件"→"另存为"命令，输入 VI 名称"输出电压"。

（3）在"函数"选板上选择"编程"→"结构"→"While 循环"函数，拖动出适当大小的矩形框，在循环条件输入端创建"停止按钮"输入控件。

（4）在"函数"选板上选择"测量 I/O"→"DAQmx-数据采集"→"DAQmx 创建虚拟通道"函数，将其设置为 AO 电压，在最大值、最小值、物理通道的输入端创建输入控件，并双击标签修改名称，如图 11-41 所示。

（5）在"函数"选板上选择"测量 I/O"→"DAQmx-数据采集"→"DAQmx 开始任务""DAQmx 停止任务""DAQmx 写入""DAQmx 清除任务"函数，将它们放置到程序框图中，创建"通道数组"控件。

（6）在"函数"选板上选择"编程"→"簇、类与变体"→"按名称解除捆绑"函数，将其放置到 While 循环内，连接程序。

图 11-41　放置函数

（7）在"函数"选板上选择"编程"→"布尔"→"或非"函数，将其放置到 While 循环内，连接"停止按钮"控件的输出端。

（8）在"函数"选板上选择"编程"→"对话框与用户界面"→"简易错误处理器"函数，创建常量，将其设置为"确定信息+警告"。

（9）单击工具栏中的"整理程序框图"按钮，整理程序框图，结果如图 11-40 所示。

11.2 数据通信

LabVIEW 提供了强大的网络通信功能，这种功能使得 LabVIEW 的用户可以很容易编写出具有强大网络通信功能的 LabVIEW 应用软件，实现远程 VI。LabVIEW 支持 TCP、UDP、DataSocket 等，其中，基于 TCP 的通信方式是最基本的网络通信方式之一，TCP/IP（传输控制协议/互联网协议）是互联网最基本的协议之一，互联网的广泛使用，使得 TCP/IP 成了事实的标准。在 LabVIEW 中，TCP 用于两个应用程序之间的数据共享，缺点是它不是实时的。本节将详细介绍怎样在 LabVIEW 中实现基于 TCP 的网络通信。

11.2.1 TCP 通信

TCP 是 TCP/IP 中的一个子协议。TCP/IP 是 20 世纪 70 年代中期，美国国防部为其 ARPANET（阿帕网）广域网开发的网络体系结构和协议标准，以它为基础组建的互联网是目前国际上规模最大的计算机网络，互联网的广泛使用，使得 TCP/IP 成了事实上的标准。TCP/IP 实际上是一个由不同层次上的多个协议组合而成的协议族，共分为 4 层，即链路层、网络层、传输层和应用层，如图 11-42 所示。从图 11-42 中可以看出 TCP 是 TCP/IP 传输层中的协议，使用 IP 作为网络层协议。

TCP 使用不可靠的 IP 服务，提供一种面向连接的、可靠的传输层服务，面向连接是指在数据传输前就建立好了点到点的连接。大部分基于网络的软件都采用了 TCP。TCP 采用比特流（数据被作为无结构的字节流）通信分段传送数据，主机交换数据必须建立一个会话。通过为每个 TCP 传输的字段指定顺序号，以确保可靠性。如果一个分段被分解成几个小段，接收主机会知道是否所有小段都已接收到。通过发送应答，用以确认别的主机接收到了数据。对于发送的每一小段，接收主机必须在指定的时间内返回一个确认。如果发送者未接收到确认，发送者会重新发送数据；如果接收到的数据包损坏，接收主机会将其舍弃，如果确认未被发送，发送者会重新发送分段。

TCP 对话通过 3 次握手来初始化，目的是使数据段的发送和接收同步，告诉其他主机其一次可接受的数量，并建立虚连接。3 次握手的过程如下。

（1）初始化主机通过一个具有同步标志的置位数据端发出会话请求。

（2）接收主机通过返回具有以下项目的数据段表示回复，分别为同步标志置位、即将发送的数据段的起始字节的顺序号、应答并带有将收到的下一个数据段的字节顺序号。

（3）请求主机再回送一个数据段，并带有确认顺序号和确认号。

在 LabVIEW 中可以利用 TCP 进行网络通信，并且，LabVIEW 对 TCP 的编程进行了高度集成，用户通过简单的编程就可以在 LabVIEW 中实现网络通信。

在 LabVIEW 中，可以采用 TCP 节点来实现局域网通信，TCP 节点在"函数"→"数据通信"→"协议"→"TCP"子选板中。"TCP"子选板如图 11-43 所示。

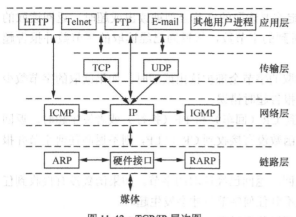

图 11-42 TCP/IP 层次图

图 11-43 "TCP" 子选板

下面对 TCP 节点及其用法进行介绍。

1. TCP 侦听 VI

TCP 侦听 VI 用于创建一个侦听者，并在指定的端口上等待 TCP 连接请求。该节点只能在作为服务器的计算机上使用。TCP 侦听 VI 的节点图标及端口定义如图 11-44 所示。

- ☑ 端口：所要侦听的连接的端口号。
- ☑ 超时毫秒：连接所要等待的毫秒数。如果在规定的时间内没有建立连接，该 VI 将结束并返回一个错误。默认值为–1，表明该 VI 将无限等待。
- ☑ 连接 ID：一个唯一标识 TCP 连接的网络连接引用句柄。客户机 VI 使用该标识来找到连接。
- ☑ 远程地址：与 TCP 连接协同工作的远程计算机的地址。
- ☑ 远程端口：使用该连接的远程系统的端口号。

2. "打开 TCP 连接" 函数

"打开 TCP 连接" 函数用于从指定的计算机名称和远程端口打开一个 TCP 连接。该节点只能在作为客户机的计算机上使用。"打开 TCP 连接" 函数的节点图标及端口定义如图 11-45 所示。

图 11-44 TCP 侦听 VI 的节点图标及端口定义

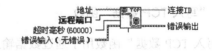

图 11-45 "打开 TCP 连接" 函数的节点图标及端口定义

超时毫秒：在函数完成并返回一个错误之前所等待的毫秒数。默认为 60 000ms，如果值是–1 则表明函数将无限等待。

3. "读取 TCP 数据" 函数

"读取 TCP 数据" 函数用于从指定的 TCP 连接中读取数据。"读取 TCP 数据" 函数的节点图标及端口定义如图 11-46 所示。

- ☑ 模式：标明了读取操作的行为特性。

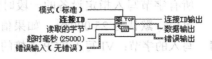

图 11-46 "读取 TCP 数据" 的节点图标及端口定义

① 0：标准模式（默认），等待直到指定需要读取的字节全部被读出或超时，返回读取的全部字节。如果读取的字节数少于所期望得到的字节数，将返回已经读取的字节数并报告超时错误。

② 1：缓冲模式，等待直到指定需要读取的字节全部被读出或超时。如果读取的字节数少于所期望得到的字节数，不返回任何字节并报告超时错误。

③ 2：CRLF 模式，等待直到函数接收到 CR（回车）和 LF（换行）或者发生超时。返回所接收到的所有字节，以及 CR 和 LF。如果函数没有接收到 CR 和 LF，则不返回任何字节并报告超时错误。

④ 3：立即模式，只要接收到字节便返回。返回已经读取的字节。如果函数没有接收到任何字节，将报告超时错误。只有当函数接收不到任何字节时才会发生超时。

☑ 读取的字节：所要读取的字节数。可以使用以下方式来处理信息。

① 在数据之前放置长度固定的描述数据的信息。例如，可以是一个标识数据类型的数字，或说明数据长度的整型量。客户机和服务器都先接收 8 个字节（2 个 4 字节整数），把它们转换成 2 个整数，使用长度信息决定再次读取的数据包含多少个字节。数据读取完成后，再次重复以上过程。该方法灵活性非常强，但是需要读取 2 次数据。实际上，如果所有数据是用一个写入函数写入，第二次读取操作会立即完成。

② 使每个数据具有相同的长度。如果所要发送的数据比确定的数据长度短，则按照事先确定的数据长度发送。这种方式效率非常高，因为它以偶尔发送无用的数据为代价，使接收数据只读取一次就完成。

③ 发送只包含 ASCII 码数据的消息，每一段数据都以 CR 和 LF 为结尾。如果"读取 TCP 数据"函数的"模式"输入端连接了 CRLF，那么直到读取到 CRLF 时，函数才结束。对于该方法，如果数据中恰好包含了 CRLF，那么将变得很麻烦，不过在很多互联网协议里，比如 POP3、FTP 和 HTTP，这种方式的应用很普遍。

☑ 超时毫秒：以 ms 为单位来确定一段时间，在所选择的读取模式下返回超时错误之前所要等待的最长时间。默认为 25 000ms，如果值为–1 表明函数将无限等待。

☑ 连接 ID 输出：输出与连接 ID 的内容相同。

☑ 数据输出：输出包含从 TCP 连接中读取的数据。

4．"写入 TCP 数据"函数

"写入 TCP 数据"函数用于通过数据输入端口将数据写入指定的 TCP 连接。"写入 TCP 数据"函数的节点图标及端口定义如图 11-47 所示。

☑ 数据输入：包含要写入指定 TCP 连接的数据。数据操作的方式，请参见"读取 TCP 数据"函数部分的解释。

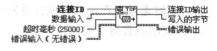

图 11-47 "写入 TCP 数据"函数的节点图标及端口定义

☑ 超时毫秒：函数在完成或返回超时错误之前将所有字节写入指定设备的一段时间，以 ms 为单位。默认为 25 000ms，如果值为–1，则表示将无限等待。

☑ 写入的字节：VI 写入 TCP 连接的字节数。

5. "关闭 TCP 连接"函数

"关闭 TCP 连接"函数用于关闭指定的 TCP 连接。"关闭 TCP 连接"函数的节点图标及端口定义如图 11-48 所示。

6. 解释机器别名 VI

解释机器别名 VI 用于返回使用网络和 VI 服务器函数的计算机的物理地址。解释机器别名 VI 的节点图标及端口定义如图 11-49 所示。

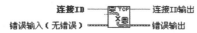

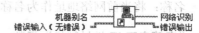

图 11-48　"关闭 TCP 连接"函数的节点图标及端口定义　　图 11-49　解释机器别名 VI 的节点图标及端口定义

- ☑ 机器别名：计算机的别名。
- ☑ 网络标识：计算机的物理地址，例如 IP 地址。

7. "创建 TCP 侦听器"函数

"创建 TCP 侦听器"函数用于创建一个 TCP 网络连接侦听器。"创建 TCP 侦听器"函数的节点图标及端口定义如图 11-50 所示。

- ☑ 端口（输入）：所侦听连接的端口号。
- ☑ 侦听器 ID：能够唯一表示侦听器的网络连接标识。
- ☑ 端口（输出）：返回函数所使用的端

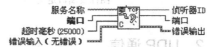

图 11-50　"创建 TCP 侦听器"函数的节点图标及端口定义

　　口号。如果输入端口号不是 0，则输出端口号与输入端口号相同。如果输入端口号为 0，将动态选择一个可用的端口号。根据 IANA（因特网编号分配机构）的规定，可用的端口号范围是 49 152～65 535。最常用的端口号是 0～1023，已注册的端口号是 1024～49 151。并非所有的操作系统都遵从 IANA 标准。例如，Windows 系统返回 1024～5000 的动态端口号。

8. "等待 TCP 侦听器"函数

"等待 TCP 侦听器"函数用于在指定的端口上等待 TCP 连接请求。TCP 侦听 VI 节点就是"创建 TCP 侦听器"函数节点与本节点的综合使用。"等待 TCP 侦听器"函数的节点图标及端口定义如图 11-51 所示。

- ☑ 侦听器 ID 输入：一个能够唯一表明侦听器身份的网络连接标识。

图 11-51　"等待 TCP 侦听器"函数的节点图标及端口定义

- ☑ 超时毫秒：等待连接的毫秒数。如果在规定的时间内连接没有建立，函数将返回一个错误。默认值为–1，说明函数将无限等待。
- ☑ 侦听器 ID 输出：侦听器 ID 输入的一个副本。
- ☑ 连接 ID：TCP 连接的唯一的网络连接标识号。

9. "IP 地址至字符串转换"函数

"IP 地址至字符串转换"函数用于将 IP 地址转换为计算机名称，其节点图标及端口定义如图 11-52 所示。

☑ 网络地址：想要转换的 IP 网络地址。

☑ dot notation?：说明输出的名称是否是点符号格式的。默认为 FALSE，说明返回的 IP 地址是××.domain.com（非真实地址）格式的。如果选择 dot notation 格式则返回的 IP 地址是 128.0.0.25 格式的。

☑ 名称：将当前网络地址作为名称。

10. "字符串至 IP 地址转换"函数

"字符串至 IP 地址转换"函数用于将计算机名称转换为 IP 地址。若不指定计算机名称，则节点输出当前计算机的 IP 地址。"字符串至 IP 地址转换"函数的节点图标及端口定义如图 11-53 所示。

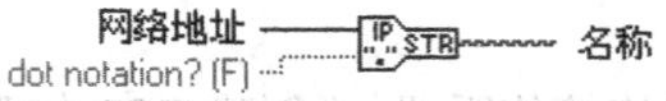

图 11-52 "IP 地址至字符串转换"函数的节点 图标及端口定义

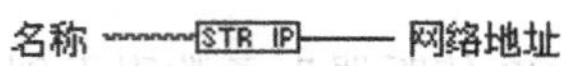

图 11-53 "字符串至 IP 地址转换"函数的节点 图标及端口定义

11.2.2 UDP 通信

UDP 用于执行计算机各进程间简单、低层的通信。将数据报发送到目的计算机或端口即完成了计算机各进程间的通信。端口是发送数据的出入口。IP 用于处理计算机到计算机的数据传输。当数据报到达目的计算机后，UDP 将数据报移动到其目的端口。如果目的端口未打开，UDP 将放弃该数据报。

对传输可靠性要求不高的程序可使用 UDP。例如，程序可能十分频繁地传输有信息价值的数据，以至于遗失少量数据段，但这不是问题。

UDP 不是基于连接的协议，如 TCP，因此无须在发送或接收数据前先建立与目的地址的连接。但是，需要在发送每个数据报前指定数据的目的地址。操作系统不报告传输错误。

UDP 函数在"函数"→"数据通信"→"协议"→"UDP"子选板中，"UDP"子选板如图 11-54 所示。

图 11-54 "UDP"子选板

使用"打开 UDP"函数，在端口上打开一个 UDP 套接字。可同时打开的 UDP 端口数量取决于操作系统。"打开 UDP"函数用于返回唯一指定 UDP 套接字的网络连接句柄。该网络连接句柄可在以后的 VI 调用中引用这个 UDP 套接字。

"写入 UDP 数据"函数用于将数据发送到一个目的地址处,"读取 UDP 数据"函数用于读取该数据。每个写入操作均需要一个目的地址和端口。每个读取操作均包含一个源地址和端口。UDP 会保留为发送命令而指定的数据报的字节数。

理论上,数据报可以为任意大小。然而,鉴于 UDP 的可靠性不如 TCP,通常不会通过 UDP 发送大型数据报。

当端口上所有的通信完毕,可使用"关闭 UDP"函数以释放系统资源。

将 UDP 多点传送用于网上单个发送方与多个客户端之间的通信,无须发送方维护一组客户端或向每个客户端发送多份数据。若要从一个多点传送的发送方接收数据广播,所有的客户端均需要加入一个多点传送组,但发送方无须为发送数据而加入这个多点传送组。发送方指定一个已定义多点传送组的多点传送 IP 地址。多点传送 IP 地址的范围是 224.0.0.0~239.255.255.255。若客户端想要加入一个多点传送组,它便接受了该多点传送组的多点传送 IP 地址。一旦接受多点传送组的多点传送 IP 地址,客户端便会接收到发送至该多点传送 IP 地址的数据。

11.2.3 DataSocket

DataSocket 技术是 VI 的网络应用中一项非常重要的技术,如果需要采用实时数据传输,可以采用 DataSocket 技术,该技术是一项在测量和自动化应用中用于共享和发布实时数据的技术,并且可以在任何编程环境中应用。本节将对 DataSocket 的概念和在 LabVIEW 中的使用方法进行介绍。

DataSocket 技术面向测量和网络上的实时高速数据交换应用,可用于在一个计算机内或者网络中多个应用程序之间进行数据交换。虽然目前已经有 TCP/IP、DDE 等多种应用于两个应用程序之间的共享数据的技术,但是这些技术都不是用于传输实时数据的。DataSocket 技术示意如图 11-55 所示。

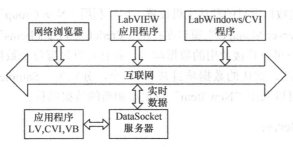

图 11-55 DataSocket 技术示意

DataSocket 基于 Microsoft 的 COM 和 ActiveX 技术,源于 TCP/IP 并对其进行高度封装,面向测量和自动化应用,用于共享和发布实时数据,是一种易用的高性能数据交换编程接口。它能有效地支持在本地计算机不同应用程序上对特定数据的同时应用,以及网络上不同计算机的多个应用程序之间的数据交互,实现跨机器、跨语言、跨进程的实时数据共享。用户只需要知道数据源和数据库,并收集需要交换的数据就可以直接进行高层应用程序的开发,实现高速数据传输,而不必关心底层的实现细节,从而简化通信程序的编写过程,提高编程效率。

DataSocket 实际上是一个基于统一资源定位符(URL)的单一的末端用户 API,是一个独立于协议、独立于语言及独立于操作系统的 API。DataSocket API 被制作成 ActiveX 控件、LabWindows 库和一些 LabVIEW VIs,用户可以在任何编辑环境中使用。

DataSocket 包括 DataSocket Server Manager、DataSocket Server 和 DataSocket 函数库等三大部分，以及数据源传输协议（DSTP）、URL 和文件格式等规程。DataSocket 遵循 TCP/IP，并对底层进行高度封装，所提供的参数简单友好，只需要设置 URL 就可以在互联网上即时分送所需要传输的数据。用户可以像使用 LabVIEW 中的其他类型数据一样使用 DataSocket 读写字符串、整数、布尔值及数组数据。DataSocket 提供了 3 种数据目标，File、DataSocket Server、OPC Server，因而可以支持多进程并发。这样，DataSocket 摒除了较为复杂的 TCP/IP 底层编程，克服了传输速率较慢的缺点，大大简化了互联网上测控数据交换的编程。

1．DataSocket Server Manager

DataSocket Server Manager 是一个独立运行的程序，它的主要功能是设置 DataSocket Server 可连接的客户程序的最大数目和可创建的数据项的最大数目、创建用户组和用户、设置用户创建数据项和读写数据项的权限。数据项实际上是 DataSocket Server 中的数据文件，未经授权的用户不能在 DataSocket Server 上创建或读写数据项。

在安装了 LabVIEW 之后，基于 Windows 操作系统，可以选择"开始菜单"→"所有程序"→"National Instruments"→"DataSocket Server Manager"，运行"DataSocket Server Manager"窗口，如图 11-56 所示。

"DataSocket Server Manager"窗口左栏中的"Server Settings"（服务器配置）用于设置与服务器性能有关的参数，参数"MaxConnections"是指 DataSocket Server 最多允许多少客户端连接到服务器，其默认值是 50；参数"MaxItems"用于设置服务器最大允许的数据项目数量。

"DataSocket Server Manager"窗口左栏中的"Permission Groups"（许可组）是与安全有关的部分设置，Groups（组）是指用一个组名来代表一组 IP 地址的合集，以组为单位进行设置比较方便，其中共有 3 个内建组，即 DefaultReaders、DefaultWriters 和 Creators，这 3 个内建组分别代表了能读取、写入及创建数据项目的默认主机设置。可以利用"New Group"按钮来添加新的组。

在"DataSocket Server Manager"窗口左栏的"Predefined Data Items"（预定义的数据项目）中预先定义了一些用户可以直接使用的数据项目，并且可以设置每个数据项目的数据类型、默认值及访问权限等属性。默认的数据项目共有 3 个，分别为"SampleNum""SampleString""SampleBool"，用户可以利用"New Item"按钮添加新的数据项目。

2．DataSocket Server

DataSocket Server 也是一个独立运行的程序，它能为用户解决大部分网络通信方面的问题。它负责监管 DataSocket Server Manager 中所设定的各种权限和客户程序之间的数据交换。DataSocket Server 与测控应用程序可安装在同一台计算机上，也可以分装在不同计算机上。采用后一种方法可提升整个系统的安全性，因为两台计算机之间可用防火墙加以隔离。而且，DataSocket Server 程序不会占用测控计算机 CPU 的工作时间，测控应用程序可以运行得更快。DataSocket Server 运行后的窗

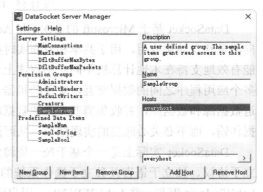

图 11-56　运行"DataSocket Server Manager"窗口

口如图 11-57 所示。

在安装了 LabVIEW 之后，基于 Windows 操作系统，可以选择"开始菜单"→"所有程序"→"National Instruments"→"DataSocket Server"，运行"DataSocket Server"窗口。

在 LabVIEW 中进行 DataSocket 通信之前，必须首先运行 DataSocket Server。

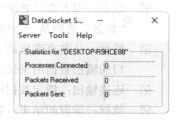

图 11-57　"DataSocket Server"窗口

3．DataSocket 函数库

DataSocket 函数库用于实现 DataSocket 通信。利用 DataSocket 发布数据需要的 3 个要素分别为 Publisher（发布器）、DataSocket Server 和 Subscriber（订阅器）。Publisher 利用 DataSocket API 将数据写入 DataSocket Server，而 Subscriber 利用 DataSocket API 从 DataSocket Server 中读出数据，如图 11-58 所示。Publisher 和 Subscriber 都是 DataSocket Server 的客户程序。这 3 个要素可以驻留在同一台计算机中。

在 LabVIEW 中，利用 DataSocket 节点就可

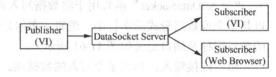

图 11-58　DataSocket 通信过程

以完成 DataSocket 通信。DataSocket 节点位于"函数"→"数据通信"→"DataSocket"子选板中，如图 11-59 所示。

LabVIEW 将 DataSocket 函数库的功能高度集成到了 DataSocket 节点中，与 TCP/IP 节点相比，DataSocket 节点的使用方法更为简单和易于理解。

下面对 DataSocket 节点的参数定义及功能进行介绍。

（1）"读取 DataSocket"函数

从由"连接输入"端口指定的 URL 连接中读出数据。"读取 DataSocket"函数的节点图标及端口定义如图 11-60 所示。

图 11-59　"DataSocket"子选板

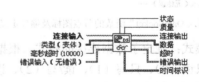

图 11-60　"读取 DataSocket"函数的节点图标及端口定义

☑　连接输入：标明了读取数据的来源可以是一个 DataSocket URL 字符串，也可以是 DataSocket Connection Refnum（即"打开 DataSocket"函数节点返回的连接 ID）。

☑　类型：标明所要读取的数据的数据类型，并确定了该节点输出数据的数据类型。默认为变体，该类型可以是任何一种数据类型。把所需要的数据类型的数据连接到该端口来定义输出数据的数据类型。LabVIEW 会忽略输入数据的值。

☑　毫秒超时：确定在连接输入缓冲区出现有效数据之前所等待的时间。如果"等待更新值"端口输入为 FALSE 或连接输入为有效值，那么该端口输入的值会被忽略。默认输入为 10 000ms。

☑ 状态：报告来自 PSP 服务器或 Field Point 控制器的警告或错误。如果第 31 位为 1，则"状态"表明是一个错误。其他情况下该端口输入是一个状态码。

☑ 质量：从共享变量或 NI 发布-订阅协议（NI-PSP）数据项中读取的数据的质量。该端口的输出数据用来进行 VI 的调试。

☑ 连接输出：指定数据连接的数据源。

☑ 数据：读取的结果。如果该函数多次输出，那么该端口将返回该函数最后一次读取的结果。如果在读取数据之前函数多次输出或者类型端口确定的数据类型与该数据类型不匹配，数据端口将返回 0、空值或无效值。

☑ 超时：如果等待有效值的时间超过毫秒超时端口规定的时间，该端口将返回 TRUE。

☑ 时间标识：返回共享变量和 NI-PSP 数据项的时间标识数据。

（2）"写入 DataSocket"函数

"写入 DataSocket"函数用于将数据写入由"连接输入"端口指定的 URL 连接中。数据可以是单个或数组形式的字符串、逻辑（布尔）量和数值量等多种类型。"写入 DataSocket"函数的节点图标及端口定义如图 11-61 所示。

☑ 连接输入：标识了要写入的数据项。"连接输入"端口可以是一个描述 URL 或共享变量的字符串。

☑ 数据：被写入的数据。该数据可以是 LabVIEW 支持的任意数据类型。

☑ 毫秒超时：规定了函数等待操作结束的时间。默认为 0ms，说明函数将不等待操作结束。如果"连接输入"端口的输入为–1，函数将一直等待直到操作完成。

☑ 超时：如果函数在毫秒超时端所规定的时间间隔内无错误地完成操作，该端口将返回 FALSE。如果毫秒超时端口输入为 0，超时端口将输出 FALSE。

（3）"打开 DataSocket"函数

打开一个用户指定 URL 的 DataSocket 连接。"打开 DataSocket"函数的节点图标及端口定义如图 11-62 所示。

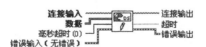
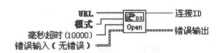

图 11-61 "写入 DataSocket"函数的节点图标及端口定义　　图 11-62 "打开 DataSocket"函数的节点图标及端口定义

☑ 模式：规定了数据连接的模式。根据通过数据连接要进行的操作选择一个值，分别为只读（0）、只写（1）、读/写（2）、读缓冲区（3），读/写缓冲区（4）。默认值为 0，说明为"只读"。当使用"DataSocket 读取"函数来读取服务器上写入的数据时，可使用缓冲区。

☑ 毫秒超时：规定了等待 LabVIEW 建立连接的时间，默认为 10 000ms。如果该端口为–1，函数将无限等待。如果输入为 0，LabVIEW 将不建立连接并返回一个错误。

（4）"关闭 DataSocket"函数

"关闭 DataSocket"函数用于关闭一个 DataSocket 连接。"关闭 DataSocket"函数的节点图标及端口定义如图 11-63 所示。

☑ 毫秒超时：规定了函数等待操作完成的毫秒数。默认为 0，表明函数不等待操作完成。如果该端口输入值为–1 时，则函数将一直等待直到操作完成。

☑　超时：如果函数在毫秒超时端口规定的时间间隔内无错误地完成操作，该端口将返回 FALSE。如果毫秒超时端口输入为 0，超时端口输出为 FALSE。

（5）"DataSocket 选择 URL"函数

"DataSocket 选择 URL"函数用于返回一个 URL 地址。"DataSocket 选择 URL"函数的节点图标及端口定义如图 11-64 所示。

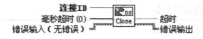

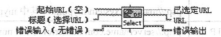

图 11-63　"关闭 DataSocket"函数的节点图标及端口定义　　图 11-64　"DataSocket 选择 URL"函数的节点图标及端口定义

☑　起始 URL：指明打开对话框的 URL。起始 URL 可以是空白字符串、文件标识或完整的 URL。

☑　标题：对话框的标题。

☑　已选定 URL：如果选择了有效的数据源，则该端口返回 TRUE。

☑　URL：输出所选择数据源的 URL。只有当已选定 URL 输出为 TRUE 时，该值才是有效的。

与 TCP/IP 通信一样，利用 DataSocket 进行通信时也需要首先指定 URL，DataSocket 可用的 URL 共有下列 6 种。

（1）PSP：Windows 或 RT（实时）模块 NI-PSP 是 NI 为实现本地计算机与网络间的数据传输而开发的技术。在使用这个协议时，VI 与共享变量引擎通信。使用 NI-PSP 可将共享变量与服务器或设备上的数据项相连接。用户需要为数据项命名并把名称追加到 URL。数据连接将通过这个名称从共享变量引擎找到某个特定的数据项。该协议也可用于使用前面板数据绑定的情况。而 Field Point 可作为 NI-PSP 的一个别名。

（2）DSTP：DataSocket 传输协议（DSTP）——使用该协议时，VI 将与 DataSocket 服务器通信。必须为数据提供一个命名标签并附加于 URL。数据连接按照这个命名标签寻找 DataSocket 服务器上某个特定的数据项。要使用该协议，必须运行 DataSocket 服务器。

（3）OPC：Windows 过程控制 OLE（OPC）——专门用于共享实时生产数据，如工业自动化操作中产生的数据。该协议必须在运行 OPC 服务器时使用。

（4）FTP：Windows 文件传输协议（FTP）——用于指定从 FTP 服务器上读取数据的文件。在使用 DataSocket 函数从 FTP 站点读取文本文件时，需要将[text]添加到 URL 的末尾。

（5）FILE：用于提供指向含有数据的本地文件或网络文件的链接。

（6）HTTP：用于提供指向含有数据的网页的链接。

表 11-1 列举了上述 6 种协议下的 URL 的应用实例。

PSP、DSTP 和 OPC 的 URL 用于共享实时数据，因为这些协议能够更新远程和本地的输入控件及显示控件。FTP 和 FILE 的 URL 用于从文件中读取数据，因为这些协议无法更新远程和本地的输入控件及显示控件。

表 11-1　URL 的应用实例

URL	范例
PSP	对于共享变量 psp://computer/library/shared_variable

续表

URL	范例
PSP	对于 NI-PSP 数据项，如服务器和设备数据项 psp://computer/process/data_item fieldpoint://host/FP/module/channel
	对于动态标签 psp://machine/system/mypoint，其中 mypoint 是数据的命名标签
DSTP	dstp://servername.com/numeric，其中 numeric 是数据的命名标签
OPC	opc:\National Instruments.OPCTest\item1 opc:\\computer\National Instruments.OPCModbus\Modbus Demo Box.4:0 opc:\\computer\NationalInstruments.OPCModbus\ModbusDemoBox.4:0?updaterate=100&deadband=0.7
FTP	ftp://ftp.ni.com/datasocket/ping.wav ftp://ftp.ni.com/support/00README.txt[text]
FILE	file:ping.wav file:c:\mydata\ping.wav file:\\computer\mydata\ping.wav
HTTP	http://ptpress.com

DataSocket VI 和函数可传递任何类型的 LabVIEW 数据。此外，DataSocket VI 和函数还可读写以下数据。

（1）原始文本：用于向字符串显示控件发送字符串。

（2）制表符化文本：用于将数据写入数组，方式同电子表格。LabVIEW 把制表符化的文本当作数组数据处理。

（3）.wav 数据：使用.wav 数据，将声音写入 VI 或函数。

（4）变体数据：用于从另外一个应用程序中读取数据，如 NI Measurement Studio 的 ActiveX 控件。

利用 DataSocket 节点进行通信的过程与利用 TCP 节点进行通信的过程相同，操作步骤如下。

（1）利用打开 DataSocket 节点打开一个 DataSocket 连接。

（2）利用写入 DataSocket 节点和读取 DataSocket 节点完成通信。

（3）利用关闭 DataSocket 节点关闭这个 DataSocket 连接。

由于 DataSocket 功能的高度集成性，用户在进行 DataSocket 通信时，可以省略第一步和第三步，只利用写入 DataSocket 节点和读取 DataSocket 节点就可以完成通信了。

11.2.4 其他通信方法介绍

LabVIEW 的通信功能为满足应用程序的各种特定需求而设计。除以上介绍的几种通信方法之外，还有以下通信方法供选择。

（1）共享变量：可用于与本地或远程计算机上的 VI 及部署于终端的 VI 共享实时数据。不需要编程，写入方和读取方是多对多的关系。

（2）LabVIEW 的 Web 服务器：用于在网络上发布前面板图像。不需要编程，写入方和读取方是一对多的关系。

（3）SMTP Email VI：可用于发送一个带有附件的 Email。需要编程，写入方和读取方是一对多的关系。

（4）UDP VI 和函数：可用于与使用 UDP 的软件包通信。需要编程，写入方和读取方是一对多的关系。

（5）IrDA 函数：用于与远程计算机建立无线连接。写入方和读取方是一对一的关系。

（6）蓝牙 VI 和函数：用于与蓝牙设备建立无线连接。写入方和读取方是一对一的关系。

11.3 综合演练——通过 DataSocket 函数监视 OPC 项

本实例演示使用 DataSocket 函数读取 OPC 服务器的数据，程序框图如图 11-65 所示。

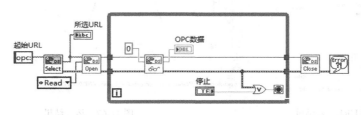

图 11-65　程序框图

1．设置工作环境

（1）新建 VI。选择菜单栏中的"文件"→"新建 VI"命令，新建一个 VI，一个空白的 VI 包括前面板及程序框图。

（2）保存 VI。选择菜单栏中的"文件"→"另存为"命令，输入 VI 名称"通过 DataSocket 函数监视 OPC 项"。

2．设计前面板与程序框图

（1）在"函数"选板上选择"编程"→"结构"→"While 循环"函数，拖动出适当大小的矩形框，在循环条件输入端创建"停止按钮"输入控件。

（2）在"函数"选板上选择"数据通信"→"DataSocket"→"DataSocket 选择 URL"函数，将其放置到程序框图中，在"起始 URL（空）"输入端创建常量，输入为"opc:"，在"URL"输出端创建显示控件。

（3）在"函数"选板上选择"数据通信"→"DataSocket"→"打开 DataSocket"函数，将其放置到程序框图中，选择"创建常量"选项，设置为 Read。

（4）在"函数"选板上选择"数据通信"→"DataSocket"→"读取 DataSocket""关闭 DataSocket"函数，选择"创建常量"选项，修改其值为 0，并在"数据"输出端创建显示控件，修改标签内容为"OPC 数据"。

（5）在"函数"选板上选择"编程"→"布尔"→"或非"函数，将其放置到 While 循环内，连接"停止按钮"控件的输出端。

（6）在"函数"选板上选择"编程"→"对话框与用户界面"→"简易错误处理器"函数，

连接程序。

3. 程序运行

（1）单击工具栏中的"整理程序框图"按钮，整理程序框图，结果如图 11-65 所示。

（2）在前面板窗口中单击"运行"按钮，运行 VI，此时弹出"选择 URL"对话框，如图 11-66 所示，从中选择"National Instruments.OPCDemo"→"NI OPC Demo Server"→"Function Items" 目录，在该目录下选择一个演示 OPC URL 并单击"OK"按钮，显示运行结果如图 11-67 所示。

图 11-66 "选择 URL"对话框

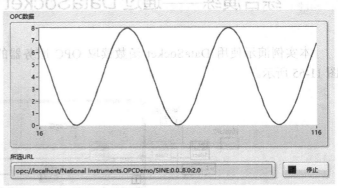

图 11-67 运行结果